U0309378

故乡之食

刘震慰 著

九州出版社
JIUZHOUPRESS

图书在版编目（CIP）数据

故乡之食 / 刘震慰著. -- 北京 ：九州出版社，
2017.1

ISBN 978-7-5108-4969-5

Ⅰ．①故… Ⅱ．①刘… Ⅲ．①饮食－文化－中国
Ⅳ．①TS971.2

中国版本图书馆CIP数据核字(2017)第001117号

故乡之食

作　　者	刘震慰
责任编辑	李黎明
出版发行	九州出版社
地　　址	北京市西城区阜外大街甲 35 号（100037）
发行电话	（010）68992190/3/5/6
网　　址	www.jiuzhoupress.com
电子信箱	jiuzhou@jiuzhoupress.com
印　　刷	三河市东方印刷有限公司
开　　本	880 毫米×1230 毫米　32 开
印　　张	9.5
字　　数	240 千字
版　　次	2017 年 5 月第 1 版
印　　次	2017 年 5 月第 1 次印刷
书　　号	ISBN 978-7-5108-4969-5
定　　价	52.00 元

劍影蹄聲憶舊遊江南塞北數

從頭崇山曲水情何已待鬱風

雷合九州帶礪還從一卷親風

江山如畫費沉吟應知薪膽沿

吳日藏嶠峙淵渟鑒此心

震慰吾弟敭列錦繡河山焉

題絕句兩首

辛亥秋月黃

杰

⊙ 黄杰将军，抗战期间南征北讨，对大陆各地颇为熟悉。《锦绣河山》电视节目
播出时，经常电话主持人，有所鼓励。

⊙ 初任新闻记者，参加海上搜救工作。

⊙《锦绣河山》节目，早期播出场景。

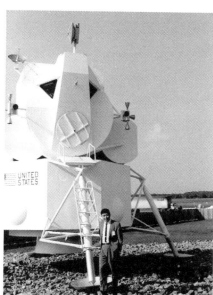

⊙ 一九六五年应邀访美，参观美国登月计划。

⊙ 采访美国"星座号"航空母舰，摄于忙碌的飞行甲板上。

⊙ 台北"中研院"院长胡适博士，于 1961 年 12 月 17 日，在台北市台湾大学附属医院中度过七十晋一寿辰，我去向他拜寿。次年 2 月出院回家休养，24 日因心脏病冠状动脉栓塞逝世，安葬于台北市南港"中研院"。他倡导白话文，在我国学术界、教育界、思想启发上种种贡献，令后人常常思念。

出版说明

　　本书成书于四十多年前，介绍了一九四九年以前中国各地的饮食习惯与特色。书中提到的行政区划，如热河省、察哈尔省、绥远省等，以及地名，如北平市、徽州市、迪化市等，都是民国时期的名称。全书由作者重新校订过，为保存历史资料，除个别情况之外，本次出版时未作改动，请读者注意辨别。

九州出版社

二〇一七年四月

《故乡之食》回故乡发刊纪念

四十多年前，在台北市的台湾电视公司工作，为了促进台湾同胞对中国大陆的认知，我制作了一档电视节目，每周五下午五时播出，连同广告共三十分钟，分十三集，三个月播完。

节目名称《锦绣河山》，据我离开大陆前的所知，逐省介绍大陆各地的名山大川、风土文物、民情风俗、豪景美食；从南京开始，然后逐省介绍。播出之后，观众反应极为热烈，有的小学老师指定学生们要看，台视节目部决定要我继续做下去，不限集数，结果一直到黑龙江省介绍完，共历时十一年，约五百七十多集。

节目内容的搜集，除了跑图书馆、资料室之外，最重要还是访问从大陆各地来台的乡亲们。访谈中引起乡思、两地隔离的亲友们，往往老泪纵横，泣不成声。

四十多年后的今天，要重觅这些逐渐逝去的经验，几乎是不可能了。

《故乡之食》这次能回到故乡去和乡亲们见面，我要感谢李黎明先生；他在地摊上看到一本旧书，于是到处去找刘震慰，终于找到了。我在 harveyliucv@gmail.com，欢迎赐教。

刘震慰
二〇一七年于旧金山

目 录

前　言

"民以食为天"，"食"在我国，向来是极受重视的；加以我国幅员广大，人口众多，物产丰富，又经过五千年的研究发展，"食"在我国，无疑已经是一种独步全球的艺术。

曾有人根据我国各地人民的食物种类，把全国分成四大"食区"：

黄河流域是"牛羊之区"：因为北方一带草原之上，牛羊成群，人民吃的奶酪、酸奶子、涮羊肉、烤羊肉、手抓羊肉，成为食的特色。

长江中下游是"鱼虾之区"，由于河渠纵横，湖海俱全，各种水族都变成了佳肴，红烧划水，清蒸甲鱼，活蹦乱跳的炝虾，成为食的表征。

珠江流域是"龙蛇之区"：这大概是因为两广一带的同胞，对于恶形恶状的爬虫类特有兴趣所致。有一道菜是把嫩鸡和毒蛇——据说愈毒的味愈鲜——炖为一锅，美其名曰"龙凤呈祥"，尽管听着顺耳，但外地人仍多不敢领教。

西南一带称为"草木之区"：四川、贵州一带的银耳、木耳、松茸、香菌，都是寄生在树干上的菌类，而冬虫夏草之类的，也是草木之属。

这种区分"食性"地域的办法，虽然不尽完善，但却标明了"靠山吃山，靠水吃水"的这一属性。

在这一前提之下，配合了历史上几度的民族大迁徙，食的艺术广泛交流——例如昆明最著名的几家"洒其马"、"鸡蛋糕"老号，溯其源流都是正宗的南京点心师傅落籍滇池而开设的——食的艺术，又有了新发明，拓展了新境界。

例如，在非洲尼日利亚的拉各斯，我曾经应孙运璇先生之邀，在一家华侨饭馆，品尝到一道国内尚未发现的绝妙隽品——热炒海蜇。

在国内，海蜇皮多半是凉拌的，用热水一烫就缩了，很难想到这种菜居然还能热炒。

可是在国外，欧美和非洲人士，对于凉拌的海蜇皮缺乏了解，任凭餐馆老板怎样说明，都无法了解海蜇是什么玩意儿。入口的时候，心怀戒惧，这又如何能开怀大嚼？

因而，老板灵机一动，用肉丝清炒海蜇皮，鲜脆兼备，并且又是熟食，这才使得非洲朋友们趋之若鹜。

这，就是我国食的艺术，因时因地而开拓出来的新境界。

又如早年的"杂碎"之在美国，几根豆芽，几片肉，加上台湾出的罐头草菇，炒不炒、烩不烩地弄上一盘面条，竟然成了"中国菜"的代表作。美国朋友一谈到"杂碎"，无不高翘大姆指："我为'杂碎'而疯狂！"其实，我们国内的"杂碎"，如何能算作高级菜，又曾几何时变成过这副样子。近年来，"杂碎"已经从美国中餐馆的菜单上隐退了。

这也是我国食的艺术所具有高度弹性、可塑性的一大明证。

介绍故乡各地的"食"而不凭"口舌"，只用"耳目"搜集资料，写出来如果不是味道，尚请读者多多指教。

食在广州

"吃在广州"，是一句非常普遍的俗语。

广州的吃食，制作精、味道美、花样多、构思巧，一年三百六十五天，每天二十四小时，每小时都有得吃，而且每小时吃的口味都在变化，因而"吃在广州"，被认为是全国之冠。

茶粥烧·狗蛇补

"吃在广州"有六样代表性的特色：茶、粥、烧、狗、蛇、补。兹分别介绍如下。

"茶"，是指广东人的"饮茶"，其实"饮"的成分少，吃的成分反而多。饮茶的地方略可分为"茶楼"、"茶居"和"茶室"三种。"茶楼"的性质渐渐和"饭馆酒楼"合流；"茶居"和"茶室"则较为大众化，像是兼营面点的茶馆，每条街上都有几家，像是一般市民集体包伙的地方。

清早三四点钟，茶居或茶室就开始营业了，第一批食客多半是蔬菜、肉类的批发商，一盅茶、两件"大包"，匆匆吃完上路去营生。这时候，"滑鸡火包"的销路最好。包子很大，像是一个饭碗倒扣过来，里面的鸡肉块子还连着剁碎的骨头，使消费者确信里面包的是鸡。

广东人把去了骨头的鸡块称为"鸡球"，不去骨头的则称为"滑鸡"。"滑"是水之骨也，暗示其中有骨。

卖大包·大牺牲

这种大包售价最廉，也最实惠，因而广州的百货店如要举办"不顾血本，买五十送五十"时，门前也贴出红纸招，写上"卖大包"三个字，以示"便宜抵食"。民国十来年上，有所谓"二厘馆"者，一盅茶索价二厘，是卖大包之中最"卖大包"的，每天清晨生意鼎盛。

七八点钟，公务员和学生们来进早点，在茶室门口租一份报纸，一盅两件，边吃边看，精神和胃口都满足之后，再去上班上学。

十来点钟，商人们出动了，来饮茶谈生意。每一种行业，都认定几家茶室作为交易场所，只花"一盅两件"的代价，无异是租了一席办公室。

十点钟之前的饮茶，称为"饮早茶"，吃的以包子、烧卖、肉卷子之类的点心为主。

广式包子的种类极多，咸的包子也带着甜味，用猪油、白糖和面皮，蒸出来的包子洁白而咧着嘴，皮虽然厚，但松软可口。像第三甫"荣记"的叉烧包、西堤"七妙斋"的原汁叉烧包，以及其他各店的"蚝油叉烧包"，都是最基本的早茶点心。

香香楼·聚乐园

广东点心之中，甜包子的皮略薄，蒸好时也不裂口，以免汤汁流出来。以卖莲子食品著名的"莲香"，选用湘莲制成的"莲蓉包"，据说独步全国。"时香茶室"用芝麻酱和白糖做成的"麻蓉包"，大东门"香香楼"的"豆沙包"、洪德大街"平珍楼"的"豆蓉包"，都曾是盛名远扬的好店。

早茶也供应苏扬式的汤包，"聚乐园"的汤包，用鲜虾、蟹黄、猪肉为馅，灌上等量的浓汤，用薄薄的烫面皮子（广东人称为"澄面")包起来，完全扬州风味，可是烧卖到了广州却走了样，里面包的馅，有猪肉、牛肉、猪肝等等，甚至有些家还能做排骨烧卖，确实是天才的发明。

至于早点中的肉卷，如像南乳肉卷、脏肠卷、三星卷等等，又都纯是广式的了。

两面黄·腊味饭

中午的时候，饮茶的东西又换了一套，以面、饭、粉为主。内容相当于吃午饭。

广东茶楼上卖的面，多半是用鸡蛋和成的，有的甚至纯用鸡蛋而不加水，煮出来的面条，韧、滑、爽；面汤清而且鲜，还有一种"虾面"，把生虾仁捣成泥，和入面中，味道自然更加鲜美。清朝乾隆年间进士，在扬州做官多年的"留春草堂"主人伊秉绶，更为广东同胞发明了把面条先炸得泡酥酥的，然后才煮或炒的做法。这种做法由于出自伊府，因而称为"伊府面"或伊面。这些面条，即或拌上些麻油、蚝油，做成清淡的"蚝油捞面"，滋味本已极佳，如再加上原汤、配料，或炒成"两面黄"，那就更是出色。

饮午茶除了吃面之外，也可以叫饭来吃。有所谓"碟饭"，是装在盘子里的，以炒的居多，如牛肉饭、鸡球饭……也有用大笼蒸出来的"盅饭"。蒸牛肉饭上面还可以打上一只生鸡蛋，当然"腊味饭"是最普遍的。也有些人喜欢要一盅蒸白饭，点两碟小菜就着吃。

饮午茶吃粉，也是很流行的。粉有"米粉"和"沙河粉"两种。米粉和台湾省的差不多，只是还略粗些，沙河粉原本出在距广州东面不远的沙河镇，那儿的泉水特别好，用来制成的粉，宽而极薄，名扬各地，因而广东把宽而薄的米粉统统称为沙河粉。

下午和晚上，饮茶的花样更多，和正餐几乎没有太多的分别。

及第粥·香风起

"吃在广州"的第二个特色,"粥"。

南海何秀棣曾经在《庚园诗草》中描写"鱼生粥"有云:"张翰思归意未谐,莼羹空腹动秋怀;曾知细脍调香糁,味比桃花粥更佳。""玉缕银丝品自佳,功调水火味偏谐;何须寒食饧箫卖,早起香风遍六街。"

诗里描写古人有用桃花瓣来熬粥的,也说明了粥是极普遍的早点,"早起香风遍六街"。

广州人食粥略分为两大类:一是白粥,白米加水滚煮三小时,米粒都溶化了,像是一锅牛奶。用白粥加一点晶盐或佐以油条,非常清爽宜人。

一是斋粥,是在白粥中加熬猪骨、干贝、大地鱼等荤腥鲜味,与"吃斋"的意思完全相反。斋粥是用来做及第粥、鸡粥的底子。

"早起香风遍六街"的,以及第粥最普遍,在粥中加猪肉丸、猪肝(黄沙肝)、猪粉肠的,称为三及第,也有加青鱼、鸡蛋、腰子、猪心等而成为"五彩及第"、"七星及第"。"及第"的方式极多,如用牛身上的材料,则为"牛及第",用鱼则为"鱼及第"。

据杜少牧(如明)先生说,"鱼及第",有的将青鱼皮用苏打水发胀,功夫好的能发到两分多厚,加入粥中格外爽脆,顺德同胞也有选用鲸鱼肠、肝及膏来入及第粥。严格地说,这已不能算作"鱼"及第——鲸鱼是生活在水中的哺乳动物。在早,以广州吴连记烹制的最好。

奶妈粥·烫鱼片

其他,如像紫洞艇的咸瘦肉粥,把瘦肉盐渍一夜,然后悬在粥锅中煮酥,扒成咸肉丝和入粥中。据说能降火,牙疼的人多半要吃这种粥。煮粥的时候,还要加点蚝干和江瑶柱,滋味更鲜。王宠惠先生生前最喜欢到胡展堂先生公馆去吃这种粥，紫洞艇则宣称他家的做法是得自胡公馆真传。

在广州西门外积全巷口，有一位老太太烹制的鸡粥，味冠于全市。由于老太太亲手做，因而称为"奶妈粥"。"奶妈"是尊称，这位奶妈每晚七点半开市，卖到十一时打烊，一天要宰鸡约五十只。食客们经常要排着队去候轮子。

到了夏天晚上，街上有挑着担子卖"鱼生粥"的。鱼生粥搬上荔枝湾的小艇沿河兜售，也被称为"艇仔粥"，民国二十来年，西堤新亚酒店把艇仔粥又加改良，加上鲍鱼和鸡片，于是身价百倍。

据老广州们说，鱼生粥最美之处，在鲩鱼片，片得其薄如纸。有人喜欢将鱼片拌上酱油、葱花、姜丝，用滚开的粥冲熟了吃；也有人喜欢将鱼片蘸上些熟花生油，氽入热粥之中烫熟，就像是吃涮羊肉一样。

总之，粥中所加的肉片、鸡球或鱼片，多半是靠粥的热度来烫熟的，广州人认为，唯有如此才能保持这些原料的鲜、脆与嫩。但外省人却总觉得这像是洋人吃牛排——太生了。

烤乳猪·有讲究

吃在广州的第三大特色"烧"，是指"烧烤"而言。这原本是最原始的烹调法，但广州人却颇有研究发展。

广东古老的习惯，新嫁女儿第一次归宁，婿家必须备一头"全猪"——整个的烤猪，赠给丈人，否则，等于暗示新娘子并非完璧，将引起很大的纠纷。此外，当新女婿首次应宴时，老丈人也得备一只烤乳猪，并且由穿长袍马褂的"礼生"（由长随或者是堂倌客串）跪着片肉进奉，以示隆重，由此可见烧烤全猪和古代的礼制有着密切的关联。

在广州，四大酒家都擅长于烤乳猪。所谓四大酒家，即较平民化的长堤"大三元",惠福西路的"西园",西关的"文园",以及南关的"南园"。尤其是南园,设在大花园之中,分为若干庭,是广州最豪华的餐厅,他家能做银元二十元一桌的酒席,相当于现今新台币一万多元,烧烤的乳猪自然不同凡响。

大师傅·身价高

据陈子和先生说,民国初年时,南园和几家著名的大酒楼,如果要办最好的酒席时,都得请大师傅亲自下厨。大师傅,穿着长袍马褂,坐轿子,几名徒弟前呼后拥地来到餐馆,先在账房由账房先生陪着吃茶,然后才脱去马褂长袍,卷卷袖子入厨工作。这种王牌大师傅示范的仅只是炒个"虾球",表演一下火候,烧个素菜,炖个"裙翅"——长达一尺的完整大鱼翅,露一手调味的本领而已,然后又前呼后拥而去。烧烤的东西他顶多指点指点,骂一骂下手,还不屑一做呢!

比较平民化一点的烤乳猪,则以惠福路的莫乳猪最为著名。每天要卖四十多只,每只不过两块多钱,还算公道。

烤乳猪的窍门,第一要选猪,乳猪不宜超过十三斤,杀好之后约仅十斤,在腔内涂上南乳(红腐乳)、酒、盐、豆豉和大蒜泥,把外皮风干,腌上两三小时,再上明炉烤。"明炉"就是在地上生一堆木炭火,上面架着辘轳,旋转着乳猪慢慢烤,烤出来皮酥肉嫩,绝不打牙。

陈子和先生说,大蒜是香料,豆豉是调味(以鹤山古劳出的最理想),无论是乳猪叉烧,舍弃了这两样而用酱油或糖汁,烧出来的味道都不会好。

烧烤之中,如西堤"七妙斋"的叉烧——将里脊肉割开叉着烧烤,"万栈"的烧鸭、烧鹅,浆栏街"德栈"的烧腰卷——鸭肝或猪肝中间穿洞,填肥猪膘来烤,都是广州烧烤食品中的佼佼者。

吃三六·尚黑狗

吃在广州的另一特色"狗"，是指"香肉"而言，广州人称为"三六"，"三六"隐语为"九"，广州话"九""狗"是同音的。

广东人有一套"三六经"，所谓"一黄、二黑、三花、四白"，指香肉的品级，以黄狗最好，白狗最腥。但实际上广东人最喜欢的，还是黑狗。卖狗肉的如果杀了一头黑狗，必定把狗尾巴上的毛留着，以为招徕。

据老广东说，黑狗必然是土狗，土狗滋味最足。若是洋狗，哪怕没有打过针，其肉也颇不中吃。也有人说，洋狗的肉发酸，因而连外国人也不肯吃。

广东人吃狗，颇有理论上的依据，他们指出，《周礼》记载："膳用六牲，马、牛、羊、豕、犬、鸡。"甚至《三字经》都说："马牛羊、鸡犬豕，此六畜，人所饲。"前五种都是饲来吃的，狗，又何独能免？

其次，狗肉是补品。《大明本草》："黄狗大补益人，余色微补。"有补益而不食，无异暴殄天物；更何况在广州还流行着这么一句话："小狗补肾，中狗补血，老狗治风湿。"不但补，而且还能治病呢！

说起吃香肉来，真是振振有词。每到秋凉，广州许多饭馆都挂出了香肉上市的招牌，而成为全国最光明正大的吃狗都市。

秋风起·三蛇肥

除了狗之外，广州人的吃蛇，也是一大特色。

广东人喜欢吃广西出产的蛇，讲究"生腥鲜"，而且认为越毒的蛇也就越鲜美。

每逢秋冬之际，"秋风起矣，三蛇肥矣"的广告就出现了。所谓三蛇，是将"饭匙头"（眼镜蛇）、"过树龙"和"金脚带"等三种蛇，合烹在一起的。据说这三种蛇各有重点，"饭匙头"重在头部，能驱除人体头部的寒湿，"过树龙"则重在躯干，"金脚带"则有益于下肢，三样同吃，能驱走全身的风湿，如缺少其中之一，则有将风寒驱赶至某一部分之虞，反而对身体有害。

三蛇之外，如果再加上"三索线"及"白花蛇"，则成为"五蛇"。不论三蛇也好，五蛇也好，如整段上桌，看上去恶形恶状，会影响食欲，因而多半要把蛇拆去骨头，将肉撕成极细的丝子，加上菊花瓣，柠檬叶细丝，盛入极好看的食皿之中，自然风味更是引人。

广东人也讲究把蛇和果子狸同烹的，称为"龙虎会"，如再加点鸡在其中，则成为"龙虎凤"，尽管名称好听，但很多外地人仍然无法欣赏。

进食补·加药料

广东人对于吃的一道，着眼在"补"。几乎每一位都是营养学家，能把每一样菜肴对于人体的功用作详细的分析。吃狗或蛇，也是"食补"，因而在秋冬之际，酒家门口用铁丝笼子摆出各种补品，包括猫头鹰、穿山甲、箭猪等等，还不惜费尽力气购买从澳洲进口干的袋鼠尾巴，作为补品。[①]

为了使每一样食物都能发挥独特的功能，他们也喜欢用各种不同的药材来作为烹饪的配料，关于这一套食谱，黄炯第先生知道得很多，但吃的时候一如吃药，也难令人欣赏。最妙的是，广东人讲究"补"，但却有百分之九十以上的人都是瘦骨嶙峋的，"肥佬"并不多见。不知道是因为体型如此才重视"补"呢？抑或是"补"的效用并不重在体型？

---

① 本书写的是几十年前的情况，现在很多动物已被列入国家保护范围，请读者注意，别处不再单独说明。——编者注

汇八方·集大成

广州之所以以食著名，主要是因为它荟萃了全国各地的精华，并且资源丰富。

外地的广东馆，以广州炒饭、广州窝面为号召，但在广州，反而称之为扬州炒饭、扬州窝面，因为它确实来自扬州；广州的烧烤著名，但在广州却以"金陵烧烤"为招牌；他们用的盐，称为"淮盐"；醋是"浙醋"；极普遍的咖喱制品则传自印度；瑞士牛扒、葡国鸡则是欧洲烹饪术的改良。"食在广州"之所以花样繁多，确实是由于广州是清代最大的通商口岸，有兼容并蓄的先天条件。也正因为如此，各种食料，如海参、翅子、燕窝……也最齐全，易于发挥。而广东本身的富有，也是重要的因素。冯正忠先生说，他的家乡顺德，有金榜一区水草极好，牛都肥硕，奶也格外浓郁，把牛奶用白醋凝聚一下，加个蛋清，即可以用来炒着吃，称为"炒牛奶"。也正因为资源丰富，物产特别好，他们出的绿豆芽，发出来的豆瓣大如蒜头，甚至可以将中间掏空，里面加上猪肉和虾仁，用来做"酿豆芽"。

食在潮州

我国各地之食，而能成为东南亚各国主要口味之一的，即是广东省的潮州菜。

据概略的统计，泰国华侨之中，约有三百万人源流于潮州，在越南西贡一带约六十万人，香港约八十万人，新加坡也有六十万人，马来西亚则为一百三十万人，总计约六百三十万人，散居在世界其他各国的潮籍侨胞还不计算在内。

潮州菜确实是传播最广、渊源最长的烹饪艺术。

潮州人·河洛语

所谓"潮州"，是指明清时代的行政区域而言，范围以潮安（昔称海阳）为中心，广及潮阳、揭阳、澄海、饶平、普宁、惠来、丰顺、大埔、南澳及汕头市在内，面积约一万六千三百平方公里。抗战胜利之后，人口虽因战乱而遽减，但亦有四百七十多万。

在这一区域的同胞，多半是中原汉民族移民的后裔。他们的祖先，由黄河流域辗转迁至闽南，至唐高宗（西元六五〇—六八三）时代，开始大量从漳州、泉州一带来到潮州，因而潮州菜的根源，可能已流传了十几个世纪，并且经过了数万里。他们所说的闽南话，也称为"福佬语"，有人解释为"福建佬的话"，其实不对，应该是"河洛语"，即从"黄河洛水迁来的言语"。

工夫茶·由来古

潮州著名的"工夫茶",即是古代"茶道"的保存。他们用网球大小的陶瓷茶壶,先用开水烫热,然后塞满了茶叶,冲上第一道开水,略微浸泡之后,即将茶汁倒掉不要,其作用乃在清洗茶叶;这一次倒出来的茶汁,顶多只有半壶,因为有一半的水分都已被茶叶吸收了。

第二次再冲,一壶仅及鸽蛋大小的杯子四小杯,浓到极点,香到极点,端在唇边轻啜细品,这就是所谓的"品茶"。

除了品茶之外,相信一定还有不少的饮食习俗都是传自古代的中原。

例如像潮安意溪、枫溪,潮阳贵屿一带,以出产一种包着猪油的面饼而出名,饼烙得黄黄的,脆而且酥软,非常好吃,当地同胞称之为"膫饼"。"膫"也者,说文解为"牛脂",即牛腹中的板油之类的油脂,就是做"膫饼"的原料,只是易牛为猪而已。如今华北一带同胞仍然家家会做"膫饼",不过都把"膫"改为"烙",改得简单却不好,因为多数的饼都是烙成的。

又如潮州丰顺汤坑地方出的凉粉,非常出名,用米磨浆熬凝成块,切成条状,当地同胞称之为"粿条"。《正字通》记载:粿,米食也。可见也是一个古老的名称,"凉粉"反而现代化了。

汤最多·淡甜慢

潮州吃的风格是:汤、淡、甜、慢。

潮州人办酒席,约有三分之一的菜,都带着汤,饱餐之后走在路上,可以听到自己胃里面发出叮咚之声,像是装了"半罐水"一样。

这些汤,讲究用原汁,不加味精,而且用料考究,往往为了配制某一道汤菜,得特别炖上几只鸡,只取汤,鸡反而成为下脚。

鸽子汤·煨燕窝

例如潮州人做的燕窝汤，燕窝来自南海，里面夹杂着鸟毛砂石，得细细清洗捡剔。清理出来的如果颜色洁白，则称之为"水燕"；红色的称为"血燕"，据说是燕子用口涎在岩壁上筑窝时，筑到最后呕出心血，以至将巢染红，最是名贵。潮州同胞为了要用"原汤"来炖燕窝，恨不得把燕子拿来做汤底，只是燕子太小，而且风味不佳，只好改用另一种能飞翔的鸟：鸽子。先把鸽子汤炖得浓浓的，然后把鸽子完全清出来，只剩下汤，加入燕窝继续再炖。

据黄天鹏先生说，燕窝本身带着一种腥气，算不上芬芳，而且本身也没有啥味道，但经鸽汤一烘托，就显得燕窝汤有一种"飞禽"的灵气，吃了会轻身健骨。

番薯叶·玻璃肉

潮州饮食第二个特色，"淡"，菜里面避免油腻。大师傅做汤的时候，常常用一块棉纸在汤面上拖来拖去，把汤上的油点完全吸除，而且只放一点点盐，以维持其清淡。有的菜清淡得几乎没有咸味。

例如像有一道工夫菜，番薯叶子，把番薯藤上最嫩的叶芽摘下来，在开水中一过，然后再漂上四五次水，去除其番薯味儿，再剁得像一团绿绒，放入鸡汤里煮。这道菜经常跟在主菜之后，其作用乃在供应人体一点点叶绿素。

潮州菜第三个特色，"甜"，几乎潮州的酒席之上，除了每一道菜中都带有甜味之外，甜食还要不断地上。

据黄宗识先生说，别省的同胞腌肉，都是用盐，潮州人却喜欢用白糖。有一道"玻璃肉"，就是将猪背上最厚的膘，切成薄片，放在白糖之中"腌"制二十四小时，然后再烹制。做出来的肥肉片，透明一如玻璃，甜，但是不油腻。

其他的甜菜，如像是芋泥，将芋头煮烂成泥，用素油炒，香甜而且滚烫。据说在剥去芋皮的时候，必须将芋头放入木桶之中，用木杵捣去其皮，如果用手去握着削皮，芋头的汁液将使得两手发麻。

他们也将"马蹄"（荸荠）削去皮，剁成泥，用做芋泥同样的方法来做成"马蹄泥"，另有一种爽脆的风味。

红炆翅·传广州

潮州菜的第四大特色，"慢"，是指它的准备、烹饪时间特别长，一道"红炆鱼翅"，先要用慢火熬鸡汤，往往熬上一天。清洗好翅子，放入鸡汤中用小火慢慢地炆，据说要炆上三天三夜（一说是二十四小时），鱼翅一根根的形状还保留着，但一下箸就像是豆腐一样的软嫩。

据梁寒操先生说，如果要加上鱼翅存放的时间，那还更不得了，因为潮州人讲究吃陈年翅子，选最大最厚的鱼翅，拿回家来挂在墙上，一挂挂个十几年，使得"鱼"的味道一点都没有了，才拿来发制。

梁先生对潮州菜非常推崇，他指出，广州菜的名气其所以如此之大，那是因为它吸收了潮州的许多烹饪技术，例如像鱼翅，即是传自潮州的。

清末太平天国之役后，广州的提督方耀，在广州城总督府对面，着人开设了一家"富连升"大饭馆，请了许多潮州师傅来主厨，做的鱼翅席轰动了整个的广州府。于是广州的翅席才跟着发达起来，而驰名中外的。

潮州人的鱼翅中，顶多加几根鲜脆的绿豆芽，以衬托鱼翅的美味，别的作料都尽量避免用。

烤乳猪·不用酱

潮州菜之中，烧卤也是极著名的。潮州人的烤乳猪和广州的不大同，他们选二十来斤的小猪，杀好之后，浸在盐水中四小时，然后取出风干，猪肉中带一点咸味，咸得很适中。然后上明火架子烘烤，只在猪皮上抹点香油，而不像广州人的烤猪，里里外外涂满了调味的酱。

潮州席先上桌的，包括一道卤盘，除了鸡、肉之外，还有肫肝、鹅掌、鸭翅之类的。他们所用的卤汁，也多是存用了好几年的老卤，溶解着各种原料的鲜味。据罗克典先生说，在汕头街上，卖卤鹅的到处都是，价钱很公道，切上一小盘，慢慢细嚼，滋味深长。

堀中鱼·最新鲜

潮州濒临海边，除了商港之外，还有十多个渔港，因而鱼鲜也成为潮州菜之中最普遍，而且烧得最好的。

在沿海各地，有许多渔民在涨潮浅边上挖些鱼堀，里面养着活的海鱼。涨潮时，拉开闸门，补充新鲜的海水，退潮时再关上，因而全年每天都有最新鲜的海鱼来供应餐馆。在众鱼堀之中，尤以饶平"东界"的最为著名。饶平海山出产的"插虾"，大小一如澎湖的明虾，只是肉质更嫩。渔人们打起之后，两个两个，头尾相互插成一个扁环形，因而称为"插虾"。这种手法，和天津的对虾如出一辙。

达濠港出产的鱿鱼干，有一尺多长，厚软而鲜芳，学生们经常点一只做化学实验的酒精灯，略微烘烤一下就能吃，其实生吃也未尝不可。

在汕头一带，淡水海水交界处，出产肥硕的蚝，既美味可口，而营养价值又高。当地出产的"蚝烙"一如台湾的"蚵仔煎"，只是一锅只做一个，切成若干小牙来零售。

每到秋高气爽的时候，揭阳炮台的"赤蟹"上市了。所谓"赤"，是指蟹壳中满溢的蟹黄。这种蟹类，经常要运到香港一带去高价出售。

大鲍鱼·生鱼片

此外，如南澳出产的鲍鱼，大而肉厚，在许多菜肴中都少不了它；陆澳港的鲦鱼，有点类似"墨斗鱼"（乌贼）的八爪鱼，嫩脆已极，也是做汤的好材料；惠来后秋园任制的大龙虾，堪称海产中的一绝；饶平"黄冈的"大响螺，大得来必须切成薄片才炒得熟。

除了海鲜之外，潮州同胞还喜欢把活的淡水鱼用来切片生吃，就像日本人吃杀西米一样。每到阴历十一月至翌年正月，是潮州吃鱼生的季节，将鲢鱼、草鱼的中段切成的鱼片，肉质还颤动，他们用糖醋拌上些花生粉、芝麻粒，切上些萝卜丝、芹菜丝，用鱼片蘸上吃，据说滋味极美。剩下的鱼头鱼尾，连同剥过肉的脊骨，一同下锅煮成鱼粥，吃过鱼生之后，来上一碗。只是这碗鱼粥内埋伏着很多细小的鱼骨头，非得慢慢细吃不行。

腌贡菜·人面果

在蔬果方面，潮州出产极好的芥菜，每棵有二十多斤重，冬天的时候，大量腌渍起来，酸酸脆脆的，非常可口，一般人家每天清早以稀饭为主，总少不了要切点腌菜丝子。在抗战之前，单是潮州一地的腌菜，运销南洋，就能为国家赚取百万美元的外汇。这种腌菜，当地同胞称之为贡菜，很可能曾经是用来作为贡品的。

揭阳桃山地方出产的芥蓝菜，粗大脆嫩。据黄宗识先生说，最好的大师傅炒芥蓝菜的时候，是不用锅铲子的，先把油锅烧辣了，然后把锅子举起来，撒一把生盐在炉中，趁火苗猛升的那一刹那，将菜倒入锅中，在火苗上扬几下，使得菜在锅中翻滚两三次，就恰到火候。

潮州一带还盛产水果，普宁衙前有一种人面果，外形有点像台湾的无花果，但内中却有一颗黑色的核，核上有两对白点，像是眼睛，看上去真有几分像人面，这种罕见的果子味道还真不错呢。其他如潮安金石宫的"拔仔"（番石榴），潮阳内斜的杨梅，揭阳凤湖的橄榄，普宁昆山头的竹蔗，石头圩的乌橄，惠来葵潭的荔果，南澳深澳的石榴，南山古厝寮的洋桃等等，也都扬名海内外。

在水果之中，最著名的还是潮安的"桶柑"，高高胖胖的，像是一只水桶，甜而多汁；桶柑移来台湾员林一带之后，称为椪柑，"椪"是形容其外皮的蓬松。

沙茶酱·三块蘸

我们谈到潮州的食物，总少不了要想起沙茶。"沙茶"并不是中国发明的，而是传自马来西亚，在潮汕一带发扬开来，并且花样翻新。

据陈鸿先生说，"沙茶"也是马来语的译音，原意为"三块"。马来人用竹签穿上三块猪肉或牛肉，在滚开的"沙茶酱"中涮一涮，略熟时即取出食用。因为每串三块，所以也以"三块"为名。

"沙茶酱"的原料包括虾米、左口鱼干（台湾称为扁鱼）、椰子粉、南姜粉、辣椒粉、葱干、蒜头、五香粉、芝麻、糖和盐。把花生油（最好用椰子油）烧红之后，把原料一样样地放下去翻炒，炒至水分全部蒸发，但还没有焦的时候起锅。炒得好的，可以贮存几个月而不致变味。

沙茶传入我国之后，用途逐渐扩大了，潮州人用来炒牛肉、牛心，炒蕹菜，甚至作为吃火锅时的蘸料。

据赵巨渊（诚）先生说，潮州本地方仍然习用马来西亚的方式来吃"三块"，一旦用于火锅，吃法也就中国化了；举凡鱼片、肉片、蔬菜、粉丝、鱼丸统统下锅，有的久煮，取其味透；有的生涮，取其脆嫩。尤其在鱼丸、鱼饺之类的制作上，更是精益求精，使得潮汕沙茶的名气反而盖过了马来西亚的"三块"。

　　如今，在东南亚一带，到处都有潮州馆子，华侨和当地人氏都极喜爱中式的沙茶，也受到原始发明者的赞赏。这一点，也反映出华侨们在东南亚举足轻重的地位，及我国与东南亚各国的文化渊源是如何深厚。

食在桂林

广西同胞口味的特色，略可分为三个区域，西部以壮民族为多数，他们的食物风格最特殊；东部靠近广东，和广府人的饮食习惯相仿佛；北部和湖南搭界，食性亦近似。若以广西全省来衡量，则以桂林与内地最接近，做官的人家多，吃道也较为讲究。

煮米粉·是一宝

桂林除了山水甲天下之外，还有三宝，即"米粉、马蹄、豆腐乳"。这三宝显得朴素而平实，但却和山水同样是冠绝寰宇。

桂林的米粉，得力于水好，米磨得细，做出来的粉，有粗细各种等级，质料也有韧、糯、糊、爽种种差别，因而单吃米粉，上面放两块"烧猪肉"（烤乳猪）或两片卤牛肉，加上几粒炸黄豆、葱花、芫荽，配上好汤，就能在口舌之间，造成各种不同的触觉，变化无穷的味觉，令人获得最大的满足。

初到桂林的人，总会被朋友们请去吃米粉，这是地主们最引以为荣的。一进门，就把生客吓一跳："来二十碗！"许多"土包子"一定会说："哪里要这许多？给一碗就够了。"及至端上桌来，每碗三寸直径，浅浅的，所谓二十碗不过只是"二十口"而已，一口一碗，绝不会噎着。

美中美·马肉好

在很多种米粉之中，以"马肉米粉"更是桂林的招牌小吃，桂西街开得有三五家，"美中美"尤其是美中之最美，老板选的马肉，是后腿的精肉，但却不是腱子，煮得软而不烂，切成飞薄的片子，粉红色的，入口即成满带着鲜味的肉末子，均匀地拌和着米粉。浇的汤，即是原汁的马肉汤。

据聂寅先生说，桂林马肉米粉所用的马肉，要选当地产的土马，身材很矮小，跟四川的"川马"可能是同宗的。这种马肉香鲜而嫩滑，滋味最好。抗战期间，前线掳了一批日本战马回来，其中伤重不堪用的，即宰来做菜马。这种"东洋料理"，酸而且腥，不太中吃。

"美中美"马肉米粉，就在省立桂林中学的隔壁，店面是两层楼的，二三十张白木桌子，店里只供应米粉，顶多再代卖两盅"三花酒"及一些咸脆花生。从清早开门一直卖到晚上，是"全天候"的美点。店里的堂倌，用一只大木盘托着十几小碗热腾腾的米粉，轮番地端给客人，让客人每吃完一碗，总要有几拍休止符，让客人回味回味，然后才上第二碗，客人每吃完一"口"，就得满怀着期待的心情等着吃第二口，愈期待也就愈无法餍足，这也就是马肉米粉选用小浅碗的艺术设计。吃过的空碗，堆叠在一起，便于算账，只是厨房里面必须多雇几把手，不停地去洗碗。

烘马蹄·疗感冒

桂林人所谓的"马蹄"，就是荸荠。桂林郊外花桥过去陈家村一带，出产的最好，号称为"消渣马蹄"，不含渣滓。（桂林人说："马蹄无渣"，以形容自己的话没有弦外之音。）这种荸荠几乎一年到头都在生产，在冬天出的尤其脆嫩，人们把它削了皮，十个一串，用竹签穿着叫卖，当水果吃，滋味极佳，或者用它来切片配入菜中，炒肉片，溜鱼片，想尽办法来消耗，仍然吃不完，可见其品质既好，产量也多。

当地同胞遇有感冒时，甚至严重的内出血及吐血症，也把马蹄用火烘烤，趁热吃下去，据说还是这两种病的特效药呢！

种植荸荠的农家，把每个荸荠上面长的那根草管收割下来，晒干，可以用来当绳索绑东西，也可编成席子来出卖。马蹄之为桂林的一宝，它的多目标用途，想必也是原因之一。

豆腐乳·三花酒

桂林的豆腐乳，每枚大约一寸见方，外层略带黄色，上面的红点子是辣椒粉，用箸尖挑破之后，里面的心子是白色的，真像是凝聚的"乳"一样的细致，味道鲜美得很。

据桂林秦道坚先生说，桂林人对于发酵的食物，制作起来特别有心得，每一样都发得很透。

豆乳腐放在竹箩上发好霉，装坛的时候，要洒一些当地土产"三花酒"，因而特别香，南洋一带的侨胞都经常要向桂林文明街的几家老店订货，一块豆乳腐能行销数千里，招牌已经是闯出来了。

桂林的三花酒，也曾有人把它取代豆腐乳，列为"三宝"之一。据前桂林市长灵川苏炎辉（新民）先生说，三花酒之所以好，实得力于桂林的水。在桂林，除了城里的榕湖、杉湖里面的水，因为养鱼而弄得臭臭的之外，其余的溪流，甚至漓江的水，都能掬而饮之，比台北市的自来水还要干净安全。尤其是城里正阳门、北门孔明台以及南门大街的三口名井，水质最佳，用来酿的酒也最醇美。三花酒是用米为原料酿制成的白干，因为要蒸馏三次，而且酒很浓，倒在杯中会浮起一层酒花，因而称为"三花"。在米酒之中，其酒精成分最高。桂林同胞传说，最大的忌讳莫过于给喝醉酒的抽烟，就是连点只蜡烛去照喝醉酒的人，也不行，因为桂林同胞相信，烟火一近，醉酒者肚子里的酒精就点燃了，甚至会把肚皮炸开。可见其酒精含量之高。

猴子酒·有此说

据宋人在笔记中记载，桂林附近漓江上游的山中，还有一种"猿酒"，是用猿猴采取来的百花酿造而成；猎人们知道猿猴的住处之后，带些鞭炮去燃放，把猴子吓跑之后，就能在其洞中找到几坛百花酒，其香醇远超过人类的任何酒，只可惜这种酒连写笔记的作者也没有尝过，但却为桂林留下了一段饮酒的佳话。

在广西西南壮族同胞的居住地一带，确实出产一种"猴子酒"，把整只的猴子浸在酒坛中，窖在地下几年之后，猴子肉都化了，酒面上浮着一层油，据说这种猴子酒最滋补。宋人所谓的"猿酒"，不知是否即"猴子酒"的一种？

蒜辣椒·老豆腐

桂林的同胞和湖南人一样的喜欢吃辣椒，他们把辣椒和大蒜头分别剁成泥，混在一起称为"蒜泥辣椒"，是家家必备的调味品，他们做的豆瓣酱，蚕豆瓣发酵发得最透，都溶化在酱中，滋味也最足，湖南人嗜吃的豆豉辣椒在桂林也极流行，只是桂林人说，他们的豆豉比湖南的还要胜一筹。

在别的地方，人们游山玩水总想吃些口味清淡的点心，但桂林人却仍然要吃辣的。许多名胜地区，如七星岩、风洞山，总有些小摊子在卖"和尚豆腐"，把老豆腐加卤来炖，炖得里面尽是些空洞，咬开之后像是一包蜂窝，称为"和尚豆腐"，据说这是庙里的食谱。许多人去观赏风景，也要在"和尚豆腐"中放上大量的辣椒，豆腐的空洞像是块海绵一样，吸饱了辣汁，吃起来真是辣得过瘾，像是有无数的针尖要从额头上冒出来，两眼泪汪汪的，更看得山明水秀，"波光闪闪"。

枕头粽·十人吃

我国的皮蛋博士马君武，曾在桂林西湖滨的宅门上题了一副对联："种树如培佳子弟，卜居恰对好湖山。"桂林的人们不但天天面对好湖山，而且还有极好的小吃不断地从门前担过。如像馄饨、发糕、油条、面糊涂、裑裢、蕉叶包等等。

桂林人吃米粉，一人要吃十几碗，但吃粽子，却十几个人吃一个。理由是米粉碗太小了，粽子却又太大了。据苏炎辉先生说，桂林有所谓"枕头粽"，不但形状像旧时的冬瓜枕，而且体积也相仿佛，粽子里面包的猪肉层，每一块猪肉就有一两多重，粽子里面还有炸鸡蛋、笋子……杂七杂八的，做一个粽子，要用一斤多花生油来炒拌其中的糯米，难怪要一家十几口人围着吃一个粽子。

点心里的蕉叶包，是把糯米粉，裹着冬瓜糖，用芭蕉叶子包着蒸，自有清凉退火的功效。据李宪章夫人说，这种蕉叶包在田东一带是用来在中原节祭祖的，但桂林人却成天地用来祭自己的五脏庙。

烧山翠·腌果狸

在宴席方面，桂林的大饭馆极多，如"环湖酒家"——并非那种"酒家"，东方饭店、"吃在广州"等。许多的菜肴都接近广府风味，例如像烤乳猪、烧鱼翅、海参等等，是地道的桂林菜。

"红烧山翠"，看菜名有几分像是某一种"山珍"，实际上却是"水产"。山翠也者，即甲鱼，以梧州产的最好，饭馆里也写成山碎，因为它是被切成一块块的。

桂林的"山翠"，肥大的用来红烧，取其裙边厚实丰腴，较小的则用来清炖，主要的是在吃汤。

山林之中，还有一种比猫略大的狸，专吃果子，肉味有一种水果的清香，称为果子狸，桂林人最喜欢吃。猎户们千方百计地去弄来售给酒家，新鲜的果子狸，则用来红烧；被打死的则用来腊腌，切成细丝和鸡丝鲍鱼合烩成三丝羹，也是地方的名菜。

我们说广东人爱吃狗肉，但广西人还要加一个"更"字。广西谚语："好狗难过灵川，好鸟不过兴安。"兴安人喜欢养鸟，遇见会斗的，善叫的，总要想尽办法来弄到手。灵川人喜欢狗，弄到手就宰来吃了。

在别的地方，狗肉是不上席的，但风气传到桂林，客人受不受主人的尊敬，就要以盘中是否有狗肉来作为衡量。桂林的厨师，有几位烧狗肉名家，其享誉之高，不下于今日的电视明星，少棒国手。

至于马肉，除了做米粉之外，其余的也不过腊腌起来，切成丝子凉拌芫荽，似乎并没有第三种吃法。

湖里鱼·鲜且肥

桂林的鱼，也是珍肴之一。漓江之中产"竹鱼"，在古人的笔记之中早有记载。竹鱼身躯修细一如竹竿，人们在游江的时候，网起活鲜的，切两片姜，放几粒豆豉清炖，香鲜无比。另外在城里塘中放养的，则以庞头鱼、鲢子鱼（并非"鲢鱼"）和草鱼为主。养殖的时候，必须三种鱼混合放养。渔家割些麻叶、芭蕉叶，切碎了扔在湖中饲养草鱼，草鱼的粪便，却成为另两种鱼的饲料。塘里其他的鱼种称为"杂鱼"，是无关重要的，可以任人垂钓。

桂林的渔民，最怕人家把斑鱼放入自己的塘中，因斑鱼专吃"鱼娃娃"，几条斑鱼，就会使湖中不余噍类。其他如鲇鱼，也不受欢迎，因它常用那几根胡子，去刺杀其他的鱼类。

桂林的蔬菜，冬天以白菜、萝卜的品种最佳。至于水果则多来自邻县。

食在四川

四川号称"天府之国"，要啥子有啥子，物产丰富已极；抗战八年，后方粮食供应不虞匮乏，四川应居首功。要谈四川的吃食，硬是说不完，仅就四川的省城成都及西北角角上松潘大草原谈一谈。成都是我的第二故乡，我十六岁以前，在那儿住了十三年。虽说童年的我，能吃的范围有限，但是这已经够我回味的了。

我读的第一家学校，是太平镇中心国民学校。学校设在"三圣祠"里，里面供着我的同宗刘备、同乡关公和他俩的"三弟"张飞。校外是一家"酱园"，出产的糖蒜闻名遐迩。

学校的操场，就是庙里的天井，集会的时候，同学喜欢转过脑壳朝背后的阁楼上看，因为里头住得有"狐仙"。校工说，学生们如果打槌（打架）过孽（捣蛋），它就会丢砖头下来。

大头菜·夹锅盔

下课的时候，同学们总是跟着我溜到校门口去吃"大头菜丝子夹锅盔"。卖锅盔的人头上顶着一个圈圈，上面放着一个搪瓷的小洗脸盆，可以随时端下来放在竹制的三脚架上。盆子里面放着切得末末细的大头菜丝子，浸着熟油辣子、花椒面跟甜酱油，上面放着两寸半直径的小锅盔。把这些大头菜丝子拌好之后，夹在锅盔里，一咬，红红的汁子顺着手指往外流，脆脆的，甜甜辣辣的。吃完了，舐手指头也有半天舐头。上课的时候还有阵阵余香，伴着弦诵之声。

那时候，学校门口的任何吃食似乎都是绝妙珍品。酱园边上一位油渍渍的老太婆，卖豌豆和面糊炸出来的小饼子，以及里面放着大头菜颗粒的油炸冷饺子，都觉得其味无穷。先祖父宝箴公是一位西医，经常亲自送我上学，走到校门口时，看见她的摊子，总用山西话告诫我这些东西太脏，不能吃！那位老太婆居然听得懂，说："干净的，你看，我不是拿报纸盖到的？落不上灰！"对了，老太婆摊子的旁边，是一个"敬惜字纸"烧纸的石塔。

我的级任老师戴如兰（现在台北永和小学教书）也曾一再告诫我们不许乱买零食，但是我的零用钱仍多花在锅盔上。如果您问我成都最好吃的是什么？凭良心说，我要说是三圣祠门口的大头菜丝子夹锅盔。

甜水面·豆花饭

五、六年级，我在陕西街启化小学读书，学校的右隔壁，有一家能放四五张桌子的小馆子，一边是烙锅盔的炉子，一边是卖"甜水面"的摊子。把煮熟的有筷子粗细的面条，在滚水锅里过热，拌上花椒水、甜酱油、蒜汁、红油，就是甜水面。夹着洋书的左隔壁燕京大学的学生、黄包车夫和我们小学生，同据一案，各吃各的。最流行的吃法，是把甜水面条夹在锅盔里面，外脆里韧，汤汤水水的煞是好吃。

在陕西街通往"皇城"的路上，一排有好几家卖"豆花饭"的，据说卖豆花饭的"幺师"——堂倌，最喜欢占客人的"欺头"——便宜。

客人入座之后，他们高喊："三号龟子一个。"故意把"杯子"喊成"龟子"，欺负客人，如果你一生气，站起来就走，他会再补一句："逃脱（读作调和）一个。"

"调和"是吃豆花时上面浇的作料，包括豆豉、豆瓣酱、芝麻酱、熟油辣子、花椒炒肉臊子等等，辣得人头上起痱子。

记得我第一次去吃豆花饭时，么师并没有占欺头，只是一碗堆得高高的白饭——"帽儿头"，浇上豆花，饭都变成了红色，辣得无法入口。

"十人九痔"的谚语，大概就出在四川。豆花饭下大曲酒，不痔者几希？

赖汤圆·吴抄手

成都的小吃极多，好几家老招牌，抗战胜利后，随着复员的人群，更是口碑处处，远播全国。

例如"赖汤圆"，原本是总府街"明湖春"大饭馆墙外的一家小馆子，一楼一底，楼上是捏汤圆的作坊，楼下是厨房带铺面，只能摆三张小条桌。

楼上把汤圆团好之后，放在一个小木制提篮里，从楼板上的方孔中垂下来，绳子上系着几个狗铃子，当啷当啷地提醒楼下的厨子兼么师接住。

赖汤圆以"鸡油汤圆"号召，咬开之后馅子里有一层清亮的油脂，五个一碗，可以泡在汤里，也可以蘸白糖和芝麻酱吃，然后再要一碗原汤。

成都的"吴抄手"也是极负盛名的，就是因为太出名了，以后竟出了好几家，都打着"吴抄手"的招牌，鱼目混珠。四川人说"胡搞"，另一同义词为"巫教"，后来居然出现了"巫抄手"，硬是摆明了要乱"巫"。"抄手"就是馄饨。

叶矮子·死耗子

与"吴抄手"齐名的是"叶矮子抄手"，"叶矮子"本人就是金字招牌，没有人敢乱"巫"。"叶矮子"的大头上缠着青帕子，扮演的角色像是"幺师"，而不像招牌人物。门口的灶上，放着三个"五加仑"洋油桶，里面煮着鸡汤。"晌午"（读"绍"）挂出"开堂"牌来，开始营业，晚饭以前就"毕"了。客人们去迟一步，总能听到叶矮子说："发财了！"意思是"煞割"——卖完了。气焰如此。

地方上传说，有一回，一个叫花子去要饭，受了叶矮子的气，内心不服，设计要报复，于是就在叶矮子生意最盛的时刻，手上提了几只死耗子——老鼠，闯进店去举起耗子，对着叶矮子喊："老板！你订的肉送来了，今天只有这几只。"

食客们素来欣赏叶矮子抄手的汤特别鲜，这一来，似乎悟得了答案，原来他有秘方，莫不哗然。据说叶矮子的生意，为此曾一度衰落。

和"叶矮子"一排，到了荔枝巷口，还有一家以"红油水饺"而闻名的小馆子，由于生意太好，每天"开堂"牌子也是挂不了几个小时。荔枝巷的红油水饺，以北方人的眼光来看，"皮硬馅少"，水准不高，但是作料太好，又香又辣，又甜又麻，太够味道了。

客人们一落座，小菜先上来，几片切得飞薄的大头菜片片，平铺在一个小小的浅碟子里，浸着甜酱油，又脆又鲜，吃上两片，胃口大开。

要好吃·麻辣烫

四川烹调的特色，第一在辣，所以每餐之后，幺师必然奉上帕子、凉水，帕子就是热毛巾，供客人把辣出来的一头一颈子的汗给擦掉；凉水是漱口用的，辣椒刺激出满口腔的涎液，非漱不行。因而，如果没有帕子、凉水，客人根本无法迈出馆子的大门。

刚到四川的时候，敝人总是把"凉水"喝下肚去，邻座的客人笑我是"广广"，后来才知道"广广"就是"土包子"的意思。

四川烹饪的第二特色是麻。凉粉、担担面、锅盔、甜水面、豆花，甚至腊肉香肠，无一不放花椒。花椒中有发挥性的油类，能使香味发散，并且能刺激味觉，使口腔有一种扩大的感觉，因而食物的味道也格外隽永。

第三个特色是甜，"甜酱油"是这一效果的功臣。广东人也懂得甜的妙用，喜欢在里面放一点砂糖来提味。

第四是烫。热的菜上桌时，总是滚烫，什锦锅粑上桌时，甚至烫得嚓嚓作响，抗战期间称之为"轰炸东京"。幸好没有称为"轰炸广岛"，否则其热度将可比拟原子弹。

烫的菜，入口之后，烫得舌头颤动翻滚，嘴唇嘘嘘作响。

陈麻婆·邱胡子

一道菜而兼具四样特色者，首推"麻婆豆腐"。

麻婆豆腐发源在成都北门外，各地贩夫走卒，进城之前，在这儿吃一顿"速简餐"，炒麻辣豆腐就是其中又快又便宜的，因而很流行。

有一家姓陈的寡妇，她家炒的味道最足，因而生意最好。陈寡妇曾患天花，因而所做的豆腐也以她的特征为名。四川的骚人墨客，经常与贩夫走卒同桌而食，大加品题。

麻婆的盛名，现在广被寰宇，在美国的川菜馆，菜牌之上，赫然在焉，而且排名不下于"左宗棠鸡"。

另一家以速简闻名的馆子，是少城公园附近的"邱胡子"。黄仲翔先生说：邱胡子每天选几道主菜来卖，如卤菜、红烧牛肉、盐蛋、皮蛋、肚条豌豆汤等等，客人坐定时菜已上桌，从进门到出门，不消五分钟。

邱胡子的馆子设在祠堂街，狭隘已极，但食客却川流不息。

成都以个人特征为名的馆子，除了叶矮子、陈麻婆、邱胡子等之外，还有王胖鹅。

王胖鹅的胖字，应该跟着王字，"王胖"，但王胖卖的也是胖鹅，胖烧鹅。

姑姑筵·哥哥传

成都的馆子能做烧烤席，据说是源自广东的，烧鹅烧鸭都极有名。鸭子都是关着填喂的填鸭，两三个月就已长得有六七斤重，皮下脂肪厚，特别宜于烤。其中最著名的烤鸭馆子，当推少城里的"晋临"，是"姑姑筵"的店东黄敬临办的。

黄敬临是一位清末的文士，祖籍江西临川，祖上在嘉庆年间，游宦成都，于是落籍在那儿。

黄敬临赋诗饮酒，少不得要治馔请客，他家的菜特别精致好吃，渐渐享誉蓉城。久之，当地的军阀豪绅们，往往要求在他家请客，他也就老实不客气，开出价钱来，抗战之前，他的一桌席索价三十块大头，那时候一袋洋面也不过两块半钱，其昂贵可知。

黄敬临为包家巷宅子取了个饭店的名字，叫"姑姑筵"，川话读为"哥哥延儿"，是小孩子们办"家家酒"的意思。他每晚办席只限两桌，而且主人必须先发帖子恭恭敬敬地请他，把他当成贵宾，他首肯之后，才能发帖子邀别的客。

这位文士，见到那些粗鄙的军阀和暴发户，心里总不了然，他生意要做，但弯酸话也要骂。据他的外甥梅心如（恕会）先生说，他经常在客厅中写些对子骂人。例如：

"作些鱼翅海参，奉献你老爷太太；留点残羹剩饭，养活我大人娃娃。"

字里行间，对于四川军阀的肆意搜刮，有所抨击。那时间，中央还没有进川，四川军阀收的田赋，已经收到了七八十年的了，各种捐税名目尤其繁多，甚至有所谓"草鞋捐"的，黄敬临对此也题对联讽刺：

"裹脚捐，草鞋捐，捐得我骨瘦如柴；粉蒸肉，回锅肉，肉得你脑满肠肥。"

及至抗战，四川政治渐上轨道，这些对联也就再也不见了。

"姑姑筵"的菜的确是好，如"醉杨妃"、肝膏、樟茶鸭子、宫保鸡丁、烧方——烤猪肉等等都名噪一时。

敬临名徇，行二；三弟名辙，字保临，后来见他哥哥发财，于是也开了一家"哥哥传"，招牌上就说明了他的手艺是师承乃兄的。

口叩品·快朵颐

这两家最著名的馆子，可惜我都没有去过。后来陕西街出了一家"不醉无归小酒家"，能小吃也兼办大筵，去吃的人，总要喝得酩酊大醉，因为"无归"两个字的谐音不甚好听。

成都餐馆食品店的名字，多数都取得极好。例如东大街有一家豆花饭店叫"快朵颐"，总府街的一家卤肉店叫"盘飧市"，卖卤田鸡的"煆炙轩"，卖金钩包子的"天天好"，祠堂街的点心铺"口叩品"。"叩"字四川人读为"不二的切音"；"接吻"叫做"打叩"。但字典上的解释，"叩"可以读作三个音，"讙"、"喧"、"讼"、意思相通，但却没有"打叩"的意思，大概也是四川同胞发明的"象形"会意字，"连接词"。

据"口叩品"的伙计解释，这块招牌是"口碑载道"、"众口争食"的意思，但我却认为这块招牌极好，用不着解释，一解释就"太多嘴了"！

热白糕·扒豌豆

卖蒸软糕的，挑着一个镔铁圆屉，下面生着火，第二层是水，上层是糕，总是热热的。叫卖声："白糕，热白糕！白糕，热白糕——"像是在唱歌一样。

"扒（软）豌豆儿，扒胡豆！"这是家家打汤、热炒的日常菜。

"当！当！"敲小锣卖"太太，胡豆瓣"的；敲梆子卖抄手面、鸡丝面的，鸡丝都是用手撕成的细丝子，像是一团头发，但却特别提味。

每一个街转角上，卖"肺片"的摊子，锅里面煮着猪内脏块子和萝卜块子，买的人还可以先赌一局，以手气来决定口福。

黄昏时分，"麻油馓子，脆麻花！"又来了，接着是卤味，"鸡翅膀，鸡脚脚！"深夜之后，远处的梆子声，卖汤圆的呼叫声，催人入梦。

思故乡·魂飞扬

成都同胞日常菜肴中最少不得黄豆芽。袁守成先生说：尤其是织蜀锦的，整天在地窖中工作，最离不得黄豆芽，据说可以避潮湿。因而，很多小吃馆都把豆芽和辣椒炒了用来包包子。其中以一家大馆子"荣乐园"的豆芽包子最著名。

在众多食品中，和尚庙里的一些名产，也是让人怀念不已。如像海会寺的白菜豆腐乳，昭觉寺的锅粑。昭觉寺是一座能容三千和尚的大丛林，和尚们煮饭的锅，像是一座圆形的游泳池，大得惊人。煮饭的时候，和尚们把林班中的竹叶扫来烧饭，文火细焖，锅粑又黄又酥，一寸来厚，进香的人经常能分得一些，空口咀嚼，其香无比……

如今想起来，成都的任何东西似乎都好吃，都令我每一思及，神魂飞扬。

虫变草·炖鸭子

松潘草原上出产一种怪物，称为"冬虫夏草"，集动物植物为一物。冬天成为虫，夏天成为草，也称为虫草。它的形状像是一根细韭菜叶子的尖端上爬着一条三眠过的蚕。

据《柳崖外编》上记载："入夏，虫以头入地，尾自成草，杂错于蔓草溥露间，不知其为虫也。交冬草渐萎黄，乃出地，蠕蠕而动，其尾犹薪薪然带草而行，盖随气候转移，理有然者。和鸭肉炖食之，大补。"这段记载把冬虫夏草描写活了。

但也有真正见过虫草的四川老乡说，虫草根本是草，哪里会蠕蠕而动？只是这种草的根部较粗，长得有几分像个蚕儿罢了。

四川同胞用虫草来泡酒吃，据说有却病延年之功，但多数还是用来炖鸭子汤。上桌的时候，把虫草一根根地插在鸭胸脯上，表示真材实料。

虫草本身并没有什么味道，绝不如蘑菇菌子之鲜香，但是四川同胞相信它有保肺益肾之功。故而好的筵席上绝对少不了它。

苍溪梨·一包水

在嘉陵江上游，因为纬度地势较高，故气温较低，宜于种植梨树。四川同胞都说，四川的雪梨比天津的鸭梨大，而且特别香甜，只是外销不便，以致没有能挣到国际间的声誉。

在嘉陵江上源的苍溪梨儿，绰号是一包水，有大碗大小，皮粗，黄褐色，一旦皮层破了，梨里的水就流了出来，水汁香甜。据李天民先生说：这种梨儿不易携带，即或是在成都，也只有少数绅粮着人专程挑来才能吃到。

黄凉粉·白凉粉

在四川的北部，川北凉粉称一绝。川北黄凉粉是用豌豆做的，白凉粉是用绿豆做的。先把豆子泡水、磨、过滤，然后把湿豆粉上锅熬成糊，倒在钵子里，凉了之后就结成晶莹的块子。黄凉粉只能切成小条条，白凉粉则可以刮成丝子。拌上葱、姜、大蒜、花椒水，凉粉是否叫座，全看作料了。

在四川各地，凡是卖凉粉的，都打着"川北"的招牌，甚至最南面的几县，也自称为"川北"凉粉，川北实际上只是一个小县份，人口不多，但是那里制凉粉的技精，调味又好，因而全省师之。成都城隍庙门前的凉粉虽然名冠全川，也是打着川北的招牌。人们用它来夹锅盔，甚至下酒，所谓："凉粉下酒，五味俱有。"凉粉是味道最足的，除了酒味之外，什么都有了。

银耳子·出通江

四川的银耳，在众多特产之中，占着很重要的地位。生产的地方是在北部偏东的通江。

银耳是产生在朽木上面的一种菌类，也称为白木耳，形状和木耳相似，但其扭曲、齿缺却较木耳为多。

通江的同胞，把八九寸径粗的树子砍倒，浸泡到池子里去，然后捞起来阴着，菌类繁殖，木干上就能长出很多的白木耳来，称之为"银耳"。

通江耳子讲究雪白，不带杂质，发好之后，加冰糖蒸熟，入口就化，据说也是极好的补品，但它的营养价值究竟如何？至今仍然有人持相反的看法。

洋不洋·玻不玻

四川的酒也是久负盛名的。所谓"美酒成都堪送老"，所谓"君到临邛问酒垆"，可见四川美酒早已传颂于诗人之口。

抗战时，重庆绍兴酒——"渝绍"虽然很著名，但四川人并不视它为川酒中的代表。能作为代表的，仍然是绵竹大曲和泸州大曲。

做酒的原料有小麦、高粱、玉米（包谷、玉蜀黍）等三种。

四川人称酿酒为"烤酒"，"烤"是最后蒸馏时的动作。其间整个的过程，相当复杂，而且要凭经验。所谓"烤酒熬糖，充不得内行"。由于烤酒技术很难，因而糟房之中有很多的迷信，房中绝不许生人进去，怕曲子认生，发不起来。大人小孩子讲话的时候，诸如"不来"、"干"、"不成"之类的词句是禁止使用的。

据罗尚先生说，在四川吃酒，讲究要"堆花"。酒斟出来之后，上面浮起一层泡沫，表示酒醇厚没有掺水。如果用火柴一引，杯子上立刻燃起绿色的火焰，一般人称大曲为烧酒，是有根据的。

在早年，四川同胞盛大曲，除了用坛子之外，也用"卮"，是用竹篾条编成篓子，里面糊上纸，刷上猪血、米浆等；外刷桐油糊皮纸，篓口上蒙上一层猪尿胞（膀胱）的膜。

这种酒篓子很轻，宜于装运液体的东西，但不宜于储存。四川卖酱油、菜油、酒，都是用的这种东西。

由于四川人用篓子装酒已成为习惯，刘湘主政期间，时兴用玻璃瓶子来装酒，这种瓶子玻璃薄得像纸一样，是我所见过的最薄的一种，稍微放重一点，瓶子就破了。大曲装瓶之后，四川省政府"大惊小怪"，就按洋酒来课税，于是有一位实业家致函刘主席陈情："只问酒之洋不洋，哪管瓶之玻不玻！"一时传为佳话。

除了绵竹、泸州二地的大曲之外，还有犍为的五市干酒，四川南方与贵州接壤的古蔺县出的蔺酒与郎酒，也很著名；蔺酒、郎酒与贵州的茅台极为相似，而且包装的方法，也是用圆柱形的陶罐子。

柳叶烟·桂花糕

在川西坝子上，还有几样名产，一是金堂的烟叶子，一是新都的桂花糕和兔儿肉。

金堂的烟叶号称为柳叶，卷成叶子烟——土雪茄，据说能"止咳化痰"，这也是一大奇谈。

卷上雪茄的时候，先要在烟叶上喷大曲酒、红糖水，里面再加几根烟骨头——叶梗，以方便通气。

讲究的人家多半现抽现卷，享用最新鲜的。但也有最差的一种，很容易熄灭，因而有"好烟不离火，离火烧不燃"的挖苦话。

也有专家指出，金堂最好的柳叶烟，并不是真正产在金堂，而是产在新都县的独桥河乡，产量有限。

新都是明代大儒杨升庵的家乡，升庵父子久在云南，因而四川同胞说，云南的文风是杨氏父子带去的。

新都的李琢仁先生说，升庵先生的故居"桂湖"，湖畔种有五百棵桂花树，都是明代留下来的老树，每逢秋凉桂子飘香的时候，桂花馥郁的香气飘散在周围数十里内，路过新都的人们，都忍不住要深深呼吸上几口。

秋深桂花快凋落的时候，人们在树下铺上报纸、白布，收集落花，用来做桂花酱。新都的桂花糕是闻名全省的，许多大点心铺都专程去订购。

记得有一年随先祖父宝箴公从成都去金堂，路过新都，正好是打尖的时候，先大父听说新都桂花驰名，于是就要了"桂花饭"。送上来的却是"蛋炒饭"，鸡蛋细碎，颗粒很小，真的和桂花相似。

袁幺舅·油淋鸭

去新都吃"桂花饭"算是上了当，但袁幺舅的鸭子，却不应该错过。

新都的鸭子并非土产，而是出自一百里外的中江。鸭贩子们从中江把些小鸭儿一路赶到新都去，鸭子一路上就在稻田里找东西吃。到了晚上，鸭贩子找一片空地，用竹篱把鸭子围在其中，自己在旁边搭个铺睡觉，第二天清晨再上路。

这样短短一百多里路要走上两个月，平均每天走不上二里地，等到了新都时，鸭子都已经长得肥肥胖胖的了。由于鸭儿一路上都在打野食，故而鸭肉特别香嫩好吃。

新都的袁幺舅鸭子店专门买这种鸭子，宰好煮成半熟，然后用滚油来淋，一直淋到透熟为止。这样的幺舅鸭儿，外焦里嫩，滋味特别。袁幺舅的鸭子据说天下只此一家，别的地方绝难吃到。

在新都还有一绝，就是兔儿肉。新都的兔儿是土产的，每年秋收之后，农夫在田里面种些苕菜，"苕"字是我借用的，"苕"应读为"条"，而四川的苕菜应该读为"烧"的第二声。苕菜嫩的时候可以供人吃，老一点的用来喂猪、羊、兔子，第二年春耕一翻土，又是最好的腐殖肥料。

兔子繁殖得很快，农夫把养兔子作为副业，主要为的是剥皮。民国十二三年，重庆总汇输出的兔子皮即多达五百万张。兔子去皮之后，用盐、花椒一腌，腌兔肉于是行销各地，而以新都的最驰名。

盐与糖·两大宗

四川还有两项出产也是闻名全国的，就是糖与盐。四川的糖与台湾齐名，也可能是我国最早的产糖区。明代宋应星所著的《天工开物》一书中，《甘嗜篇》记载："甘蔗，古来中国不知造糖，唐大历间，西僧邹和尚游蜀中遂宁，始传其法，今蜀中种盛，亦自西域渐来也。"

关于洋和尚在四川遂宁传授制糖办法的事，还有一则传说在川省流传甚广。说一位来历不明的邹和尚，跨白驴，登缴山，就在山上结茅而居，他所需要的生活用品，如盐、米、薪、菜，都是靠白驴去市镇为他采买的。邹和尚写一张字条，把钱附在其中，捆在驴身上。驴子入市之后，商民知道是邹和尚的买办来了，于是照单办好货，交驴子带回缴山去。

有一天，白驴在山下偷嘴，吃了一位黄姓农夫的蔗苗，于是黄氏找上山来要邹和尚赔偿，邹和尚才传授了窨糖为霜的办法，以为赔偿。

民国二十五年，我国内地产糖四百一十多万公担，四川一省占一大半。四川全省有四十三县产糖，而以沱江流域的内江为中心。

据《天工开物》上记载，冰糖的造法，是把白色的蔗糖熬化，用蛋清澄去浮渣，候视火色，把新青竹剖成的篾竹寸斩，撒入其中，经过一宵，冰糖就附着其上结晶出来了。

四川的冰糖，常把一根棉线放在结晶品中，一提一大块，是很名贵的礼品。

四川的盐，那更是天赋的资源。早在秦汉时代，川省同胞就会凿井汲盐卤来熬盐，而以现今自贡市为著。

民国三十二年，全川产盐六百三十五万担，自贡地区产四百八十万担，占全省百分之七十五强。

自贡一带还产天然瓦斯，称之为火井。用来熬盐再好不过。

由于自贡市一带盐产丰富，有钱的人家特别多，对吃食也格外讲究，"米熏鸡"，用大米燃来熏鸡，就是自贡市发明的。真像是用钞票点香烟一样，钱多得发烧。

又因为这一带早年汲盐水拉地车，都用的是牛，牛格外多，自贡市出产牛皮席子之外，还把牛肉变成各种花样让人们吃。据毛一波先生说，灯影牛肉，就是自贡市的名产。把牛肉片成大张而极薄的片子，制成类似牛肉干似的食物，因为它是半透明的，有几分像是上皮影戏的材料，因而称为灯影牛肉。

灯影牛肉中的精品是"火边子"。把生牛肉大薄片晒干放在"老水"中煮熟，老水中拌得有生豆油和各种香料调味品，再烤干，涂上番椒熟油，其味最隽永。

何以四川自贡市的火边子最好呢？据毛一波先生解释："牛推盐水，备极勤劳，出汗特多，所以其肉疏松而轻脆，别有异味存焉。"

食在重庆

重庆是我国抗战期间的陪都，是一个光辉灿烂复兴民族的圣地。谈到重庆的吃食，首先就让我们回忆起八年抗战最艰苦的那几年，大家有得吃就已经很满足了，谁也没有闲工夫去仔细研究它。

当重庆遭到日军大轰炸的那几年，许多家庭都是灌上一热水瓶开水，包几个锅盔，一点大头菜，一包花生米，从早上进到防空洞，黄昏时回来。很多人回到家园门前时，发现自己的房舍，多少年心血的经营，已是一片焦土，无家可归了。

这些辛酸和焦虑，那时的我（五六岁），还无法体会。反而把逃警报当作像是去"野餐"一样，一路上欣赏翠绿的麦田，金黄的菜花。如今写这篇文章，反而觉得无限感触，久久无法下笔。

会仙桥·大抄手

重庆的吃食，有许多只能存在人们的回忆里。有的吃食店是因为市面拓宽"整容"，拆了，"展"（搬迁）得不知所终；有的却是因为战火，炸去了旧日的盛名。

民国十五六年以前，小梁子会仙桥附近，几十间铺子清一色是肉店。众多肉店之前，有一家以卖"大抄手"闻名的，即所谓的"华光楼"，双合铺面，几十张桌子，门前的案子上，好几位师傅在忙着擀面片，擀一擀，就要把擀面棒在案板上敲一敲，敲得还有点子，几位师傅同时"合奏"，有板有眼的，比现在的"青春鼓王"敲得耐听多了。

会仙桥大抄手的特点，除了皮子是现擀的、圆形的之外，馅子也特别讲究。肥瘦肉的比例恰当，口磨、金钩一同剁得稀烂，馅子也特多，咬在嘴里是一包鲜美的肉汁子。又因为它的块头大，一碗八个，已经能吃得很饱了。所以重庆曾流行过这样一句俗谚："会仙桥的大抄手——你吃不过八。""八"和"爸"，同音也是一句"欺头话"（占便宜的话）。

华光楼这一带，后来因为拓宽马路，"大抄手"也就硬是"抄手"了——四川人说"失业"，没有工作做也叫"抄手"（把两只手相对插进袖筒里，表示闲散）。有点像此地流行的"炒鱿鱼"（卷铺盖回家）一词。

留春幄·小洞天

重庆比较地道的几家大馆子，陕西街"留春幄"有三层楼房的生意，专做喜寿筵席，这家的"鸡皮鱼肚"，据说是全国首屈一指的。鸡皮黄晶晶的，干净，绝对不见一根毛管半藏在皮中，脆而且香：鱼肚炖得软硬合度，鲜美至极。附带卖的"宫保鸡丁"也极好，否则，那么多剥了皮的鸡肉，将找不到出路。所谓"宫保鸡丁"据说是清朝某"宫保"嗜吃而被命名的，与"公教保险"无关。

小梁子一带，到石板街的一条巷道之中，有一家"小洞天"，做的菜也极好，赵巨旭先生推荐那一家的"醋溜鸡丁"、"豆瓣鲫鱼"。昔时文庙所在的那一条街——"县（宣）庙街"，有一家"暇娱楼"，硬是楼房的店面，卖的冰糖火腿，酸菜鱿鱼汤，现在也都移植来台北。

九华园·火腿箍

在都邮街一带的"九华园"有一道最特别的菜"火腿箍"，把整条的火腿拿来，只切取膝关节以上的一段，相当"蹄膀"的部位，抽去骨头，弄干净皮子，上笼蒸透，然后横切成片，每一片的外面，是一圈完整的火腿皮箍箍，里面是筋、腱子肉和一点点附在皮上的脂肪，是整条火腿最精华的部位。这一道菜，在九华园以外还不多见。

在这些餐馆之中，也有以环境、布景见长的，例如像上清寺的"陶园"，餐馆里面假山鱼池，亭台楼阁的，像是在花园中宴客一样；中山二路川东师范边上的"适中花园"亦复如此；"上清花园"则是专卖西菜的，和前述的两园鼎足而三。

较场坝·牛杂碎

除了上述的大馆子之外，还有好些小馆子、小吃摊子，也是风味十足的，一到了晚上，较场口的牛肉汤锅摆出来了，一连几十个通到较场坝的街口，都在卖牛羊杂碎，浓郁的香气，四处洋溢。入夜之后，卖膏药的、耍把戏的也都纷纷来到较场上扯把子。这些人说得多、练得少，四川同胞通称之为"扯谎坝儿"。其间的情调，有吃有玩，纯是一片乡土特色。

四川南部籍的陈介生先生说，要吃好的羊杂米粉，还不能在较场口吃，在小梁子的一条巷子里，有一家常设的摊子，显然是违章建筑，他家熬的羊杂汤特别香，用来煮米粉，根根米粉中都吸饱了汁子，又鲜又爽。

灯笼巷·担担面

小吃方面盛名传遍全国的，还有重庆"银行街"（过街楼）附近，有一条窄小的"灯笼巷"，巷子里面有席棚搭的小摊子，专卖"担担面"。面条是自己擀来切的鸡蛋面，细而匀，爽而韧。煮好之后，作料也不外是芝麻酱、花生粉、红油、花椒面、甜酱油、冬菜末子，再滴上几滴香油，如此而已。

面端上桌，碗本已很小，而面还不到一碗的三分之一，因而人们似乎是专来吃作料的。就是这样，这家小摊子外面仍然车水马龙，很多达官贵人参加排队轮候要品尝一番。

金钩包·炖鸡面

都邮街关帝庙附近，有一家"九原包子店"，专做金钩包子，包子皮松泡泡的，心子很大，除了鲜肉之外，还有些金钩和青菜。这家店主的宣传手法是"物以稀为贵"，每天早晨只做四百个包子，卖到九点钟就毕了。

有的人去迟了一步，明明看见笼里还剩得有，老板却硬是不卖，故意怄人，逼得买主只好走两条路，"不吃"或者是"下回请早"。

这位老板的哲学是："包子必须新鲜、热和，我家的包子绝没有陈的、冷的，否则招牌岂不就砸了？"

还有一家绝活，"秋山炖鸡面"，每天黄昏关堂，一锅汤卖完了事，也是天天卖得锅底朝天。何以店名叫"秋山"呢？据解释说，这完全谐音"丘三"，店东原来当过"兵"的"丘八"，丘八退伍，八减五得三，因而是"丘三"。

这一招牌很得人们的好感。据陈铁夫先生说，"秋山"的炖鸡面，汤厚如奶，的确是好。

炖功好的还有一家回教馆子，白龙池的"太牢村"，一口大锅半埋在地下，总是咕嘟嘟地滚开着，炖出来的牛肉汤，一层油，下面还有煮化了的肉末子。他家的爆肚花也是远近扬名的。

老豆腐·篾条穿

豆花饭在重庆也很普遍，都邮街有一家"高豆花"，豆花嫩，但是相当韧，可以用筷子夹来吃而不致夹烂，这是他家的特点。

这还不稀奇，重庆较场口十八梯卖老豆腐的，豆腐可以用竹篾条穿着卖，完全推翻了"马尾拴豆腐——提不起"的说法。

在众多吃食之中，在重庆吃毛肚火锅也是特色之一，桌子当中架着木炭炉子，里面烧着青杠木的木炭，燃烧的时候，不但不冒烟，而且还不扬灰，炭灰凝成白色的小块块，沉下炉桥，这是青杠炭的特长。

在木炭炉上架起一口小锅，里面的汤汁早已配好了作料，把牛肚、腰花、脑片放在其中涮熟了吃。由于桌子上放炉子再加放一口锅，堆叠得很高，坐在凳子上几乎看不见锅里的东西。因而许多豪放的食客，多把两个圆凳子叠起来，上面的一张用来放碗，下面的踩上一只脚，层高临下而食，边吃边饮酒，划拳打码，和北平吃烤肉的情形很近似。

大金刚·小汤圆

重庆是一座很有历史的古城，有所谓"九宫，十八庙，三观不出城"的谚语，形容其城内的庙宇之多。据老重庆文品山先生说，这些庙宇都有些著名的素菜，长安寺甚至专门开办了素食部，宣扬佛教的不杀生精神。但庙门口"四大金刚"前面，却常年摆出一列摊子，专门卖鸡油汤圆，味道极好，但是颗粒特小，尤其和"天王"们瞪着的大眼睛一比，更是显得渺小，因而有所谓"四大天王吃汤圆——硬是得行"的歇后语发生。传说有一天晚上，天色突变，狂风大作，风停之后，摊子上的汤圆都没有了，只见四大天王嘴上还有糖汁芝麻酱。这种谣谚，想是昔时的广告宣传手法——天王都爱吃——果然"口碑载道"，很有成绩。

肥陀鱼·香芭蕉

重庆有很多特殊的出产，例如像嘉陵江里的"肥陀鱼"，就非常著名。"陀"就是"团"的意思。"肥陀鱼"有一个很大的脑壳，像是一团肉似的，所以又称为"江团"，鱼身上有青色的鳞甲。

据徐中齐先生说，肥陀鱼是吃嘉陵江中石上的苔藻之类而长大的，所以肉肥嫩而刺少，好像生来就是为供应人们而生长的食料。

在水果方面，重庆能吃到成都的"麻皮苹果"、川南一带的"龙眼橘子"。比较特殊的，却是北碚农场种出来的香蕉，这种香蕉每一根都是直直的，短小，也不甚甜，刚刚上市的时候重庆人都称它为"芭蕉"，但是在好奇心的驱使下，销路却奇佳。

在抗战末期，重庆还发展出一种甜橙，皮薄、水多，甜而无子，像是一包橙黄色的香蜜，最叫绝的是，这种甜橙如果不去摘它，它就永远不掉下来，所以一年到头都有出产。这种隽品我只是耳闻而已，总觉得有几分像神话。

十二楼·吃不得

关于重庆的吃，重庆人喜欢开玩笑说："我请你去'十二楼'吃便饭。""十二楼"是在望龙门一带，名称很堂皇，地方也很宽敞高大，但在那里的确不宜于吃饭。各位读者先生如欲知其详，不妨找一位老重庆打听一下，就明白其中内幕。

食在湖北

在湖北这一地理区域之内，有辛亥革命民国诞生的圣地——武昌，地灵人杰，确实是了不起。

关于"地灵"，有这样一则传说，湖北武昌洪山出产一种紫色的菜薹，大棵而鲜嫩，用来炒腊肉，炒香肠，清香可口，尤其在打过霜之后，味道更足，称得上是全国最好的菜薹。

张之洞·种菜薹

满清光绪年间，南皮张香涛（之洞）文襄公任两湖总督期间，对于这种异味不敢独享，曾派专使进贡给慈禧太后，深得太后的赞赏。文襄公素来主张"中学为体，西学为用"，很有新脑筋，升入军机之后，很想把这种珍蔬推广到北平，试种了很多次都失败了。有专家告诉他，这可能和土壤有关，于是文襄公又着人把武昌洪山的泥土运来北平试种。据说第一年种出来的还有点地道味儿，第二年又全不行了。

经过历史名臣这次科学试验之后，洪山菜薹的身价就更为提高了，因为它"绝无分号"。品尝过真正洪山菜薹的，都以为是不世奇遇，可以夸耀于人。

武昌的父老们，也渐渐把这样蔬菜予以神化。他们说，洪山菜薹也只有某几亩地种出来的才是珍品，那几亩地原来是池塘，某次酷吏行刑，屠戮无数，将尸体扔入池塘，填成了耕地，因而那里出的菜薹长得特别好，菜薹的外皮撕开之后，紫红如凝血。

牛肉汤·浇豆丝

武昌有许多著名的小吃，如像青龙巷的谦记牛肉豆丝，几乎凡去武昌的人，都要去品尝一下。所谓豆丝，是用绿豆和米磨成浆，调成糊，摊成的薄饼状皮子，再切成丝。谦记的豆丝，切得粗细适中，煮得软硬合度，豆丝本身就是一绝。据刘静哉（家鳞）先生说，谦记是一间家庭饭馆，先生掌柜，太太掌灶，每天熬五十斤上好的黄牛肉，汤熬得浓稠鲜香，浇在豆丝上，豆丝似乎也吸饱了牛肉汤，故而风味最佳。

谦记之所以在众多牛肉豆丝店中特别出名，主要还是经营得宜、爱惜招牌。五十斤牛肉的汤，从中午开市，卖到下午四点来钟卖完就收，绝不在汤里面掺点水来多做些生意。

湖北的"豆丝""豆豉"几同音，绝不是"粉丝"，也不能称为"豆皮"。因为"豆皮"是另有所指的。

湖北同胞把绿豆和米磨成浆（米多豆少），用一枚大贝壳舀起来摊在热鏊子上，成为一张薄皮，约十六开，里面卷上糯米、肉末，成为一根卷子，炸透了切开吃，这才是所谓的"豆皮"。

猪油粑·珍珠丸

糯米在湖北菜中，扮演着很重要的角色。如像烧麦，武昌清海园的烧麦，是用糯米拌猪油渣子做馅，蒸出来是一包汤，滋味极好。过了江到汉口，糯米烧麦就是上海风味的了，差得不能以道里计。

把糯米粉调成面皮，包上猪油渣，烤成"蟹壳黄"一样的，叫做"猪油粑粑"，也是湖北同胞很喜爱的小吃。

糯米食物中最具代表性的，是湖北的珍珠丸子。和着荸荠丁的肉丸子，外面滚上一层糯米，蒸透了吃，外面粘着的糯米，晶莹透亮，像是一粒粒的珍珠。

据恩施廖平渊先生说，做珍珠丸子有一诀窍，所用的糯米必须先蒸透之后晒干，才可以拿来用，如果少了这道手续，蒸出来的丸子，上面的糯米白蒙蒙的，没有光泽，只像是"鱼目"而无法混充"珍珠"。讲究的人家，还把糯米染上颜色，红白相间，更是好看。湖北同胞们习惯称"珍珠丸子"为"蓑衣丸子"，因为丸子外面披着一层糯米，像是披着一层棕榈毛的雨衣。

藕丸子·鱼丸子

湖北的菜肴以精致出名，往往做一道菜要经过十几道手续，麻烦已极。例如像著名的"藕丸子"，做的时候，先要准备一个藕钵子，钵子里，底底上，有突出的小齿，把新鲜莲藕洗刮白净，去节，在齿上辗磨成浆。然后不停地搅，搅上一个多小时，拌点盐，放在沸油中炸，炸成金黄色，酥脆、清香、爽口。

鱼丸子更是麻烦，最好选没有刺的白鱼、杆鱼或者草鱼，鲤鱼也行，洗干净后，剖开，用调匙在鱼肉上细刮，刮成肉酱。当然，皮、刺和杂筋全都不要，留着熬汤，把肉浆不停地搅拌，掺姜汁、太白粉，再搅，然后用手捏成小丸子，下在沸水中，这也是湖北的名菜。

"鱼丸汤"讲究丸子入锅之后，立即就浮起来，如果沉了底，就证明搅拌的功夫还不够。吃的时候，要用汤匙舀，忌用筷子夹，一夹就散了。

珍珠丸子、藕丸子、鱼丸子，是湖北菜中著名的"三丸子"，每一种都是细功夫，至少要"打"——搅拌一两小时。

司门口·赵卤菜

另外鱼糕、肉糕，也是先弄成浆，打个够，再用细布或者荷叶包起来蒸，连笼上桌。吃鱼糕的时候，还要淋上些醋。鱼糕里面掺得有蛋清和猪肉，肉糕里面也掺得有鱼，只是比例不同而已。

武昌市内司门口，有一家卤菜大王，卤的鸡、肉、口条、肚子都极好。一般食客带一只宰好的生鸡去，赵老板会代他卤好，完全免费。有的客人觉得过意不去，赵老板却反而向客人致谢说："你的鸡子鲜味已经到了我的卤汁里了，谢谢。"

据说赵老板的卤汁是祖传的，已经很有历史，内中不知道含有几万只鸡的鲜味。前清闹太平军的时候，赵老板一家人什么财产都不带，只是把一锅卤汁分装在许多猪膀胱里带着逃难。

黄毛粘·贡银鱼

湖北是一个鱼米之乡，最著名的米叫做"黄毛粘"，每颗米大概都是一头重、一头轻，煮熟之后，一粒粒地站着排在锅里，油油黄黄的，像是一块黄色的"毛毡"。这种米煮熟后味道特别香。

湖北的鱼，当然都是淡水鱼，种类繁多。黄陂喻洛清先生说，黄陂五湖出产一种银鱼，银鱼很细小，一寸多长，全体银白透明，和别地方出产大致相似，唯一的不同，是五湖银鱼红眼而墨尾，特别鲜美。这种特产，每年不过出几十斤，前清时是用来进贡的，因而也称为贡鱼。

贡鱼最理想的吃法，是用来炒羊肉或烧羊肉，"鱼"和"羊"混在一起，正好是"鲜"字。古代造字，不知是否吃了这一道黄陂菜才得的灵感。

游赤壁·吃杆鱼

宋朝元丰五年的十月间，苏东坡再度游赤壁。"赤壁"有两处，一在湖北嘉鱼县，是赤壁之战，蜀吴破曹的地方；一是在湖北黄冈县，东坡来游的地方。东坡走错了地方，且不去深究。

苏东坡第二次游赤壁的动机，完全是一条落网之鱼引起来的。

我们今天能欣赏"山高月小，水落石出"的名赋，应该感谢那条以身相殉的湖北鱼。

《后赤壁赋》："……客曰，今者薄暮，举网得鱼，巨口细鳞，状如松江之鲈，顾安所得酒乎？归而谋诸妇，妇曰：我有斗酒，藏之久矣，以待子不时之需。于是携酒与鱼，复游于赤壁之下……"

东坡当年再游赤壁，吃的究竟是哪一种鱼？我曾就这一问题请教了几位湖北的乡长。据刘静哉先生说，东坡当年吃的很可能是"杆鱼"。杆鱼"巨口细鳞"，体型如杆，细嫩肥美而少刺。而且出产的季节，也是以秋冬之际为最多、最好。

江东鲂·味最腴

湖北同胞们最喜爱的，除了"杆鱼"之外，还有鳊（读鞭）鱼，也可以写为鞭鱼。我们的老祖宗早就吃过，《尔雅·鲂鳜》注："江东呼鲂为鳊。"李时珍《本草纲目》中的"鳞部"，对鲂鱼也有说明："鲂鱼，处处有之，汉沔尤多，小头缩项，穹脊阔腹，扁身细鳞，其色青白，腹内有肪，味最腴美。"李时珍是中国古代最伟大的动、植、药物、病理科学家，他称许为"味最腴美"，想必是相当客观而正确。

以专门卖鱼而出名的饭馆，在汉口就有两家：一是中山路的"刘开榜鮰鱼大王"，一是武鸣园。

来是鮰·去是鱏

"鮰鱼大王"是一座两层楼的建筑，长于把鮰鱼用来蒸、炒、煮、氽汤，用鱼杂来炖豆腐。单是鮰鱼一样，就能办整桌的席。秋天蟹肥的时候，也是吃鮰鱼的季节。鮰鱼溯江而上，到了重庆、宜昌一带产卵完毕，回航到海上去。回航的鮰鱼称为"鱏"，因为它产卵之后，肉老而瘦，没有吃头，反而能得"享"天年。

鮰鱼亦称为鮠鱼。《本草纲目》中说："鮠，生江淮间，无鳞鱼，亦鲟属也，头尾身鳍，俱似鲟状，惟鼻短尔，口亦在颔下，骨不柔脆，腹似鲇鱼，背有肉鳍。郭璞云：'鳠鱼似鲇而大，白色者是矣。'"又云："北人呼鳠，南人呼鮠，并与鮰音相近，迩来通称鮰鱼，而鳠、鮠之名不彰矣。"

看这一解释，鮰鱼则很像是重庆的"江团"。

汉口的武鸣园也是以烹鱼著名，招牌菜是河豚。河豚味道极鲜美，但是它的肝脏和卵巢含有剧毒。处理得不好，往往会令食者送命。

据周君亮先生说，汉口武鸣园处理河豚最拿手，几十年来从没有出过事。这也是很辉煌的纪录。

辣炸鱼·喜头鱼

至于湖北同胞吃鱼的方法，那更是花样繁多，沔阳谢南纲先生曾为此编过食谱。如像辣炸鱼、滑鱼、油酥鱼、鲦财鱼等等。鲦财鱼是用红曲和盐涂在财鱼块上封坛腌制的，味道最特别。

在湖北，鲫鱼亦称为"喜头鱼"，以樊口地方的最好，据说樊口地方滩多水急，鱼争上游。肉质最细嫩鲜美，用萝卜来煨成汤，也是一道名菜。

湖北东南地区，沼泽多，鳝鱼、鲇鱼既肥且多，儿童们喜欢伸手到洞中去摸鳝鱼，用指头钳住活捉，大的鳝鱼往往长达两尺。除了红烧、炒马鞍桥之外，最好的吃法，当推粉蒸鳝鱼。

鳝鱼去骨之后切段，每一段就像是一个马鞍，也像是一座拱桥，裹上米粉，加上蒜瓣，大火蒸熟，极佳。除了鳝鱼之外，鲇鱼、鲢鱼、青鲤都能蒸着吃。吃蒸鱼，讲究"客等菜，菜不等客"。客到齐了笼才上炉，一蒸好就上桌，因为蒸鱼最讲究火候。

吃蒸菜·四字诀

湖北菜中，蒸菜是一个特色，而以沔阳为最著名。蒸菜的品评标准有四字口诀："稀、滚、烂、淡。"也就是要求多汁、滚烫、入口即化以及少加作料，保存原味。

以上所谈的，是湖北东南长江流域和湖沼一带。所谓的"两湖熟，天下足"的区域。

至于湖北的北部，光化、襄阳、枣阳、谷城、均县、保康、自忠等七个县，和河南省南部一带的物产风俗反而较为接近。据枣阳傅良居先生说，枣阳十字街宝和园卖的名菜"将军肉"，就是中原风味的。据说是民国初年，鄂北镇守使张连升最喜欢吃，因而称为将军肉。襄阳厚德福卖的"瓦块鱼"——糖醋鱼，也是北方风味。鄂北的同胞喜欢一半饭，一半面，和鄂东南一带大不相同。

鄂西山地，生产以杂粮为主，玉蜀黍和大豆间种着，再加上马铃薯，成为鄂西同胞食的特色。

金包银·七姊妹

鄂西同胞把玉米粉做成小疙瘩蒸着吃，像是一个个的黄金元宝。把白米饭中掺上一半的玉米粉，或者掺整粒的玉米，蒸熟之后，黄白相间，称为"金包银"。这种食物不但名字好，同时也耐饥、营养。

他们主要的菜，叫"和渣"，把大豆泡发好之后，磨成浆，不滤去渣子，即加上青菜和盐来熬煮，是蛋白质、维生素的主要来源。

鄂西马铃薯产量大得惊人，窖存起来几乎能吃一年，因而他们也研究了好些方法来消耗它。例如把马铃薯切成薄片，晒干后油炸，炸得泡了起来，金黄色，脆而香，是下酒的妙品。这种炸洋芋片，和美国的相仿，美国人嗜之若狂，几乎随处都有卖的。

　　我们一般人用马铃薯炖肉，很容易把它炖成烂泥似的，鄂西的同胞却不然，无论炖多久，马铃薯都不会散，原来他们先把马铃薯晒干，然后才下锅。

　　鄂西的同胞嗜辣的习惯和四川、贵州相同。辣椒"树"上结的，每柄七个，而且尖尖朝上。这是四川的"朝天椒"，湖北人称为"七姊妹"。收成的时候，磨成溶溶的浆汁用来渍萝卜，晒干了舂成面子，每餐都少不得。虽然口味如此重，但仍然恪守"稀、滚、烂、淡"的原则。整个湖北省区内，人们的烹调鲜有用酱油的，他们主要的调味品是豆酱和豆豉。我曾有幸与湖北人为邻，隔壁每逢炒菜时，豆豉所发出的那种特殊气味，令我领悟到凡事客观，抛弃成见的重要性，因为当我觉得臭不可闻的时候，隔壁却传出了"好香啊"的赞美之声。

食在湖南

谈到湖南的吃，许多"外省朋友"都联想到湘菜馆子里的菜盘、饭碗、汤匙等等，都要比其他省份的大一两号，尤其是筷子，一尺多长，像是炸油条专用的一样。外国人吃湖南菜，很容易把筷子的尾端，打到邻座的脑袋。

为什么湘菜馆子里的筷子特别长？汤匙特别大？是否所有湖南人吃饭的家伙都是特大号的？这些问题，我曾经搜集到下列几种答案。

"是的，因为湖南实行大家庭制度，桌面大，坐的人多，筷子不长则'鞭长莫及'够不到菜"。"湖南人好客，主人要殷勤地为客人布菜，筷子长则'无远弗届'"。"湖南人饭量大，一天三顿都吃干饭，器皿大，拿得多，吃得快，'速战速决'。""湖南人吃饭不是自顾自，而是要隔着桌子彼此相奉，'己之所欲，施之于人'。"但是酃县邓太初（公玄）先生，浏阳朱如松先生，却告诉我相反的意见："不是的，湖南一般的家庭之中，所用的食器与外省的规格相若，并没有大一号。大号的食器，是湘菜馆唬外省人的噱头。"

长筷子·一尺多

长筷大匙真正的发明人，据说是茶陵谭组庵（延闿）先生。谭氏是湖南才子，一代人杰，二十六岁中进士，授翰林院编修，后参与革命，出任湖南光复后的首任都督；又追随孙中山先生致力北伐，民国十六年奠都南京，任国民政府主席，翌年改任行政院长。

组庵先生确实是好客的，宾客们前往拜会他，到了吃饭的时候，都留饭款待，围着大圆桌共同进餐，边吃边谈，原本要和他同桌的幕僚们，退而居其次，轮为二排站票，在前排坐客的肩上乘隙进箸。由于谭公馆开饭经常是"立体"的，为了避免汤汤水水洒在贵宾的肩上，幕僚们只好不断地研究发展，改良用具，巨型餐具遂应运而生。

组庵先生的"食道"艺术，可称得上是一绝，他的鉴赏力之高，使得厨师们兢兢业业，不断地检讨改进，因而其烹饪的本领也都独步全国。组庵先生逝世之后，他的厨子曹进成就回到湖南长沙，和乃弟经营"长沙酒店"及"健乐园"。为了表明他是谭公馆出来的，因而碗筷器皿也都定做加大号，其他的馆子于是也一同跟进，造成了今日移风易俗的伟大局面。

煨豆腐·左公鸡

组庵先生当年可能很注意饮食，据说他晚年牙齿不大好，讲究菜肴要嫩、软，喜欢把菜放在瓷钵之中，封上纸"原蒸"；但后来所谓的"谭厨"，加以渲染，以致把谭公的食谱，变得玄而又玄，成为湖南菜的号召。例如有一道"畏公豆腐"，传说就是组庵先生所创。主要的材料，不过是价值两元的豆腐，但其配料却要三斤以上的肥母鸡一只，火腿两斤，猪肉半斤，干贝四两，关东口蘑及猴头菌各五钱，把"配料"和水放进砂锅里用文火熬六小时成汁，去掉配料，只留下汤，加豆腐再煨两小时，即成。不过这两块钱的豆腐入汤煨煮之前，先要揉碎，蒸一小时，凝成块后再切成长方块，过水除去其石膏质。

以上的食谱，是一位"谭厨"所开列的，我很怀疑这只是一种宣传手法，而不一定是组庵先生的创作。因为这位"谭厨"也是"左宗棠鸡"的发明人，他试用新手法爆炒鸡块，非常成功，于是"因仰慕吾乡先贤左公之勋业，谨以命名。"（仅录报上的原文）

笋干包·就清茶

湖南的同胞，的确是一天吃三顿干饭，而且三餐的菜，也都差不多。如果哪一家早上吃一顿稀饭，那必须关起门来吃，免得左邻右舍看见了要笑话你家穷。在长沙市内，如果不吃干饭，也可以去茶馆里吃早点，早点是清茶和包子。包子的馅，多半是笋干和猪肉，小碟子一碟两个，大碟四个，茶房伸直了左臂，把盛着包子的碟子叠放在臂上，能叠三四层高，然后飞快地在茶桌间穿来穿去，把包子分放在客人们面前。这种一臂举十多只盘子的绝技，像是江湖上的马戏团一样，最为宾客们所欣赏。

茶房们沏茶的技艺，和端包子一样，也是多年磨练而成的。他们一手拿着好几套三件头的盖碗茶杯，客人们就座后，杯子像是发扑克牌似的，一举手间全安排好，然后把装满着开水的铜茶壶嘴子在茶杯边上一点，滚水开始倾注出来，渐渐把壶提高，提到距杯口约两尺远时，水戛然而止，正好一杯，满而不溢。

白沙水·水无沙

各茶馆所烧的开水，多以"沙水"为号召。因为长沙市上售的水约有两种，一是河水，挑自湘江；一是沙水，挑自城南打靶场的白沙井。

白沙井其实不是井，是一块石板之上，有一个比脸盆略大的坑，清洌的泉水从石缝中渗出来。这股泉水说来也怪，它永远用之不竭，但如果不舀它，也永远不会溢出来。白沙井邻近的居民们，守着这一富源，大家排着队，用桶接了挑进城去卖，售价在湘水的十倍以上。由于白沙井水特别受欢迎，后来有人在泉的附近再开坑取水，供应量大增。

白沙井出的水，称为沙水，但清澈见底，内中不含砂粒，因而湖南同胞们出了一副对联："常德德山山有德，长沙沙水水无沙。"

火宫殿·钱完光

长沙的小吃多集中在"火宫殿"：火宫殿就是火神庙，也称为乾元宫。据台视的导播巢剑珊先生说，长沙有一句俗话"火宫殿里乾元宫"，是抗战期间学生们之间的流行话，长沙话说"用完了"为"完光"，读作元宫，乾元宫的发音正好是"钱完光"。火神庙的小吃摊子消费不高，但却花样繁多，的确够把学生们口袋里的钱给"完光"。

乾元宫是在一条深巷的尽头，巷子两边，左右都是饮食店，有许多油炸的食物，例如像把小河虾带壳和上面糊，放在一个圆形的铁勺上油炸而成的虾饼，同样方式炸成的豌豆饼，以及油炸臭豆腐。据长沙秦保民先生说，火宫殿的臭豆腐都是现吃现炸的，豆腐的臭味，臭得鲜纯可爱，甚至可以生吃。炸的时候，入锅翻两下就透了。外皮金黄色，里面的质变成一丝丝的，松脆多汁而不枯焦。因长沙的同胞似乎很喜欢油炸的食物，甚至把米饭也用来炸着吃，把米拌点葱花和盐，放在油勺里炸，据说叫做"箍吃"；把红薯泥包在豆皮里用油炸，叫做"回鸭子"，长沙同胞读"肥"为"回"。据钱桐荪记载，还有一种"脑髓卷子"，其实与脑髓无关，而是用面粉夹猪油，拌糖盐而食，酥松细腻，入口溶化。

神仙钵·马明德

通过这两排类似台北圆环的小吃店，进入乾元宫内，里面多半是饭摊子，饭是放在黄砂碗里上笼蒸熟的；每碗的量并不多，但是特别香，当地同胞称之为"神仙钵钵"，叫点小菜、辣椒，壮汉们能一口气吃十来钵饭。

除了火宫殿而外，长沙马明德堂的肘子，炖得晶莹透亮，外糯里酥，据说肘子皮上的毛，都是连根拔除的，绝不用刮、烧等治标的"锯箭法"来处理。"徐长兴"的烧鸭，真是"长兴"，鸭子长得肥嫩，味调得好，烧得好。"李和盛"的牛肉米粉，米粉是米做的面条煮熟，用牛肉汤泡着吃。"甘长顺"面馆的面，用人工压成，也是名噪长沙的。它之所以著名，因为用的汤特别精，牛肉面用的是牛肉原汤，鸡丝面用的是鸡汤，因而一些老饕们，知道这个窍门，进到店门却叫一声"免码宽"，"免码"是免掉臊子，可以省两文；"宽"是宽汤，汤要多一点。

在长沙吃面，还附送凉拌的韭菜、芹菜各一碟，味道清爽可口，因而"免码"并无伤于面的风味。

长沙的点心店，也都是金字招牌的老字号，"三阳斋"、"三泰斋"，还有东长街的"三吉斋"、八角亭的"九如斋"，都负盛名。因而有歌谣一则："三阳斋、三泰斋、三吉斋，三三如九九如斋。"

辣辣辣·还要辣

湖南同胞食物的共通嗜好是辣，几乎吃什么都要放辣椒。他们煮一碗蛋花汤，汤里要放辣椒，我的一位湖南同学，吃甜的豆沙包还要蘸上些辣豆瓣酱。

湖南同胞吃辣椒，绝不是"点到为止"，一定要辣得热汗淋漓，口里分泌黏液，嘴唇辣得血红，而且往外翻出来，闭都闭不拢才行。

有人开玩笑说，以前在母亲哺乳的时代，为婴儿断奶是件很困难的事，因而有的母亲在自己奶头涂一点辣椒，婴儿上过几次当之后，自然失去了吃奶的兴趣。但这一妙法，在湖南却只能收到反效果。

这是笑话，但是湖南三岁小儿就能吃一点辣椒，却是普遍的事实。

湖南的辣椒产量多，也特别辣。其中品种最好的"朝天椒"，如果不小心将它的汁液沾在皮肤上，立刻就会感觉到像是被灼伤似的疼痛。

他们吃辣椒，喜欢切开了生吃，或者是晒干后切碎直接入菜。辣椒收成的时候，他们用一把长柄，铲子似的刀，刃口在前端，把辣椒去梗，放在大木盆中，盆底放块砧板，一边铲一边剁——切忌用短柄菜刀，以免手被辣椒汁灼伤。

剁好之后，拌上盐，或者切点萝卜条条腌在里面，封在坛子里发酵，制成带点酸味的咸辣椒酱或辣萝卜。

关于湖南同胞的嗜辣，可以出一本专书，且在此打住。

湖南的东、南、西、北四个区域之中，以湘西的食较突出，很可能是受了那里苗族同胞的影响。苗族同胞最早是住在云梦泽一带的，至今他们的歌谣之中，仍有一首《道路歌》，歌词的内容，包括了从洞庭湖到湘西一带各路驿站的名称，意思是追述他们的祖先如何自洞庭湖一带逐步迁徙到湘西的，而湘西汉人的祖先，则多半是流宦、从军而来自外省的，菜肴的风味很难追溯其根源。

凤凰鸭·针孔鱼

湘西永绥一带出鸭子，肥而且数量多，永绥凤凰地方有一道菜叫做"凤凰鸭"，据说在别的地方还少见。把一斤多重的嫩鸭儿杀好，剁成块子用开水一过，滤干，用滚油爆炸。再把一个瓦钵子放在火上烤，放些盐，烤好之后，倒上拆开的嫩姜块，好酱油，把鸭子块入钵去煨，煨得稀烂上桌。这就是"凤凰鸭子"。

永绥地方鱼虾鲜美无比，但是产量不多，据永绥籍的石艾三

（宏规）先生说，前清时，遇有上级衙门的官员来永绥视察，当地的官员往往要派遣专人下河去捞虾子，以便接待上司。

湘西席上吃的鱼，鱼身之上有好些针孔，因为当地同胞捉鱼的方法很特别，用一把带有两排细针的小叉子，夜里燃着火把在河沟边去照着刺鱼。因而上桌之后，难免遍体鳞伤。那里的河床多半是石头的，河水清澈见底，鱼虾之类绝不带土腥气。

波斯羊·蘸卤汁

湘西有一句谚语："花园豆腐保靖酒，衙镇羊肉天天有。"

花园是镇的名字，永绥县治曾设在那里。那里出产颗粒大、金黄色的大豆，特别香，因而豆腐做得格外鲜嫩可口。

保靖的酒是指包谷酒，包谷就是玉蜀黍，长得极大，一尺多长，也极粗，一掌还握不拢，这种包谷酿的酒，有山西汾酒的风味。

卫镇也是属于永绥县的一个镇，那里出产"波斯羊"，是一种山羊，肉很鲜嫩而没有腥膻味。当地的同胞把羊的内脏、羊血，煮成一大锅汤，熬好之后放米，煮成为一大锅浑浊浊的羊杂稀饭。这种羊杂粥，看上去脏兮兮的，但吃起来却美极，当地同胞嗜之若狂。

湘西，不仅限于卫镇，苗胞们宴客的时候，多半把羊杀好，剁成大块，煮熟，然后切成二三两重的块子，放在竹箩上凉冷，另外也放些豆腐干。客人们来的时候，用一个大钵子，里面放些羊油、酱油、辣椒、姜等作料，放在火上炖着，客人们围钵而坐，各人捡羊肉或豆腐干投进钵子里去卤一下，捞出来啃着吃，随吃随添，一次招待一两百人是很寻常的事。

还傩愿·杀大牛

苗族同胞喜欢吃牛羊肉，遇有祭典，更要杀牛祭祀。例如每年一度的"还傩愿"，祭祀"傩公"、"傩婆"，先得选毛色纯净，肥硕壮健的大水牛，选好之后，好好地豢养着。直到祭祀的那一天，在地上树立一根雕花的木柱，将牛鼻孔里穿着的绳子，一端缚在木柱上，由巫师执着长矛绕柱追逐刺戮，每一矛都扎在牛的颈下胸骨之间，直到牛的血流殆尽，倒地而死为止。牛倒在地上的姿态，作为预卜凶吉的判断，如果牛头正对着堂屋的大门，则象征上上大吉。

吃这一顿牛肉大餐，其手续真不简单。祭牛的肉经常是赠给亲友们的，招待客人则另外杀牛，有钱人家往往一杀就是七八头，切成大块子煮熟了蘸盐吃。

果子狸·虎骨酒

在湘西北一带，丘陵接着大山，林荫蔽天，生产雉、麂、獐等野生动物，因而野味也成为湖南食的特色。石门伍仲密（家宥）先生，他的家乡出产一种"果子狸"，是专吃甜浆果的小动物。把毛烫掉，薄薄的一层皮，皮底下是一层厚厚的脂肪，肉极细嫩，而且还带有果子的清香，用水糖蒸出来，味道最鲜美，是湘省野味中的珍品。

在武陵山脉中，有虎豹之类的野兽，猎人们惯用的土制铁砂枪是无法对付得了的。因而猎户们都三人一组，一人用枪，两人用叉，遇见虎的时候，先打上一枪，其作用是要"在老虎头上拍苍蝇"，惹得它狂怒，朝着猎人扑过来，用叉的猎人就趁它扑下之势，用叉去迎接，于是老虎立即被利叉贯胸而死。

这也是湖南很费力气的食物，吃过虎肉的人不多，但用虎骨浸的酒却是大行其道，很多城市都有。在美国实施禁酒令期间，湖南虎骨酒和广东的一些酒，独能远销新大陆，因为招贴上标明它并非酒，而是药。很多美国人天天吃中国"药"来解愁，造成了"中药"外销的黄金时代。

在洞庭湖滨，秋凉水退，湖岸延伸，污泥组成的浅沼上，长满茂密的茅草，自北方避寒而来的雁鹅——野鸭子，成千上万地栖息在草丛中觅食，邻近的农人们纷纷带了狗、鸟铳去到湖边猎雁。

据湘阴赵玉明先生说，打雁是要待雁子惊起时才开枪，鸟铳打去的铁砂散成一大片，像是天罗般地罩住猎物，枪声一响，总要有几只翅为之折。最怪的是这些雁鹅被惊起之后，飞不多远，又落在另一边的草丛里，猎人们往返追逐，放狗去收捡猎物，每次都得用鸡公车装运几车。这种野味腊制起来，成为春节的佳肴。

豆豉水·福酢酒

湖南一带，湘江的上游，也多的是丘陵，但衡阳一带却是沃野千里，稻子只种一季，和大豆间种着，收成极好。

豆子发酵，贮在坛子里做成豆豉，香鲜无比，湖南境内一般的烹调，多只放豆豉水而不用酱油。

据衡阳梁直轮（栋）先生说，衡阳城外板桥，有一家卖"水豆腐"（豆腐脑）的，里面撒点葱花、姜末、胡椒粉或辣椒面，浇上一匙豆豉水，如此而已，但水豆腐的美名，传遍湖南，过往的人都要尝上几碗。据说板桥水豆腐的盛名远播，主要是得力于那一匙豆豉水。

湖南同胞都长于做发酵的食物，如像衡阳的"饼粑"，六七月间把糯米糍粑做好之后，利用稻草使它发霉，长出长长的白毛，然后晒干存贮在坛子里备用。新春时节，将干饼粑拿出来浸水，切片，涂上红糖、芝麻，炸熟了供客，是一道很可口的点心。

衡阳的酒酿做得最精到，里面提炼出来的米酒，称为"福酢酒"，喝起来很容易下喉，但后劲很强，吃"醪糟"吃醉人的笑话，乡里间时有所闻。

湘南潇水上源的道县，出产一种"香米"，色黄，有一种天然的香气，煮饭的时候，洗好了米，抓上一大把"香米"撒在锅里，煮出来的饭有一种特殊的香味，据湘潭陈寿丞（大榕）先生说，香米稻禾的外观，与普通水稻无异，似乎只听说在道县才有出产。

小银鱼·黄姑鱼

湘北是湖南最富庶的地区，湘江从盆地中流过，北部是洞庭湖，湖的东北角出口处有岳阳楼。范仲淹的一篇《岳阳楼记》，使得这座楼的名字传扬全国，因而也有许多神话。

相传某朝初修岳阳楼，一楼滨湖，但却远离市廛，工人们补给困难，经常在忍饥挨饿，这一困境被鲁班祖师爷知道了，特别来到工地，抓了一把刨花木屑扔到湖中，湖中立刻出现了千万尾细小透明的银鱼，工人们捞以佐餐，心情振奋，很快就盖好了岳阳楼。直到现在，洞庭湖的银鱼仍然闻名全国，用来打汤、炒蛋，鲜美无比。

记得小时候在成都，先大父宝箴公收到一包洞庭湖的银鱼干，我家的山西庖丁从来没有见过，不知道如何做法，结果没有经过浸泡就用来炒蛋。我记得那道菜的味道，鲜则鲜矣，但嚼在口中，鱼肉像木屑一样硬，确实有几分刨花味儿。

洞庭湖一带盛产鱼类，北岸的华容县，东湖之中出产红尾鲤，有重达二十斤的，用来做腊鱼最好。另外还有一种黄姑鱼，六七寸长，黄色无鳞，背鳍却突起一根硬刺，据范月樵先生记载，这种鱼的烹饪法最特别，杀好之后先浸作料，然后把它鳍上的刺插在锅盖上，覆在一锅开水上半蒸，半煮，煮到鱼身上的肉熟透了，自动剥离骨头落入汤中，汤浓似奶，味鲜肉嫩，美到极点。

华容县"牛屎湖"中，出产"黑壳鲫鱼"，大而黑，以前是用来进贡的，相信在贡单之上一定不敢直书黑壳鲫鱼出自哪一座湖。不过，鱼的滋味确是一绝，并没有牛屎气味。

洞庭湖也盛产鳜鱼，称为桂鱼或花鱼，西洋人最喜欢它，因为刺少，可以用刀叉取食，湖南同胞却喜欢用它来做鱼冻。

松花蛋·米喂猪

在洞庭湖南岸的益阳，沿湖都养鸭子，蛋大，用来做皮蛋，剥开蛋壳，晶莹翠绿的蛋清上露出白色的花纹，一如松花。松花皮蛋是益阳的名产，蛋心很稀，但却是凝结的，用刀剖开，不流不散。

洞庭湖具有调节长江水量的功能，水涨时，长江向湖中倒灌，湖的面积扩张得很大；水落时，湖水退缩，露出滨湖黑褐色的冲积土地，肥沃得勿需施肥。因而有谚语说："雨湿三年无饱饭，天旱一年饱三年。"又说："两湖熟，天下足。"可见其出产之丰。

益阳余文杰先生说：他家乡产米过剩，次一点的米就用来拌上糠喂猪，所以猪肉特别细嫩，用来做腊肉，风味绝佳。

湖南的腊肉天下驰名，我访问过的湘省诸贤，几乎人人都说自己那一县份的腊肉做得最好。但在湖南街市之上，却买不到腊肉，因为家家都是自己熏制的。

湖南一般人家都烧柴火，灶口之上，烟气蒸熏，腊肉吊在上面，成月累年地熏着，香味自然淳厚。但也有讲究的人家，在腊月杀过年猪，做腊肉的时候，先用干橘子皮、糠、柏枝（在四川是用花生壳）等熏上一段时间，才拿来挂在灶上。

湖南同胞不仅擅长做腊肉，他们把鸡、鸭、鱼、狗或田鼠都可以腊制供馔。田鼠是吃地瓜等农作物的，肉很细嫩，绝不是想象中的那样令人恶心。至于狗肉，据朱介凡先生考据，湖南有所谓"春臭夏多蝇，秋灵冬不咬"的谚言，意思是说秋冬两季的狗肉最好吃。

盐姜茶·豆芝麻

湘江西岸的湘阴，当地同胞最讲究吃茶，而"茶道"也与众不同，他们先把黄豆和芝麻炒得很焦脆了，存在坛子里备用，然后把盐渍的嫩姜剁碎，冲在清茶之中，再把豆子和芝麻撒在上面。客人光临时，总是这样一盖碗的咸茶，滋味特殊。茶馆里卖的，也是这一类。

何以湘阴人喜欢吃咸茶呢？

湘阴任振余（培道）先生说，这很可能是因为当地缺少咸盐，而致盐成为最珍贵的调味品的缘故。用盐茶待客，既能补充人体的需要，又能表达尊敬的情意。

任振余先生记得他小时候，乡人们醵购来的盐要分配时，总得邀请德高望重的乡绅来主持，可见其隆重。

在湘阴地方，还出产一种盐酥饼，直径五寸，烘烤得酥脆清香，味道很像苏打饼干，用来就咸茶吃，也是这个缺盐地区的特产之一。

湖南是产茶的区域，锡矿山北面的安化，出产味道浓烈的砖茶，远销康藏及西北各省，甚至俄国大鼻子也嗜之若狂，用来和酥油、牛奶熬煮，是高寒地区每日不可少的饮料。另外如君山的茶，其味道有几分像铁观音，冲泡之后，每片茶叶都是直立在水中的，十分名贵，前清时也是贡品。

在湘江的东岸，湘潭出最好的酱油。湘潭陈寿丞先生说，几乎每个家庭都能自酿，酱缸往往是世代继承的，缸的本身就是一宝。

墨李子·太平果

关于水果方面，湘潭和尚岭的红李子，华容墨山乡的"墨李子"都很著名，沅江一带出产的一种果子，味甜如李，但个头却大如苹果，称为"太平果"，是别处难得一见的。

柑橘之属，如像黔阳的洪江柚子，尤其是廖家庄的出产，品质胜过沙田柚子；沅江的橘子和衡阳的小橘子，也各有特色。衡山唐国祯先生说，南岳的广柑，皮薄多汁，甜而无子，比广东的柑子还更好。

大体说来，湖南物产丰富，食物贮存的技术特别讲究。宁乡鲁若衡（荡平）先生说，他的家乡以坛子菜闻名，各种蔬菜晒干之后，装入坛子做成咸菜。他们也把冬瓜晒干，留待冬天蔬菜缺乏时，用来蒸腊肉，滋味和新鲜冬瓜一样。

每年冬天，鱼米之乡的湖南，流行把糯米舂成糍粑，在模子里印上花纹，彼此互送作为年礼。吃不完的，放回坛子里，浸以清水，经常换水，可以保存在来年春天插秧时享用。这样俭朴惜物的精神，也是湘省同胞们引以为自豪的。

食在江西

尽管盘子、碗等瓷器，全世界都推崇以江西出的数第一，但盘子和碗里面应该盛的东西，大体来说，赣州除外，江西却乏善可陈。因而走遍全国各地，鲜有看见"江西饭馆"的。即或在江西省境内，饭馆子也多半打着外省的招牌以为号召。

江西同胞们自称他们那一省是"文章节义"之乡，箪食瓢饮不改其乐，素来就不讲究吃。这是一个令江西同胞们很满意的解释，但不能作二分式的解释，因为美食和文章节义，并非绝对不能并存的。

伙食的特色来看，江西大致可以分为四个区域，北部，尤其是九江，和湖北相近似；西部像湖南，嗜辣；南部和广东关连；东部又和浙江、福建接在一起，甚至许多县份通行的语言，对江西中部的人来说，那完全是"外省话"。

普云斋·叫化馆

江西的省会南昌，是在鄱阳湖西南岸，赣江南岸，相当于鄱阳盆地的中心点，市内风味最好的一家馆子，罗时宝教授推荐"普云斋"，却是以北平烤鸭最著名；小吃馆"松鹤园"，卖的是看肉干丝和松针垫底的小笼包子，是扬州馆子；广东馆子"台山园"；浙江馆子"绿杨邨"；最大的馆子，能在南昌市内起三四层楼房的，如像"江天酒楼"、"嘉宾"，以卖"海参肉丸"著名，说不上是哪一省的口味；最新颖的馆子"洪都招待所"，是一家西餐馆。如果勉强要找一家纯江西风味的馆子，谢旨实（建华）先生记得有一家馆子，专卖"涮米子肉"——粉蒸肉，铺面不大，但是风味地道，达官贵人往往都在门外排队候轮子等着品尝，而这家馆子的名字却很别致，叫"叫化子馆"。

家常菜·仁生条

南昌籍的章新保（益修）先生说，他的家乡一般宴客分为四等席，特等的是鱼翅席，上等的是海参席，中等鱼皮席，下等墨鱼席。在乡下最常见的是"四盘两碗"。江西是一个内陆省，距海很远，席上总是以海味为珍贵。例如常见的四盘：①墨鱼红焖仁生条子，墨鱼是指乌贼，"仁生条子"则指的是豆腐干，不过炖得极透，里面都起了孔，灌满了卤汁；②焖海带丝子，里面配上些红萝卜丝之类的蔬菜；③红烧肉，里面加上红萝卜或白萝卜的滚刀块子；④粉蒸鸡，把生米炒黄了磨粉，用来蒸嫩鸡。

所谓"两碗"，是指汤而言，豆腐干鸡杂打汤，里面放几颗虾米。

从这个菜单上，我们不难观察到江西同胞简朴实在的精神。

柳溪米·鄱阳鱼

简朴是美德，是江西省先哲先贤垂留的典范，并非财富多寡的因果。

鄱阳湖一带，素称鱼米之乡，闻名全国的"柳溪米"，比台湾的蓬莱米细而略长，尤其是晚稻，香糯可口，哪怕是空口吃白饭也都觉得津津有味。

江西所产的鱼，更是种类繁多，鄱阳姜信喧（伯彰）先生说，江西人吃鱼讲究要春鲇、夏鲤、秋鳜、冬鳊。一年四季，各有各的特产，各有各的风味。

鄱阳湖的银鱼，透体通明，略带红色，细小无骨，以余干县的瑞洪镇出产最著。虽然湖北黄陂人说，五湖红眼墨尾银鱼，风味之佳，压倒洞庭湖的银鱼；湖南同胞说，洞庭湖的银鱼是天下第一美味；但江西同胞却特别强调，瑞洪镇的银鱼举世无匹。

南风起·阜民财

每年夏秋之间，渔民注意观察风向，南风一起，立即驾舟下网，无不网网丰收。姜先生说，《南风歌》"南风之薰兮，可以解吾民之愠兮；南方之时兮，可以阜吾民之财兮"，好像是针对鄱阳湖的银鱼而作的。

据说新鲜的银鱼并不太出味，一定要先晒干，待食用时发开的才够鲜。但也不能贮存得太久了，江西同胞们传说，一旦夏初雷鸣，银鱼就变味了，恐怕就是因为时间、湿度和温度的关系。

江西同胞喜欢用猪肉丝、韭菜炒泡开的银鱼，泡银鱼的水用来做汤，以保存其鲜味。

除了银鱼之外，鄱阳湖中还有一种鲦鱼，体型一如发胀了的米粒，用来煮面做汤，特别鲜美。晒干之后，也像是卖大米一样，一担一百斤，运到上海去卖。

江西所产的鱼中较突出的还有鳡鲢，比鳗细长，盐腌阴干，切段蒸食，据说又鲜又补。

生挤虾·雁南来

关于水产的补品，江西同胞喜欢吃"生挤虾仁"，把活的虾子剥壳，用酱油拌上生吃，入口之后，似乎虾子还在蠕动呢！

《尚书·禹贡》记载"彭蠡既猪，阳鸟攸居"，彭蠡是指鄱阳湖以北一带，阳鸟是指雁鹅。可见三千多年来，每逢秋高气爽，大雁就飞回到鄱阳湖滨避寒来了。猎人们乘这时候，带着猎狗鸟铳，惊起雁群来作为飞靶，无不满载而归。

雁子很肥，煮出来之后，锅上漂着一层油，因而要用萝卜来同煮。此外，还可以腌了销售外县市。

江西同胞最主要的调味品，也是豆豉水。在鄱阳湖一带，出产一种藤子，切开铺在箩上，再把蒸好的黑豆铺在上面即能发酵，发酵到相当时候，入坛去晒十来天，阴干即成。这样制造的豆豉，因为没有提过酱油，故而味道最厚，用来浸泡成的汁子，相当于最好的酱油。

群仙楼·蝴蝶鱼

江西全省唯一以烹调而享盛名的地方是赣县，即古代的虔州或称赣州。据赣州谢次彭（寿康）先生说，在海禁未开之前，由中原至广州的这一条国际贸易路线，以赣州为必经的大站，因而扬州和广州两地烹调的技术精英，均荟萃于斯。

民国初年，"宾谷"和"群仙"两大酒馆，在赣州的平房之间兴起了三层洋楼，而成为赣州精美菜肴的总汇，两家的名菜如红烧鱼翅、红烧全鲍、玻璃鱿鱼、夜兰香鸡丝等等，都是名噪一时的。谢寿康先生出使教廷的时候，曾将他的家乡菜介绍到欧洲，许多著名的外国政治家都很欣赏。

谢先生说，有一道"蝴蝶鱼"可以称得上是色香味至上的。

把青鱼的中段剖开，去大骨，切成一分厚的薄片，但不切断，使两片相连，像一对白色的蝴蝶翅膀，镶着一道黑边，再用棍子轻轻捶捣，勾上黄粉，入滚开的水中余一下，蝴蝶翅膀就发胀了，然后捞出来放在鸡汤中煮，这就是极名贵的佳肴"蝴蝶鱼"。

张万盛·小炒鱼

民国十六年北伐期间，前国府主席茶陵谭组庵（延闿）先生率部分国府大员自广州北上，途经赣州，地方父老在这两大餐馆中宴请他。组庵先生很讲究烹调，他对于赣州馆子里的红烧鱼翅赞不绝口，认为驾临在广州、上海之上。赣州同胞深以他的夸赞为荣。

抗战期间，蒋经国先生在赣南任行政专员，竭力倡导节约，地方政府更是雷厉风行，处处杜绝浪费。当时赣县有一家小吃店，名叫"张万盛"，土造两层楼的房子，炉灶案子就放在楼下门口，楼上能放七八张桌子，满座的时候，楼板还摇摇晃晃，充满了乡土小店的情调。经国先生请客多半都在张万盛，因为他家能把当地的出产，做成当地的风味，朴实无华，经济实惠。

谢次彭的令弟旨实（建华）先生说，张万盛家的几道菜，做得妙到极点，例如像"小炒鱼"，把一斤半左右的青鱼切成棋牌块子炸，用汤汁勾上黄粉，如此而已，但是端上桌来，黄澄澄的，宝光闪闪，鱼肉吃完，盘子里干干净净，不留汤汁，汁子都附在鱼上，可见其勾黄的功夫确是独到。

百浇鱼·炸叉烧

江西有一道名菜叫做"百浇鱼头"，用开水浇在鱼头上，浇一百次，再浇上作料——第一百零一次就成了，鱼头鲜嫩溜滑，非常好吃。只是这种做法太费工夫，不能大量上桌，因而"张万盛"发明了用"蒸"来代替"浇"，火候控制好，蒸出来的鱼头，浇上调料，赛过西湖醋鱼。

张万盛的菜，不过是鸡鸭鱼肉而已，没有海参鱼翅，但是做法经常在革新求变。广东的叉烧肉是将里脊肉叉着烧烤，他家改为叉着炸，外酥里嫩，趁热切片上桌，别有风味。

这样一座大众化的小馆子，因为前后方的工作同志经过赣县的时候，都去品尝过，不久之后即名扬全国。

曾四爷·做狗肉

赣州还出过一位名厨曾四老板——他原是"宾谷酒馆"的合伙人兼头把刀，后来另起炉灶办了一家"大中华旅行社"。他的神技是做狗肉。谢旨实先生曾经吃过他做的狗肉，认为其香嫩味厚，独步全国，最难得的是绝不带狗腥气，吃完之后，余味绕舌，令人舍不得刷牙。

除了赣县之外，江西各地也有许多味道隽永的小吃。丰城鄨介初（景福）先生，最怀念他家乡的"冻蜜糖"——蘸着红丝的米花糖，米是用粗砂子和蜜热炒发胀的，过年送礼多半用它，提着一大包，可是却轻得像"保利龙"。

叶时修夫人说，在弋阳县，早上叫卖甑子糕的，卖桂花团子的，供应给人们每天第一顿清爽可口的早点。

粉蒸肉·三杯鸡

在兴国县粉蒸的肉类、鱼类火候特别到家，因为那儿都用大灶烧茅草，一把茅草塞进灶孔，轰的一声燃起了熊熊烈火，但瞬即变成一灶的灰烬，没有火焰。兴国县的妇女同胞都懂得如何控制这种忽冷忽热、打摆子似的火候，因而蒸菜做得特别到家。

泰和县同胞，对于烹饪一道，有一套妙法。他们把鸡杀好，剁成大块子，放在一个陶钵子里，倒上一杯米酒、一杯酱油、一杯麻油，然后用纸把钵盖封紧，放在文火上炖着，炖到肉烂了，汤汁刚收时离炉上桌，钵子揭处香气四溢。

这就是有名的"三杯鸡"，因为一次加上三杯作料之后，就不用管了。话虽然如此说，做起来却不是那么简单，因为钵子上炉之后就不能揭开封口，如果功夫不精到，弄出来的非焦即糜，无法令人激赏。

在江西南部礼宁县的同胞，擅长把芋头煮烂，捣成泥状，擀成饺子式的薄皮，用来包上肉馅上笼蒸熟，当地同胞称之为"脿子"，味道非常别致。

此外如临川的鸡汤米粉，也在各地小吃中占有相当的地位，而金溪的米粉是用小碗装盛，一人能吃二十多碗，仍觉得不够餍足。

南丰橘·抚州瓜

关于水果方面，南丰的橘子是闻名全国的。南丰县城里城外都种着矮矮的橘树，结的橘子个头很小，但皮薄汁多，清香而甜，清时列为贡品。

据姜信暄先生说，南丰的橘子，城里出的要比城外的好，他推测这可能是因为城里的人烟稠密，碳酸气较浓，橘树叶子行"光合作用"时原料较充足的缘故。

临川（抚州）的西瓜，每个有三十多斤重，长形青皮，瓤子入口即溶化，像是一包雪花，因而称为"雪瓜"。

会昌的荸荠，大、嫩、甜、香，落地即跌破。

赣州的柿子和秋白梨，也是水果中的隽品。

南安鸭·酥骨头

在江西，有两样出产是经由广东出口的，以致在产地上造成错觉，其一是江西南丰的瓜子，大、脆、香而且容易嗑，外省卖瓜子的以其为标榜，但却标着"广东信丰瓜子"的名称，张冠李戴，随意变更省界。

另外一项是"南安板鸭"。"南安"是明代所置的府名，属于唐代的虔州地方，清代辖大庾、南康、上犹、崇义四县，府治设在大庾。民国以后废府置县，又因为福建泉州府的五县中有与南安同名的，因而江西南安府分为四县之后，即不用"南安"为县名。这虽然是一个历史地名，但却自有其明确的指称。谁料到外省卖南安板鸭的，也在"南安"之前冠以广东省籍。

南安板鸭的特点是：①肉厚而嫩——切出来时，几乎块块是肉，并且很嫩；②咸淡适中——有的板鸭"贼咸"，只能下稀饭，但南安板鸭却可以空口细嚼；③骨酥，鸭子的骨头很有味道，可以嚼碎了咽下去，和啃盐酥饼一样。

南安的板鸭何以骨头是酥的呢？谢次彭先生说，那种鸭子是养在南安的，乡人传说，在它们成长时，要赶着鸭子走过大庾岭再回来，鸭骨头就酥了。

谢旨实先生却听过另一套说法：鸭子是在赣州孵化的，成长之后赶到大庾，在章水河边听任鸭儿打十天的野食，鸭子饮过章水之后，骨头就会酥了。

王安石·不择味

江西也是历史名臣辈出的好地方，宋朝推行新法的王安石先生，就是江西临川人。据记载，王安石吃饭的时候，专吃摆在他面前、距他最近的那一盘菜，别的盘子则很少去动箸。和他同席的人初则以为他爱吃豆腐，后来又以为他偏爱蒸肉，日子久了，才知道他是"近攻主义"的信奉者。江西的先贤如此不讲究口味，风气自然养成。如果苏东坡先生是江西人，说不定江西同胞今天会盛行吃回锅肉呢！

食在江苏

甲、镇江

镇江并不是一个以吃而闻名的都市，陈果夫先生也不是一位讲究饮食的饕餮客，但是谈到吃在镇江，就不能不谈到陈果夫先生在镇江所设计的"天下第一菜"。

民国二十二年至二十六年，果夫先生担任江苏省主席时，不仅对于大的施政问题仔细擘划，对于一些能激发民族精神的小事情，他也竭力倡导。例如无锡捏泥娃娃的手工艺，一向以捏制"大阿福"而闻名于世，但他却要这些工艺家塑造地方乡贤的像，用来陈列在省府所在地的镇江，以激励大家效法先贤，造福乡梓。

果夫先生知道中国菜之精美是独步全球的，他主张将各地风味的菜点融会贯通，改变国人讲究鱼翅燕窝重珍贵而不重营养的习气，进而演绎新味，传扬海外。

真谭厨·江苏席

当时江苏省府的招待所称为"省庐"，主持炊事的曹健和氏，是谭组庵（延闿）先生的厨子，真正的"谭厨"。这位烹饪大师聪慧异常，触类旁通，深懂推陈出新的窍门。于是果夫先生就派遣他游学江苏全省，专习各地名菜，学成之后，开列各地佳肴的综合筵席，称之为"江苏席"。

曹健和氏到淮安清江浦学会了"鳝鱼全席",在无锡学做"肉骨头",常熟叫花子偷得童子鸡用稀泥包扎烤制的"叫花子鸡",经他改良而成为"富贵鸡"。总之,曹氏游学一趟,倡导"谭厨"的研究发展精神,为今天的中国佳肴制罐外销奠下了基础,而曹氏本人后来也成为美国华府的名流,国际名厨。

第一菜·以诗传

曹氏游学归来之后,在果夫先生设计之下,发展出"天下第一菜"。其作料是把锅粑炸透,趁热浇上一碗鸡汤,再浇上番茄烧虾仁,如此而已。

锅粑炸好趁热上桌,浇上鸡汤等调料时,"炸"的一声,清脆动听,是以这道菜在色香味之外还具有声音,而且经济实惠,营养丰富,果夫先生特命名为"天下第一菜",江苏省府每次宴客,都少不了这道菜。为了要提倡节约,重营养的精神,果夫先生还亲题白话诗一首,印在纸餐巾上。诗云:

是名天下第一菜,色声香味皆齐备;宴客原非专惠口,自应兼娱眼耳鼻。此菜滋补价不贵,可代燕耳或鱼翅;番茄锅粑鸡与虾,不独味甘更健胃。燥兮湿兮动与植,中外水陆品类萃;勇能赴敌屈能伸,因物尤可激志气。我今郑重作宣传,每饭不忘愿同嗜。

印有这首小诗的纸餐巾,经常被客人们揣回去作纪念,这首诗因而流传得很广,许多人至今犹能朗朗上口,只是记得不太完整。本文所录,是集凌龙孙(绍祖)先生、罗佩秋(时实)先生所记得的句子,承仲绍骧(肇湘)先生补阙校正的。

这首《天下第一菜颂》,语意浅显明白,其中第十一、十二两句,是写其中的鸡和虾。鸡性勇敢能斗,虾却能伸能屈。据佩秋先生说，当时恰在"九一八"之后，全国抗日浪潮汹涌，因而地方上盛传日本人引用这两句诗，认为果夫先生借题宣传抗日，对日本颇不友好，曾向国府提出交涉。这段轶闻，颇能为"吃在镇江"平添一些作料。

小老板·大少爷

镇江濒临长江南岸，南北运河通过市区，乃交通辐辏之地。其重要性直追江北的扬州（江都），其食品的精美也能比拟维扬。扬镇两地相距虽仅五十华里，但一江相隔，有如天堑，两地的气氛和习惯都颇不同。

扬州人喜欢互称"大少爷"，镇江则称"小老板"，两地习性基本的不同，也在这称呼上能见真章。

扬州人"大少爷"，讲究吃喝享受，起床迟，闲泡茶馆的人多；镇江人"小老板"，较为朴实苦干，起得早，上茶馆为解决吃喝民生问题，闲泡的人较少。

镇江的茶馆多半在早上七点钟就已营业，茶馆里卖的食物，可以简化成三个单字"肴"、"点"、"面"。"肴"是指"肴肉"，镇江同胞都略去其中的肉字，而把"肴"读作"小"。进得茶馆只要说"小"，茶房就会送上一盘"肴肉"外带细姜丝和一碟镇江醋。不知里就的人听镇江同胞称"肴肉"为"肴"，总以为是省了字，其实不然，"肴"即是熟肉的意思，如果称为"肴肉"，则反而多了一个赘字。《说文通训定声》上解释："肴，凡熟馈可啖之肉，折俎，豆实皆是。"可见镇江人所习惯用的这一名称，确实是有所本的。

精制肴·用老汤

镇江的"肴"是独步全国的，其特色是制作精美，鲜腴不腻，入口即化。

肴的材料，都选用最好的猪蹄膀，把毛拔得连根不留，用盐花椒和硝涂上，稍微腌一下，同时用大石头把它压起来。这算是第一阶段的制法，"腌"。

在第一阶段中，镇江同胞之间有两种说法，一说用硝，认为"肴"肉就是"硝"肉，用一点硝则瘦肉会成为粉红色，格外好看。相反的说法认为无须用硝，肉"硝"过之后会变硬，就像是皮"硝"过之后制为革一样。一说用石头压过之后，肥瘦肉间的组织密合，做出来的肴也格外方正美观。相反的意见认为做肴并非做板鸭，用不着拿石头来压，如果肉选得不好，再多压上几十斤，也不会有用。

这两种主张孰是孰非？无法贸然认定，姑并录之。

制"肴"的第二阶段，是煮。把整只的蹄膀放在大锅中炖烂。在镇江市日新街一带，最著名的两家茶馆"中华园"和"万华楼"，用特制的大锅每天要炖几十只上好蹄膀。炖出来的浓汤，黏稠似胶，雪白似乳，除了舀一点出来冻结肴之外，余下的卖"白汤面"，仍然用不完，次日加新蹄膀再炖。像这样的一锅老汤，百十年留传下来，内中已溶解着万千只蹄膀的精华，其浓郁鲜美，自非一般缺少历史背景的新汤可比。而老汤，也就成为镇江制肴之宝。

玉带钩·眼睛儿

肉煮酥烂之后，第三阶段，冻。将蹄膀分别放在瓷钵之中，肉皮朝下，把肉摊平，浇上汤汁，让它冷却，自然冻结成饼状，扣出来之后，皮和汁都结成晶莹的冻儿，这就是世所著称的镇江"水晶蹄肴"。

第四阶段，切。不仅要切得方正，而且刀法上的讲究极多，精练的大师傅，刀刀下去都有名堂。据仪征老报人包明叔先生说，肘边带着卷皮的称为"玉带钩儿"，球形肌腱称为"瓜儿"，自"瓜儿"中间剖开的称为"眼睛儿"，附着细长小骨的是"添灯棒儿"，其中尤以"眼睛儿"最为珍贵好吃，一般茶馆"打把式"的，总把它留给最慷慨、肯给小费的老板们。

第五阶段已经是要开动就食了，其讲究处为"配"，配料，一碟细长如发丝般的姜丝，和一碟清香四溢，酸而又鲜的醋。切姜丝的刀法极好，不像台北的馆子，端上来的像是一碟牙签。姜，据说有解毒之功，孔夫子对于食物的主张："割不正，不食……不撤姜食，不多食。"看都具备了。

看除了在茶楼当早点之外，还是最好的礼品。人们往来于京沪之间，路过镇江时，买整只的"水晶蹄看"来馈赠亲友，往往都能受到热烈的欢迎。每逢过年，茶馆里打把式的，也经常用整只的"水晶蹄看"来馈赠大户的老主顾，而赏钱则数倍于成本。

小汤包·白汤面

茶楼里除了"看"之外，第二类是"点"，包括汤包、夹（蒸）饺、烧麦、干丝等等。镇江的"点"，只有汤包还勉强可以和扬州的相比，其他的则都较逊味。

第三类"面"，镇江以用制看剩下的汤，所下的"白汤面"为最佳。面是手切的，细而光韧，汤当然是更好，上面加上两块看，则成为看肉面。

镇江同胞很节俭，汤面上桌之后，总要吃得碗底朝天、涓滴不剩。有人喜欢在叫面的时候，吩咐堂倌："宁可多汤，不可少面！"镇江流行的一则笑话：穷东家在茶馆请西席早点，西席食罢恭送出门之后，自己再回到座位上，把西席吃剩下的面汤端过来，从袖子里取出烧饼撕开了泡汤吃。这则笑话旨在夸赞：①汤好；②尊师的精神高。

刀鱼面·火面店

在"面"之中，镇江的鳝鱼面赶不上它西南九十里句容的，谚云："要吃鳝鱼面，跑到句容县。"但是镇江的"刀鱼面"却很闻名。刀鱼只有七八寸长，形状如刀，刺多，但是肉极细嫩鲜美。将刀鱼烹好之后，去大骨，用铁丝网子将肉刮下来成为羹，作为"过桥面"的浇头，是镇江面食中的一绝。

除了茶馆之外，镇江市内几乎每一条街头都有所谓的"火面店"，店里自切的细面，擀得好，切得细，备有大锅烧后沸汤，人们在自己家中取一个大碗，里面放上些上好的酱油，淋上点小磨麻油，然后拿到火面店去叫他下几个钱的，煮好之后盛入碗中拌着吃。有时也浇点炒肉丝什么的，风味绝佳。

扬斩肉·镇狮头

镇江在烹调上，狮子头的声誉，几乎仅次于肴肉，据说其做法是从扬州传来的（扬州人称为斩肉）。只是镇江出的酱油赶不上扬州的，因而干脆一点酱油都不放，做出来的狮子头是纯白的，这和扬州的红烧狮子头颜色不同，风味也各别。

镇江狮子头的要窍，首在"选肉"，要选上好的后腿肉，肥膘厚实，约占三分之二，瘦肉要精、要紧，松松泡泡的肉绝不能选用。

第二在"细切粗斩"。肥瘦肉都要仔细切成细粒，剔除筋筋皮皮。但是在剁的时候却不宜细剁，概略地斩上几个来回就得收手了。

第三在"团"，肉切好之后，里面要加点水、虾子、酒，勾上一点黄粉。黄粉的量很重要，多则太硬，不够酥嫩，少则不聚，煮成一锅碎肉羹了。团好的大肉丸子不必下锅去炸，直接放入砂锅去炖就行了。如果用一张嫩白菜叶子包好入锅，做成穿衣的狮子头，其效果也必不差。

砂锅肉·垫篾网

第四在"炖",据包明叔先生说,炖狮子头的砂锅,最下层要垫一个细竹篾编的网子,免得要炖的材料粘了锅。竹篾网子上铺一块整的干净猪皮,主要是利用其中的胶质,把汤汁变得格外浓郁可口;猪皮之上铺些青菜头,放上肉丸,衬以冬笋片、毛豆和蝉螯——一种比蚬略大的贝类,是狮子头中最出味的材料。炖的时候,须用文火慢炖,炖到下层衬的猪皮已经快融化时才算最佳。

镇江城内省府对面的"永安酒楼",以及专门承包做上好酒席的吕厨,都擅长烧狮子头。吕厨的手艺还有"红烧鲢鱼头"、甜食"冰糖莲子"等两道最受称道,他的菜好,器皿精美,价钱也要比一般的贵一倍。后来谭厨应聘主持"省庐",省府请客都不再找他,双口吕也就吃不开了。

镇江的小吃普遍够水准,著名的大饭馆子却并不多。有一家"岭南春",能做广东式的西餐,民国十七年省府迁到镇江,十八年把英租界收回,之后,在英租界中设了一家颇具规模的观光饭店,所治的中西餐点也都够格。

蛤蟆酥·京江䭔

街头巷尾所制的小点心,以"蛤蟆酥"、"京江䭔"最为有名,"蛤蟆酥"是一种方形的油酥烧饼,粘着一点芝麻,香酥可口;"京江䭔",则是圆形的小发面饼,入炉烘烤之前,划上三刀,饼的表面因而裂为六牙。有咸、甜两种,咸的是白色,甜的是红色。据凌龙孙先生说,烘甜䭔,快出炉时仍是白色,用一个小的铁碗装上白糖,放在炉里的炭火上,糖即冒烟,这时用一长柄小帚,蘸上清水,刷在䭔的表面,糖的燃烟粘在上面,自然现出红色。

镇江在古代称为"京口",或称"京江";"饎"也写为"餈",读"慈",《说文》解释为"稻饼也",但镇江出的京江饎却是面粉做的。一般住民煮好鸡汤之后,总得要买两个刚出炉的"饎"来泡着吃,据说极美。镇江人出外郊游,或长途跋涉,所带的干粮也都是它。

由于"饎"字很"古",很"怪",往往令人不知其原文应如何讲法,故而"京江饎"向西传上一百来里到了南京,被转音称为"金刚碁",甚至称为"金刚碁子",其出身也由烧饼店转入点心铺了。

恒顺园·镇江醋

在这些之外,镇江醋也是闻名全国的,由于交通方便,吃过镇江醋的人口显然要比山西醋的还多,口碑载道,镇江醋在声势上占了便宜。

镇江最有名的一家醋坊,是位于西门大街的"恒顺酱园",经常有小贩提着他家的酱菜或醋瓶子,在京沪铁路镇江线上贩卖。如果在车上打翻一瓶醋,经清洁工洗刷上十天,仍然是满车厢的醋香。京沪线上晕车的人很少,据说就是恒顺酱园的伟大贡献。

抗战期间,我的表姑逃难,晕车呕吐,一路上就是用醋浸湿手绢,捂住口鼻,逃出来的。

据丹阳朱沛莲先生说,丹阳距镇江约三十华里,也是出醋的地方,丹阳的醋大都运销镇江,打上镇江的旗号转销全国的。丹阳有一座福源糟坊,肇建于明朝,所出的白醋连皇帝都指名要吃。沛莲先生在镇江读书时,回乡探亲带了两瓶镇江名产——醋,弄得家人啼笑皆非。这和今天去香港带本省产的西装料子回来,恰是一码子事。

酒变醋·祸而福

镇江一带的醋，都是用米做原料，这和山西醋选用高粱不同。据当地同胞传说，最初镇江并不产醋，而是几位绍兴师父来到镇江，想利用那儿的糯米酿制绍兴酒，发酵到半途时，心想镇江一旦也出绍兴酒岂非要与家乡父老争利，于是在发酵过程中做了手脚，酒都做坏了，出来的却成为酽醋。这反而为镇江父老开辟了财源，成为乡下农村的副业。

这种传说，很难断定究竟有几分可靠？每到糯米收割之后，绍兴一带的米商仍然雇着大木船来到溧阳、丹阳一带收购糯米，转送同乡酿酒。

镇江确实是畿辅重镇，城池坚固，号称"铁瓮城"，据说城墙的基部埋着铁瓮，深及黄泉，以免敌人挖通地道，潜入城内。

在城的北面，金、焦、北固三山，屏立大江边上，形势天成。春末夏初，鲥鱼溯江而上，正是鳞下脂厚，肉嫩味鲜的时候，骚人墨客，来到焦山游玩，嘱渔户下网捕捉，把鲜蹦乱跳的鱼送到庙里厨房去清蒸。按理寺庙之中最忌荤腥，但是每年的清蒸鲥鱼却是例外，火工是愿意提供服务的，这是在镇江品尝鲥鱼独具的情趣。

中冷泉·登了陆

在金山寺边，有一座"中冷泉"，水极甘洌。金山原本是在江心之中，后来因为泥沙淤积，竟与江岸相连，成为陆地的一部分，原来在江心的"中冷泉"，也跟着一同登了陆。

据说在宋朝时候，大学士苏东坡来到金山，想尝江底冒出的泉水，曾用一只铁桶，上盖铁盖，系以绳，沉入江底泉心，拉线启盖，装满泉水之后，再关盖汲出水面。东坡先生对于这一泉水，极为推崇。

这一泉水上岸之后，镇江的同胞反而对它不甚重视，任它流泄，并不加利用，只是有贵客前往参观时，舀起一杯，投入十几个铜钱，只见泉水高出杯口几分，仍然不溢，以证明其浓度。

乾隆皇帝为北京玉泉山题为"天下第一泉"时，曾经做了一次科学实验，他制造了一个标准银斗，用来量取天下名泉，各取一斗，以同体积的水量来称其重量，孰重孰轻，可以鉴定各泉水中所含的杂质孰多孰少。

试验的结果，发现北平玉泉每斗重一两，塞上伊逊水亦一两，济南珍珠泉重一两二厘，金山中冷泉一两三厘，惠山虎跑泉一两四厘，平山泉一两六厘，其余清凉山、白沙、虎丘、北平西山碧云寺等泉重达一两一分。可见金山中冷泉算得上是中等以上的好泉水。

乙、扬州

谚云："穿在苏杭，吃在仪（征）扬（州）。"而"仪""扬"之间，尤以扬为最，可以称为"吃都"而无愧。一般来说，如以吃的风味佳，大众化为标准，其排名顺序应为北平、成都、扬州、广州。但是要论到吃的精奢，则任何地方都比不上扬州。

扬州（江都）自古以来即为我国的著名商埠，最繁华的销金窟。它之所以能成为我国古代经济的中心，实与食盐的专卖转运有关。早在宋代，即在江淮荆浙一带设了提举茶盐司，元代在两淮两浙设都转运盐使司，明清两代也沿袭下来。而一般盐商，必须纳税于官，领得"引票"，而取得其一定"引地"之内的专卖权。这是获利最大的特权。因而盐商们都富可敌国，钱多得来无处打发。

一餐饭·十数席

嘉庆二年，仪征李艾塘（斗）所著的《扬州画舫录》中记载，扬州盐务竞尚奢侈，有的耗用万金购买金箔，载至金山塔上，迎风飞洒，一挥万金，使其散落草树之间，不可复收，以为乐事。有的豪客以三千金尽买苏州不倒翁，流于水中，波为之塞。

又有某姓富商，喜欢即席点菜，每顿饭都由厨子做各式不同的酒席十数席，从主人前抬过，主人选择其看着顺眼、闻着对味的留下来享用，其余的都上不了台盘。其穷奢极侈如此。

满汉席·百卅种

在清初，康熙乾隆二帝，每位都曾六度下江南，主要是巡幸扬州。当时的八大商总，殷勤结纳，把"上买卖街"前后的寺观都改为大厨房，供应六司百官的伙食——还不是孝敬皇上的。据《扬州画舫录》中所列的菜单，也就是所谓的满汉全席，其中包括燕窝鸡丝汤、海参烩猪筋、辘轳锤、鱼肚煨火腿、鲫鱼舌烩熊掌、假豹胎、蒸驼峰、米糟猩唇猪脑、梨片伴蒸果子狸、镀炙哈尔巴小猪子等等，稀奇古怪的名称，不下一百三十种。难怪当时在朝的京官们喜欢跟着皇帝下江南，单是在扬州吃上几天，就已值回了一路的辛劳。

扬州盐商们的"奢吃"，确是惊人。据扬州杜负翁（召棠）先生说，每一位大盐商家里都养着几位"清客"，工作不外书画琴棋诗酒话，每月还有丰厚的薪津。所谓"效力商门有俸薪，也随骑马出寻春，马前马后皆奴辈，得意中间第二人。"（董耻夫《扬州竹枝》）由于东家们讲究吃，并且以自己的厨子能烧新创作的好菜而互夸，因而"清客们"的另一项任务，就是帮着东家在饮食方面来研究发展。

蛋炒饭·五十两

如果某家的砂锅鱼头炖得好，东家吃回来觉得自家的炖鱼头输了一着，脸上无光，于是"清客"们就有了新课题，天天盯着厨子研究砂锅鱼头，什么样的鱼？如何杀？加什么作料？如何炖？每天烹制、品尝，一定要推陈出新，试验成功之后，做给东家尝，然后再请客扳回面子。

在这种竞赛之下，杨花萝卜才长到纽扣大小，茼蒿、苋菜才冒出米粒大小的芽来，就用来供馔，一盘蔬菜，往往耗资百金。

八秩高龄的负翁先生说，乾隆时扬州盐商黄应泰，曾有炒一盘"蛋炒饭"耗银五十两的纪录。

我们吃的"蛋炒饭"，被四川人美化名称为"桂花饭"，极雅也极为传神，但黄应泰却又为它命名为"金裹银"，要求的条件：①每一粒米饭必须都是完整的；②必须粒粒分开，不能相粘属；③每一粒都浸饱了蛋汁，横剖开来，外圈一层金黄色，内心雪白，所以称为金裹银。

吃这盘蛋炒饭必须配上一碗"百鱼汤"。"百鱼汤"，并非弄一百条鱼来煮一碗汤，而是选取鲫鱼舌、鲢鱼脑、鲤鱼白、斑鱼肝、黄鱼鳔、鲨鱼翅、鳖鱼裙、鳝鱼血、鳊鱼划水、乌鱼片等十种材料合烹而成的。究竟美在哪里？恐怕只有吃过的人才晓得。

笋烧肉·接力送

扬州的富商听说黄山的竹笋烧肉特别好吃，但必须要就地掘取，立即剖洗下锅才行。于是他们特别做一副担子，两头各置小炭炉，上放炖肉用的瓦钵，然后从黄山到扬州，每隔十里一站，令夫役守候，俟厨师在黄山之上取笋入钵，调好味，燃上炭基（木炭做的煤球）之后，立即担运下山，就像是昔日帝王的驿站驰道一样，每十里一接力，运到扬州笋炖肉已可立刻上桌。

这种吃法，已离常轨，戳穿来说，只是富极而狂，炫耀其挥霍而已，实在谈不上食的艺术。民国以后，政府屡次改进食盐运销制度，盐商式微，饮食虽仍奢费，但已较为转趋实际。不论如何，扬州最好的吃食，仍然应数在这些富豪家中，绝非任何馆子所能望其项背。

野鸭肉·剪刀剪

曾躬逢其盛的负翁先生说，曾任两淮水陆各营营务处的徐宝山夫人孙阆仙女士，是一位才女，工绘事，精音律，对于烹饪一道，尤有独到之处。

她所烧的"野鸭菜饭"、"没骨刀鱼"，都是名噪一时的。扬州附近有很多湖沼，野鸭成群，而且都很肥嫩。讲究的人，选购用网捕得的野鸭，活杀治馔，而不愿意吃砂铳打下来的。

野鸭煮熟之后，选肩部腿部的活肉，剔去皮和筋，用剪刀剪成碎末，揉成肉绒备用。

为何用剪刀剪而不用刀斩？那是因为用刀一斩，肉中最精华的汁液都浸入刀板，白白流失了，用剪刀则可免除汁液的损失。

然后，煮好一锅饭，略为煮烂一点，再下锅炒炒干，加入野鸭肉绒、茼蒿和鸭肉的卤汁同煮即成。

没骨鱼·荤粉皮

孙阆仙女士治的"没骨刀鱼"，也是极费工夫的。刀鱼非常鲜嫩，只是细刺太多，先自背部剖到腹部，腹部还连着，然后在一只镟中，舀上些白酒酿，把鱼铺在上面，隔火炖熟，抽去脊骨，用镊子把细刺一一钳掉，再把两片鱼肉合而为一，以葱、椒、盐拌上猪油，覆盖在鱼上蒸透，连镟子一同上桌。

扬州名厨还有一道拿手菜，称为"荤粉皮"，其实与粉皮毫无关系。其原料是取自河产的甲鱼——鳖，煮熟之后，只取其裙边，镊去其中的黑翳，使成纯净半透明的，用猪油爆炸，加上姜桂末。这道菜看入口即化为胶汁，鲜美无比。

在水产之中，鲥鱼是江南的名产，清朝例为贡品，每年四月，"绣球白，鲥鱼熟"的时节，从长江到北平，二千五百多里，每州里立一塘，竖旗竿，白天悬旗，晚上挂灯，捕得鲥鱼之后，立即用桶蓄养，飞骑传送。这项贡品，需要动员马匹三千，人伕数千，"州县各官，督率人伕，运木治桥，劚石治路，昼夜奔忙，惟恐一时马蹶，致干重谴。"

清炖鲥·余馔尖

康熙二十二年三月初二，参议张能鳞，"目睹三省官民，只为膳馐一物，惊惶疲劳，官废职事，民废耕耘。"于是"冒昧越陈，伏乞皇上如天之仁，下诏停止"。

这一《代请停供鲥鱼疏》，反映出专制时代帝王的暴虐纵欲，同时也提高了鲥鱼的身价，因而在扬州吃鲥鱼，也格外讲究。其中一道清炖鲥鱼，据说最能保存鲥鱼的真味；做法是将鲥鱼剖洗后，不去鳞——因为鲥鱼鳞下的脂肪特别肥腴，要连同鳞片一同入口吮吸才够味道——拌上盐，放入镟中，注入甜白酒酿，隔水炖，数滚之后，加上最好的酱油，再炖几滚，才加白糖、葱、花椒拌净洁的猪油，铺在鱼上，续炖至猪油融入镟底时为度。

扬州的众多名菜之中，有许多供客人品尝，客人赞美之余，都说不出吃的是什么东西。例如像"蘑菇馔尖"，把猴头蘑菇和金钩，用文火炖汤上桌，再把六角形的发面烘饼"京江馔"的"角"切下来，每粒大小如豆，用油炸成金黄色，趁热倒入汤中，"炸"的一声，馔尖浸饱汤汁，香酥可口，但很多吃客都无法想到那粽形的小粒，究竟是啥？

炒鸭舌·糟鸡冠

有一道菜是两寸多长的窄条子，和笋芽、香菇、香干丝加麻油同炒，起锅时泼些甜酒，又鲜又脆，是下酒的妙品，其原料来自何处？也令人费解，原来是把鸭舌除去软骨之后，竖剖为二的。

也有人选用大公鸡的红冠子，用绢包起来沉入酒糟之中，历一昼夜，然后切成条条，用炒鸭舌同样的作料来烹炒，鲜脆而带酒香。当然，要炒上一盘公鸡冠，非得有十来只公鸡为此殉身。

六大六·蜜蜡珠

在扬州吃酒席，有所谓"六大六"，"八大八"的讲究。

"六大六"是指六大碗，六小碗，八小碟的席。

"八大八"则为八大碗，八小碗，二十四碟。

"大碗"的直径约一尺，是最旺实的主菜。

"小碗"的直径约四五寸，是主人家最精巧的拿手菜。据负翁先生说，在扬州，每家做媳妇的，都有几道最称心的作品，少少做一小碗，专用来侍奉翁姑，每逢请客的时候，主人家也把这些媳妇制作的小碗菜用来待客，表示最高的敬意，故而扬州人请客时，大家都不太注意那些大块文章，反而要对"小碗"加意赞美，表示领情。

负翁先生家里最拿手的"小碗"，是"蜜蜡朝珠"。这一名称有别于"冰糖莲子"。其做法是选用最好的湘莲，颗粒丰实而浑圆的，用碱水浸泡后，去皮，挑去莲心，用清水漂净碱质，放入锡罐之中，加上最好的冰糖，加水，刚刚闷过莲子为度，再用布封紧罐口，放在文火上炖一个对时——十二小时。

这样做好的"冰糖莲子"，粒粒圆润，汤汁浓郁芬芳，像是象牙朝珠上裹了蜜蜡，故以名。

看碟子·供鲜花

至于席上的"碟子"，则有下列三类：

"看碟"（或称"样碟"），是把鲜花，如像珠兰、茉莉、白兰、夜来香、秋菊之类的鲜花，用铜丝穿起来，纽扎成仙鹤、凤凰、狮子、兔子等等的鸟兽形状，供宾客清赏的。正菜未上，先闻花香，有开胃健脾之功。

"果子"，包括新鲜果品及干果，客人们习惯只吃其中的瓜子，而把剩下的干鲜果子，用红纸分包，带回家去给小娃儿。

"咸肴"，一些热炒的菜。

在二十四碟之外，还有烧烤及点心。六大六的多用烤鸭一道，点心一至二道；八大八的，则用烤鸭、烤羊、烤猪三道，点心三道。只是这种排场，抗战前后已不多见。

扬州的名厨，有何、姚二氏，何的本领高于姚。素席方面，平山堂、天宁寺、万寿寺的厨房都极闻名。由于万寿寺的方丈寂山和尚精于食，因而该寺的厨房又执素席的牛耳。

炖大乌·烤肥鸭

在馆子方面，专门治酒席的有"天兴"及"马公兴"两家。

"天兴"在左卫街，谁去了都要点他家的"大乌"——清炖大乌参，用大瓷盘子盛着，一盘两根，用汤匙一掏，一触即断，像是掏豆腐脑一样，一入口即顺食道而下，满口鲜滑。他家的清汤鱼翅，也是极其高明的。

"马公兴"在翠花街，是一家清真馆子。他家的烤鸭，外酥里嫩，火候到家。所制的油鸡，晶莹透亮，粉嫩而多汁，是很精贵的菜肴。

扬州专门卖面的馆子很多，并且也颇著名，如像是东关街的金桂园，青莲巷的金魁园，都很了得。卖的面，浸以白汤，并有二十几种浇头任君选择。

据扬州凌龙孙（绍组）先生说，扬州白汤面，汤是用鸡、鸭、猪、羊、鳝鱼、小鲫鱼的骨头合熬而成的，里面掺着骨髓，但却没有浮油，熬得浓嘟嘟，洁白如奶。面煮得又韧又爽，顾客任点浇头，风味各别。所谓:"浇头先问鸡鱼肉,卖面东家本姓徐,一碗百钱随意吃,晚来收账醉仙居(在缺口街)。"(同治进士臧宜孙太史《竹枝词》)

脆鳝鱼·斑鱼肝

浇头是另盛在小盘子里的,用来就面吃,也可以当作一盘菜肴来享用。在杜负翁《蜗涎集》中,曾列了五十余种,如火腿、鸡皮、脆鳝鱼、红白腰子、鳇鱼片;虾蝉、蟹黄、斑鱼肝;野鸭、凤鸡、盐水蹄;脆鱼、软兜、枸杞头⋯⋯所谓:"一钱大面要汤宽,火腿鳝鱼共一盘;更有稀浇鲜入骨,蝉螯螃蟹烩斑肝。"(汪小纯《竹枝词》)

据柳絮(扬州杨祚杰)先生说,每当面馆满座的时候,人人都在点面,堂役一一询问,即传话厨下。面出锅时,同时七八碗,堂役将烫手的大面碗架在手臂之上,层层叠叠,在桌间如穿花蝴蝶,一一分送,丝毫不错。在扬州面馆欣赏堂役纯熟的身手也是一乐。

扬州的面馆也兼卖热炒,其规模仅次于大饭馆子,而别于茶馆。

富春茶·拌魁针

扬州的茶馆专卖茶和面点,是一般市民消闲、社交的去处;以得胜桥的富春社最为有名。主人陈步云,字起鹏,是一位儒雅之士,精于莳花,光绪年间,最初办的是"富春花局",遍植杜鹃、菊花,同种极多,许多文人前往他花园中游憩,于是也先增茶座,再加售点心,谁知后来茶点的名气愈来愈高,花反而降为次要,乃把"花局"改称为茶社。

富春茶社确实是名满天下,它的成功绝非偶然。就以茶叶来说罢,在扬州,一般人都喜欢饮用龙井茶(绿茶的一种),因为它特别香，可惜龙井冲过两三次之后，就淡而无味了。陈起鹏先生有鉴于此，就另找了一种茶味最浓厚的绿茶"魁针"，和龙井掺半，并且同贮在锡罐之中，经月之后才取出供客，使其茶味增浓。

讲究吃茶的人，最忌杯子上沾着油渍，否则油腻气味必定压倒茶香，在茶馆里的杯子油腻又最重。因而陈起鹏先生命人将用过的茶杯、盘箸、器皿，都泡在碱水桶中洗净，用开水冲过，再用白纸来拭干。所用的纸，也多是用过即丢，绝对净洁。

烫干丝·吃原味

富春的桌子，都是白木的，每天用碱水洗擦得干干净净，使人感觉得清爽无比。茶社既在花园之中，因而厅院特多，日子久了，同类行业的茶客都认定了某一座厅作为聚会之所，熟人相聚，高谈阔论，话不投机者，自然转移阵地。

扬州的茶馆都是每人沏一壶茶，老茶客们上午吃过茶，临走时还能把自己用过的壶寄在柜上，下午再来吃，也用不着另算茶资。而且他们也多半用记账的方式，到了年节才算账。

至于茶馆里的点心，当然以干丝独步全国。干丝是以豆腐干用手工细切成丝的，四面边边称为"头子"，统统切掉不用。切好之后，用矾水略浸，使其颜色更白净，然后再泡在净水缸里。

据龙孙先生说，老扬州吃的干丝，多喜欢在滚水锅中过热了再浇上榨菜、酱油、香油等，这样才能保全干丝的香味，只有外地人才喜欢吃烩煮的干丝，并且乱加一些鸡丝、虾仁、火腿等杂七杂八的作料。

鬼蓬头·灌汤包

此外，如回笼烧麦（又称鬼蓬头）、生肉饺子、干菜包子，以及用肉、笋、鸡、虾、海参丁做成的五丁包子，老龙泉茶社特制的龙虎烧饼、糖虾蟆、拌素面等，都是茶社中的名点。

扬州各茶社中的小笼包，可以说是点心之中最可口的。讲究的茶社，都选不满百斤的猪宰杀选肉做馅。更有所谓的野鸭灌汤包，把野鸭炖化了，去皮骨，把肉绒和在猪肉馅中，包成包子，在封口之前注入炖鸭汁。蒸好之后，一定要用调匙掏着，整个纳入口中细嚼，否则汤汁流掉了，味道也就差得多。

小七子·惜余春

扬州的游乐中心——较场，其中杂耍、评书、茶馆、酒肆等，几乎无所不备。

较场北面有一家"小七子"，用牛肉、牛杂炖的汤最纯美，就上畲饼，是最理想的早餐。

与"小七子"间壁，有一家"惜余春"酒店，卖的千层油糕、翡翠包子、水晶包子、煎烧麦、拌糟虾、醋溜变（皮）蛋，以及卤菜等都极负盛名。他家特制的辣椒酱——扬州人称为"大椒酱"，更是价廉物美，远近闻名。

"惜余春"的主人高乃超，是福建人，光绪年间带了留声机来扬州耍宝，收"收听费"而起家的，由于他驼背，人称高驼子，能诗文，喜弈棋。每天清晨，他即坐在柜上，一面剥虾仁，一面弈棋，手脑数用，负翁先生曾吟诗取笑他，"手剥虾仁且着棋，胸中犹自苦吟诗，得来佳句瞒人写，此是驼翁极乐时。"他也不以为意。

由于他蜷在柜内，形状很像个大虾仁，也有人曾开他玩笑说："盘中虾仁何太小？"别人应声对道："柜内还有大虾仁。"以博来客一粲。前往"惜余春"的客人，多半是些文人雅士，康有为、梁启超、方地山、臧宜孙等都曾是座上客，因而酒店内壁，全贴着即兴所题的诗笺。而高驼子本人，用着一本账本，正面记账，背面题诗，晚年时，曾将他账本上的诗撕下来赠给友人们珍藏。这当是食在扬州，最有韵味的地方。

郑板桥·狮子头

一般扬州家常的菜肴，大概以狮子头做得最好，而且种类最多，每家的做法都不尽相同。其中最美的一种，可能是传自郑板桥。

负翁先生的太师母，即李本厚先生之母，曾在菊蟹季节，以蟹肉和猪肉调制狮子头，裹以蒸熟的糯米，顶端放一块蟹黄，再围一层蟹肉，裹上菜叶，放在焖钵中，盖上焖笼，文火焖十小时，上桌之后香鲜无比，负翁称为："无人间烟火气，直可目为仙品。"

杜负翁先生的太师母，幼居兴化，其父与郑板桥时相过从，乃得其秘。

扬州人制狮子头的过程与镇江相似，但其要诀为不用油煎，不用沱粉，用焖钵而不用酱油。镇江却要用酱油，而且要用扬州出的抽油。这确实是很有趣的对照。

扬州的酱油和镇江醋同样的著名，同样是贡品。

扬州新城东关大街，有一家酱园名为"四美"，出产的酱油，据说滴一滴在舌尖上，如果不刷牙，一整天口中香鲜不散。这种酱油甚稠，能附在缸边胶着不流，因而也称为"巴缸酱油"或"抽油"。

"四美"的酱油也称为"三伏秋油"，将豆子发酵之后，要经过夏季三伏天日光猛晒，缸内温度恒高，充分作用之后而产生的，故而特别好。

由于酱油好，他家的酱菜也都特别精美。为了保持声誉于不坠，"四美"经常把差劲的次货抛掉，换句摩登话说，也就是严格执行"品质管制"。

丙、武进

在清季，武进和阳湖两个县治设在同一座城池之中，属常州府，并且府治也在其中。民国以后，废府设县，并将两县合并为一，名"武进"。县城恰在京沪铁路的中心点，粗略地说，以武进为中心，东去上海四百里，离苏州二百里；西往镇江二百里，到南京四百里。而口味的嗜好，南京则嗜咸，无锡、苏州又太甜，武进的风味恰是"中立"的。在这种情形之下，武进之食颇有单独提出来一谈的必要。

亮摩摩·主妇炊

武进有一首儿歌："亮摩摩，星星出，婆婆煮饭公公吃；公公吃着一粒砂，打得婆婆扁之渣。"武进话"摩摩"是菩萨的俗称，"亮摩摩"则是指月亮而言，所谓"扁之渣"，乃是形容很扁的意思。（见《武进礼俗谣言集》）

我们研究各地民俗，往往可以从儿歌谣谚之中去寻求习俗的真相，而彼此印证。在"亮摩摩"这首歌谣之中，我们至少可以分析出三项假定：

一、武进同胞极勤奋，天尚未明即起身操作。

二、主妇主炊。

三、主妇做饭很精细，饭如果做得不好，则很可能被他人所耻笑，甚至招致丈夫的强烈反应。

关于这三项假定，经向几位武进人士求证，他们都认同这些假定，在清末民初时代，对中等以下收入的人家来说，确实是如此。由于家庭主妇们都烧得一手好菜，因而武进的大饭馆子并不多见，一般的婚丧寿宴也都在家中举行，只是从外面请厨子、伙计、租桌椅盘碗而已。

大饭店·名绿杨

武进最大的一家馆子——绿杨饭店，设在县横街上，几间平房，以治酒席出名。主要的菜也多是鱼虾海味，而其中又以青鱼为最好。据武进伍稼青（受真）教授说，武进原本是江南豆类的集散中心，这一地位后来虽然被无锡所夺，但豆类加工的工业仍然很多，榨过油的豆饼就用来养猪、饲鱼、做肥料，故而养在塘里的青鱼特别肥嫩，并且绝无泥腥气味。

绿杨饭馆用青鱼尾烧的红烧划水，最滑腴可口，青鱼片炒打过霜的"塌棵菜"，所谓"拨雪挑来塌地菘，味如蜜藕更肥浓。"（范成大句）更是常州名菜。

青鱼脏·不算钱

青鱼腹内的内脏，原本应该是扔进泔水桶里的废物，登不得宴席，但绿杨饭店的名厨却将它留下来洗净，包括膘、肝、气囊等物，红烧得鲜美无比，称为"青鱼肚窠"，而成为一道"无价名菜"。

据常州何德馨（宗祺）先生说，这道菜绝不写在绿杨饭店的菜牌子上，而是由跑堂的向熟客们推荐："大官人，今朝青鱼肚窠好来分？"客人们点这道菜的，店东一定免费奉送——废料下脚怎好算钱，但客人们必定多给小费，作为厨房和跑堂的福利。如果小账给得少，下回来，跑堂的也就不再推荐了。

烧甲鱼·炒鳝片

绿杨饭店红烧的甲鱼，炒的鳝片，也特别好，主要还是材料好，常州一带的河渠、池塘，甚至水田之中，都产肥大的甲鱼，每个五六斤重，裙边总有半寸多厚，但却被认为是不能上席的平常菜；而鳝鱼更是粗壮已极，切成段的称为鳝筒，用来煨肉，滋味更佳。他家的鸭掌汤，鸭掌的骨头抽去之后，趾蹼还是完完整整的，而且炖得极透，入口即化，加上火腿、虾仁等配料，味道更是鲜美。

武进附近河渠之中，桥下的石隙里，产一种大嘴、青色的鱼，形状像是松江的鲈鱼，可是体长只有三五寸。在上海、无锡一带称之为"塘里鱼"，但武进同胞却称之为"雌虎"，译成白话无异是"母老虎"。何以取了这么一个名字？有人说，那是因为它的嘴大貌凶，在水里作喋喋不休状，但肉质却细嫩鲜美。

烧鸳鸯·腻雌虎

城里的馆子做"雌虎"，剖腹洗净之后，将它的腹腔翻转过来，头尾叠到背脊上，但仍略露在外面，头尾之间再塞上肉，炸过后红烧，由于其形状像个浮在水上的鸳鸯，故而城里的人都称这种做法的雌虎为"鸳鸯"。何德馨先生说，在饭馆里，如果听到客人点菜："来个红烧鸳鸯。"准知道来客是个城里人，如果听到客人叫"烧雌虎"的，八成是个乡下人。

稼青先生说，"雌虎"除了做鸳鸯之外，也能加点酒糟氽汤，或是去骨之后加打散的鸡蛋、豆腐皮等，做成"腻雌虎"，风味都极好。

大蛤蜊·一尺长

城里北大街"父子牌楼"下有一家小酒店，门口挂着"孙记名酒"的招牌，可是在习惯上大家都称之为"老太婆家"。民国十来年上，孙老太婆已有七十多岁了，她的店，夏天卖席子，中秋之后开始卖酒，一进门口的台子上，排出盛着虾仁、大头菜、蒜子拌芝麻等小菜，专供下酒的，并不卖热炒。客人登门之后，孙老太婆用左手招呼就座——她的右手已经不听使唤了，然后由她的儿子"阿狗儿"送菜送酒，酒吃得差不多时，上他家最拿手的蛤蜊豆腐，据稼青先生说，武进人读蛤为"阿"，不读"葛"，武进河里的蛤蜊——河蚌，有长达一尺的。孙老太太的蛤蜊做得最讲究，洗得干净，不带泥沙等秽物，同时用竹笓帚根把其中的硬肉都捣烂，用最好的肉骨头汤煮。蛤蜊豆腐煮好之后，放在一个小紫铜锅里，连同红泥小火炉一同上桌，外加几碟菠菜、粉丝、胡椒末等，任客人自煮自食，别有风味。而"老太婆家"的"蛤蜊豆腐"，也成为武进食谱最著名的一道菜了。

武进人也喜欢用大蛤蜊加上咸肉块子以文火炖烂了吃。另外还有一种极小的蚌，称为"扁豆花"，渔人用滚水烫过，去壳出售，一般家庭用它来炒嫩韭，极好吃。

奔牛酒·虚有名

除了"老太婆家"之外，青云场还有一家"存心堂"，也是极负盛名的酒店，店里打的薄饼用来卷木樨肉、糖醋豆芽炒肉丝最好。这家酒店不设桌子，而在大酒缸上铺几块木板，用白铁酒"川筒"盛上黄酒，再用铜鏇子烧开水烫热了供客。很像是北平"大酒缸"的风味，武进人称之为"缸板酒"。

武进人饮的酒分为两类，一是高粱酿的烧酒，一是糯米酿的黄酒，都不能算为名产，但武进附近的"奔牛"所产的酒却颇有名气，称为"封缸酒"，有所谓"不吃奔牛酒，枉在天涯走"的赞语。清代杭州《两般秋雨会随笔》的作者梁绍壬先生，闻其名，特别去品尝，饮过之后在他的随笔上写下了评语："呜呼！天下有如此名过其实，庸恶陋劣之名士乎！"颇有被愚弄之感。

稼青先生也曾尝过奔牛酒，他说："甜不滋滋的，蹩脚透顶！"难怪梁绍壬先生要光火。武进也称为"南兰陵"，而真正的兰陵（山东峄县）的酒，却是名符其实的，孰知"南辕北辙"，两种"兰陵"的酒竟相差不能以道里计。

糟扣肉·数第一

武进虽然不出好酒，但是把酒糟用来弄菜却极好，他们把白煮鸡切好，倒上酒糟、盐、花椒，淋上高粱酒，封在坛子里，经过几天之后，香气扑鼻，称为糟鸡。据武进李焕之先生说，武进的糟扣肉堪称当地的第一名菜，其做法是将五花肉煮熟切成约三寸长，二三分宽的条块，涂上红糖熬炼成的天然红色染剂，排在中号的碗里，肉皮贴碗，再把酒糟和酱油、食盐、白糖（武进的菜肴里鲜有不放糖的）倒上去，蒸至极烂，食时将肉碗反转另一盘中，于是蒸肉像是一块透明的琥珀半圆球状，味道绝佳。

在台的武进同乡们，每逢年节特别想吃糟扣肉，因为他们在家乡过年时，必有此菜，人口多的人家，一次有做三数十碗者。来台湾后因烟酒公卖局却只卖酒不卖糟，真糟！他们只好试以甜酒酿来代替糟，但入口之后总觉得不是那个味道，反而徒增乡愁。

豆炙饼·大麻糕

在众多食品之中，全国各地都没有而只有武进独有的，即是豆炙饼，也有人写为豆渣饼。

据稼青先生说，武进豆炙饼的特色，是全用白豇豆磨粉制造的，在武进乡间，他们用白豇豆粉调制成银元大小的饼，在铁鏊子上抹点油慢慢烘烤，烤得外面黄酥，中间却是空的。

豆炙饼也称为"金钱饼"，用刀剖开之后，里面塞上碎肉、虾仁，入油炸熟，称为"金钱跑马"，是馆子里的名菜。据何德馨先生说，也有用香菇来代替豆炙饼的，用一个香菇涂肉炸，称为"单跑马"，两个香菇夹肉炸，称为"双跑马"。所谓"跑马"，是指它入锅之后所生万马奔腾似的声音。

武进的豆炙饼的吃法极多，在"老太婆家"吃"蛤蜊豆腐"时，可以浸在豆腐汤中煮，红烧刀鱼将起锅时，也可以把饼烩入鱼汤中，也可以在"腻雌虎"中放上一些。总之这种小圆饼有类似海绵的作用，能吸取菜中的鲜汁，往往比菜的本身还好吃。

在饼类之中，武进人称芝麻烧饼为"大麻糕"，长圆形，像是半个鞋底大小，香酥已极，其中县直街"惠民楼"的大麻糕，经常被带到京沪一带作为礼品。每天清晨，人们都围在"麻糕桶"——烘饼炉的四周，抢购作为早点。

烂面饼·肉馒头

武进同胞家常的"烂面饼"，类似北方的"馅儿饼"，他们所谓的"肉馒头"，实际上就是小笼汤包，里面是灌了汤汁的。所谓"加蟹馒头"，也就是蟹黄汤包，而在每个包子顶上加了一块蟹黄，"加蟹馒头"以南大街的"会泉楼"最著。武进一般家庭做的鱼丸子，分为黄白两种，黄的用油炸，白的用汤余。其中加了干贝、火腿、笋丝、香菌末的，则称为八宝鱼丸。

在素菜方面，东门外天宁寺的素席绝佳，只是普通人无法吃得到，千新场义隆馆的素菜、素火腿，因为比较普遍，反而盛名远扬。

武进的同胞颇以他们的素菜而自豪，据地方上传说，乾隆皇帝下江南时，曾到武进，驻跸在文渊阁大学士工部尚书刘文定公的家中。文定公名纶，字慎涵，少时贫困，有次深夜读书，烟瘾发了，跑到对门裁缝店去讨点旱烟，老裁缝给了他烟之后，说了一句："小官人，烟是消食的啊！"弦外之音是："饭都吃不饱，何必还要抽烟！"刘纶受到这样的刺激，乃发愤读书，终于有成。

刘纶由于贫寒出身，皇帝住在他家中时，他做了盘菠菜炒豆腐请皇帝的客，皇帝在宫中从来没有吃过这道菜，不由得连连称赞，并垂询菜名，刘纶不愧满腹经纶，对道："红嘴绿鹦哥，金镶白玉版。"

原来菠菜炒豆腐照例是不摘根的，根红叶绿，而豆腐用油先煎煎黄，像是镶了金边似的。这个文雅的菜名居然把乾隆皇帝给唬住了。

直到今天，武进的菠菜和豆腐仍然是超水准的。

排芹嫩·荠菜香

此外，西乡一带出产的"排芹"，长不及五寸，但粗大洁白的芹芽，其脆、嫩、香、甘，堪称全国第一，切一切，拌上香油酱油就已美到极点。而武进的荠菜，也特别香嫩，用来炒山鸡片，最为名贵。而青果巷"王泰"做的荠菜肉馄饨，也是最受欢迎的。

武进的米，以孟河出的所谓"埠头细子"最好，米粒细长，因而称为"细子"，这种米煮的饭特别香，粳糯适度，上海米商们争着收购，以致武进当地人反而不易买到。

甜白酒·铁线瓜

在小吃方面，武进的"酒酿圆子"似乎很出名，上海城隍庙最有名的一家，就打着常州的招牌。其实据稼青先生说，常州酒酿的确好，每粒米都酸得透，但是常州人却习惯生吃酒酿，即街上挑担叫卖的"甜白酒哦"，很少人喜欢用它来煮圆子的。

此外如米粉蒸的"菜馅团子"，百页结煮成的"素肝肠"，牛奶制的"乳糊"，居民夜间在芦丛中捕得的黄雀，制成的"炸黄雀"、"黄雀塞肉"，糖芋头、熟荸荠、煨山芋等等，都带有浓厚的乡土特色。

在果品方面，常州谚语说："桃饱杏伤人，李子树下抬死人。"但常州的桃杏李并不太出名，反而是南门外白荡的三白瓜——皮白、子白、瓤白——最好，而西横林产的红瓤瓜，瓜子朱红色镶黑边，称为"檀香子",也是名产。北门外黄色的"金瓜",青而圆的"雪团瓜",皮上带有褐色锈纹的"铁线瓜",也都是珍品。北门外芦墅的菱角,中秋前后乡人们煮熟了入城叫卖,也是应时的湖鲜。

丁、苏州

苏州一向被誉为"天堂","天堂"上办的伙食,自然精美绝伦。扬州人颇以他们的食物而自豪,但是苏州人却认为苏州的"菜道",要比扬州更富有书卷气息。

苏州菜·书卷气

扬州菜点的研究发展,归功于盐商巨贾的钻研;苏州则是得力于书香门第,仕宦之家。自宋以降,苏州人在全国的科举中,最为得意。有的在朝中勋名不朽,有的在诗书上成就惊人。苏州人说,在苏州城开设电力公司最省事,用不着竖电线杆,把城内代表功业学历而竖立的旗杆派派用场也就够了。除了本地的人士之外,古代朝廷重臣退隐之后,也都愿来到"天堂"之上,弄座花园,颐养天年。苏州的吃风,在这一类官员学者寓公的影响之下,具有了小盘细碗,重质不重量的特色。因而最好的食物并不在饭店馆子里,而在每一个声望隆著的大户人家之中。这些人家也相当节俭,他们讲究口味,研究烹饪,但并不竞吃比富,这是和扬州最不相同的地方。

苏州董履初(端始)先生,把苏州的烹饪技术分为三等:①"厨房菜",指大户人家的小厨房;②"菜馆菜",饭庄菜馆的作品;③"船菜",船家烹制的精致菜肴。

厨房菜·第一等

关于厨房菜,清末苏州还有彭、宋、潘、韩四巨户,都是著有功名的老根人家，厨房中自然是罗致了名厨，精制餐点供应，只是有幸品尝过的人并不多。民国以后，拙政园邻近张家的适园，他家的厨师名叫"小银"，手艺不凡，被称为是当时"厨房菜"的翘楚。

"厨房菜"和"船菜"也称之为工夫菜，小小一碗羹汤，所投下的人力，往往是一个人数小时的工作量。例如像一碗芡实汤，把湖中产的新鲜"鸡头"——芡实外壳形状像个鸡头，剥开之后是百多粒包着褐色硬壳的芡实，由"丫头"们一粒粒嗑开，剥出黄豆大小的芡仁来。然后把贮存的无根水——雨水，过滤，煮沸，将芡仁放进去一滚即起锅，加点冰糖屑，然后端给太太小姐们作为点心。

又如在盛夏的时候，既要去暑又要清淡，厨房里应时发明了西瓜炖鸡，买最好的三白西瓜，切去小端，把瓜瓤子旋去，只剩皮里的薄薄一层，然后把一斤多重的童子鸡杀洗好，放进西瓜皮壳里去、覆以瘦火腿片、笋片，隔水用文火慢炖，炖好之后，瓜壳中的鸡汁鲜而甘芬，鸡肉反而和瓜瓤一样，可以不吃。其工夫之大，可见一斑。

菜馆菜·分三种

至于"菜馆菜"又可以分为苏州馆、京馆、徽馆三种不同的口味。

苏州馆中名气最大的，首推"松鹤楼"。

苏州城是座长方形的，南北长十里，东西宽六里，城周三十六华里，确实是座大城。城中心有一座道教的玄妙观，"观前街"几相当于今日台北的西门成都路一带，松鹤楼就开设在观前街的大成坊口，老式的两层楼房，十八个房间，四十来个散座，门口挂着一块被烟油熏得乌漆麻黑的匾，只有一盆"万年青"的图记还隐约可辨，"松鹤楼"三个字却根本看不见了。

松鹤楼·皇帝题

曾在松鹤楼工作的王根生先生说，那块匾据说是乾隆皇帝御笔亲题的，因而谁也不敢去拭抹皇帝的字，以致脏得不成样子。据说乾隆游江南的时候，微服私幸松鹤楼，察看民间的饮食，堂倌见他是京中的打扮，相貌堂堂，于是恳请他题字留念，这位客人题了字，盖了个"万年青"的图章，飘然而去。后来经行家鉴定，才知道是皇帝题的，店里直后悔没有能早识龙颜，以致不但收了皇帝的饭钱，而且也错过了巴结皇帝的机会。

乾隆皇帝当年吃的，很可能是"卤鸭面"和"下巴划水"而已。这是松鹤楼最拿手的菜点。每年二月到中秋，是苏州鸭子最肥最嫩的季节，把鸭子杀好卤成一大锅，作为面的浇头，鸭肉嫩而不烂，颇有啃头，就着面吃别有风味。下巴划水，每份是两个青鱼头和两截鱼尾，红烧得嫩滑无比。

松鹤楼是一家大众化的馆子，附近的乡下人进城，总要去吃上一顿，尤其是每年七、八月稻子收成，农人们进城卖谷子缴租的时候，松鹤楼上下更是挤满了人。

菜肴多·食以时

苏州菜点有书卷气息的另一个特征，就是他们恪守孔子"不时不食"的教训。这里所谓的"不时"，并不是以"饮食有定时，不吃零嘴"解，而是说每样食物都有其季节性，不当季的不吃。

如果谁要是在冬天进了松鹤楼点卤鸭面，堂倌总要笑话他是外行。据王根生先生说，春天笋子刚刚出尖的时候，松鹤楼推出"春笋小蹄膀"，把不到一斤重的前腿小蹄膀放在钵头（炖菜用的陶钵）之中，周围摆上一圈春笋，放上酒、盐、葱、姜等，用猛火蒸一小时，上菜的时候，除去钵中的浮油，撒上葱花。

菜花鳖·小酥鱼

正二月，苏州葑门外金鸡湖出产的甲鱼，正是最肥美的时候，田里的油菜花也正绽出金黄色的花苞，松鹤楼推出"菜花甲鱼"。他家把百十来个甲鱼剖开来炖在一只大锅里，上菜的时候，裙、肉、脚、颈，每样都略按比例摆在盘里，但每一盘都混合得有百十种的鲜味，当然比单烧的滋味要厚得多。

四月立夏，黄鱼上市了，苏州吃的黄鱼来自常熟的白茆口，而且季节较长，可以吃到九月。

五月鲫鱼正肥，用来炖煮奶汁般的浓汤，用肉末填塞鱼腹红烧，也是苏州最常吃的名菜。每到十月以后，鲫鱼以小的居多，每条二三两重，在砂锅底下铺一层葱，排上小鲫鱼，放醋、辣椒、糖，焖成酥鲫鱼。这道菜常和血蚶、火腿片、野鸭等三味做成苏州菜馆中的冷拼。

六月是吃太湖白鱼的季节，太湖就在苏州的南面，出的白鱼和鲥鱼同样美味，苏州人也是拿它来裹上网油清蒸。

烧黄鳝·赛人参

"小暑黄鳝赛人参"，苏州人认为七月间的鳝鱼是最滋补的。黄鳝多寄居在稻田里，六、七月间收稻子之前，把鳝鱼捉来炒鳝糊，或切段红烧，都是佳肴。鳝鱼上市的时候，松鹤楼都是由一位大师傅专门来杀洗剔骨，一天总要杀上千条的黄鳝，作坊附近血污遍地，景象颇为恐怖。

八月间，太湖里的鳜鱼，接着是吴江的鲈鱼，和阳澄湖的螃蟹，一直可以吃到九月、十月。

吃螃蟹的技巧各处不一样，河北、山东吃法豪迈，蒸熟了蘸上姜醋，边剥边嚼，蟹壳堆在前面像座小山一样。苏州人则不然，而是将蟹黄蟹肉剔剥出来后，再加作料烹制，其中有几道做法，在南方各地也能算是特色。例如像"炸蟹油"，把蟹黄、蟹膏、蟹肉——包括小腿上的肉柱，全都剥出来，调味，加糯米粉团成小丸子，炸得酥松香脆，趁热上桌，是苏州佐酒的妙品。

九月里 · 炒哈哈

"清炒蟹粉"，将上述的蟹肉等剥好之后，清炒出来，成为一盘晶莹透亮，金（蟹黄）玉（蟹肉）掺和的羹，鲜美而嫩滑。苏州人喜欢在炒蟹粉的时候，加上几粒鲜虾仁，称为"炒虾蟹"，苏州人读成"炒哈哈"，内中的虾仁，脆而且韧，比单纯的蟹粉又要好吃得多。

十月间，湖里的鲢鱼开始吃香，砂锅鱼头成为热门，苏州人讲究吃"花鲢"，鲢身上间有着黑白花点的。

入冬以后，苏州流行吃野味，以卖酱猪肉、熏肚子、五香排骨等著名的"陆稿荐"，入冬以后也兼卖一点野味。至于野味专家"稻元章"等，更是在店门口摆出了笼子，养着各种活蹦乱跳的野生动物。

苏州附近有很多的山丘，山上林木茂盛，大批獐、鹿、兔、雉之类的，吸引猎人们去捕捉。入秋之后，湖滨蒿草比人还高，大群的野鸭结队而来，为苏州人餐桌上频添佳肴。野鸭子的季节也很长，从十月能上到来年二月。

稻元章 · 卖黄雀

每逢稻田收割之后，黄雀——形似麻雀的小鸟——成群地来到田里参加拾穗工作。农人们正是农闲的时候，纷纷来到田里撒网捕捉，一笼笼地担到城里去卖。黄雀之中运气好的，被居士婆婆买下来放生了，不走运的，就被用来修了五脏庙。

把黄雀弄干净，五香卤出来，再冷冻上一两天，卤汁的味道都浸入雀肉，用来下酒细嚼，最是够味。也有人嫌雀肉太少，于是把剁碎的猪肉填入其中，油炸之后，入砂锅炖透，这也是一道能上席的名贵菜。

从以上的情形看来，苏州人"不时不吃"，一年之中，菜肴随季节变换得如此明显，经常都有应时的佳肴供客人们尝新，单凭这一点，吃的情趣更是增加了不少。

跑堂的·穿长衫

在苏州馆子中吃饭，堂倌们都穿着长衫，只是为了上下楼方便，把下摆缩短一截，但依然文质彬彬的。叫起菜名来，一派吴侬软语，非常中听。一般的酒席，最后由堂倌端上"堂菜"来，一个大的锡托，中间隔成四格，酱瓜、豆腐乳、开洋拌咸菜等等的，然后再上稀饭——从来不上干饭。表示油腻吃过了，来点清爽的，这样的安排也颇为合情合理，同时也反映出苏州人秀气的个性。

在典型的苏州菜之中，有一道"鲃肺汤（读作巴费）"，苏州人并不怎样欣赏，而是被外省人哄抬成名的。

"鲃肺"是何物，书本上似无记载，可能是"鳟鲜"的俗字。《广雅·释鱼》："鳟鲜，鮰也。"《集韵》上又注为："鳟，鱼名，博雅、鳟鲜，鮰也，一曰江豚。"据苏州人说，"鲃"是一种小鱼，被捕出水之后，腹中的气囊充气，胀成个球状。鲃肺汤，就是用这种鱼的肺（气囊）所煮成的汤。

照这样的形容，的确很像是江豚。据王根生先生说，这种鱼在太湖里还很小，每条只有二两重，并且也没有毒性，一旦进入长江，游过江阴之后，即成为河（江）豚，有剧毒。苏州人说："拼死吃河豚"，也就是指鲃鱼长大之后而言。

鲃肺汤·名远扬

亲手做过鲃肺汤的王先生说，鲃鱼剥开之后，肚内有一个肺（气囊），相当于一个铜元粗细，肺上方有一个很大的苦胆，必须小心摘除，千万不能弄破，肺上面还有不少的血筋，也得一一小心剔除。然后，将鲃肺片成薄片子，氽入熬好的鸡汤之中。他说：如果没有鸡汤，鲃肺根本不好吃，既不鲜，而且又腥气得很。

据亲口喝过鲃肺汤的董端始先生说，他记得民国初年他在家乡吃酒席的时候，每逢鲃肺汤上桌，人们顶多浅尝即止，似乎都不甚感兴趣。

曾几何时（抗战前），三原于右老去苏州游玩，上灵岩山，并且凭吊了吴宫响屧廊，西施抚琴台遗址，归途中路过木渎镇，在一家小馆子——石家饭店打尖。主厨"石和尚"知道右老来了，特别巴结，奉上苏州特产鲃肺汤一碗，并且向右老吹嘘了一番，右老表示很欣赏。饭罢，店东照例拿出笔砚来请留墨宝，右老振笔写下七绝一首："夜光杯酢郁金香，冠盖如云醉石庄，我爱故乡风味好，调羹犹忆鲃肺汤。"害得右老也写了一个字典里所没有的字——鲃。

自此以后，石家饭店突然声誉鹊起，许多远道而来的观光客，都要去他家尝尝鲃肺汤。石家饭店有一口特制的大煨锅，里面煮着鸡猪鱼骨，熬成极好的汤，专用来制鲃肺汤。上桌之后，一碗淡黄色的清汤，上面没有浮油，里面飘着火腿、冬菇、笋片和"鲃肺片"清爽得很。

船上菜·品质精

在苏式馆子之中，还有专门办喜庆外会的义福昌和天兴园。这类馆子人手多，有组织，做的菜也都很负责，不致偷工减料。

苏州第三类菜点，即是"船菜"。同是船菜却有两种情趣，一是太太老爷们七月吃素，要上七紫山等地去烧香，包一条船，早上去，船上开素点，下午烧完香回来，船上开一桌荤席，这时愿已还过，心情开朗，船家以一整天的时间办出一席精美的"开斋席"，当然是以品味为第一。

另一是三五友好，闲得无聊，包上一条船，叫上几位"姑娘"，在荷花湖中，放舟游玩，吃些精美的菜点，喝酒吟诗。酒醒何处？杨柳岸晓风残月。苏州近郊的黄天荡，荷花拂船，即是冶游好去处。

这两种性质的船菜，其共同点是"不停地吃"，式样多，口味各有不同，精致而量并不多。否则，大鱼大肉，三五盘就餍足了，反而没有意思。这一类的花费，也三倍于苏州当时最贵的酒席。

易和园·宴月楼

除了苏式馆子之外，苏州有几家老字号的徽州馆子，如像在松鹤楼左近的丹凤楼、易和园，以及城东南的"万福楼"等，都极驰名。徽州馆中的几道菜，如炒鳝糊、烧甲鱼，以及冬天的红烧羊肉，火候、调味都比苏州馆子高明，因而许多当地的士绅，都常在徽州馆中宴客。

苏州城西边阊门外，石路口有一家北平式的饭馆，名为宴月楼，卖烤鸭、卷薄饼、韭黄炒肉等北方菜。民国初年，苏州城外修了马路，因没有车马行驰，于是每年春天，原来在上海的阔家少爷小姐们，就到石路口这一带来乘马车兜风，小姐们自执缰绳，来回奔驰，引得城里的闲人都跟着去看热闹，踏春。这段时间，宴月楼大发利市。

王其昌·卖太雕

饭馆之外，苏州还有专门卖酒的酒房，如宫巷中的"王其昌"

即是一例，三五间铺面，放上些散座，菜也限于毛豆、豆干、卤虾、花生米之类而已，没有炒菜。

苏州人惯于饮绍兴酒，所饮的绍兴酒也都是当地酿制的。绍兴酒坊每年在秋收之后，派人来苏常一带收购糯米，用船运回绍兴去酿酒，因而苏州人也动脑筋把绍兴师傅接来苏州，就地取材，做出绍兴酒，由于交通方便，苏州的绍兴酒运销北方的，反而要比绍兴原产地的为多。

苏州的酒店，置一口很大的热水锅，把酒烫在里面，然后分盛在四两、半斤、一斤的锡酒提壶中供客，客人们边吃边聊，以面前酒壶堆得愈多的愈神气。苏州最好的酒称为"太雕"——最好的花雕，次一级的为"花雕"，普通的则称为绍兴酒。

由于讲究吃，非得有酱油不可，因而苏州城中家家自制酱油，制出来的色淡黄而鲜美无比，称为"白元"。

苏州也有茶馆，例如像"吴苑"就非常有名，很多人早上一醒来就跑到茶馆去，在那儿洗脸、漱口、吃早点，然后喝茶谈生意。吴苑中做的绿豆糕，据说是全国第一，只可惜不能久贮，必须要现做现吃才对味。

稻香村·苏式饼

至于摊子上的小吃，也是非常精美。常州伍稼青先生曾在苏州玄妙观门口吃过一碗豆腐脑，于是成为苏州豆腐脑的义务宣传者。他说，豆腐脑是用小碗装着，不用汤匙，吃的时候，将碗边放在唇边，一边吸食，一边旋转着碗，豆腐脑中，从层面上到碗底，像是一层层的，每一口都能吸到细小的干虾米，可见其作料分布的均匀。由此也可以看得出来，苏州人连最细微的小吃，都是经过精心设计的，绝不马虎。

至于苏州的"茶食糕饼"，那更是独步全国，"稻香村"的月饼，小巧香酥，使得"苏式月饼"能独创一格，和"广式"、"京式"分庭抗礼。苏州仲绍骧（肇湘）先生，直到今天还在怀念"采芝斋"的松子糖、杨梅干和桂圆糖。这些糖食保存着作料中原有的清香，没有任何人工的窜改。

采芝斋·炒瓜子

"采芝斋"最有名的还是瓜子，一天能销好几担。瓜子来自山东德州，做成"玫瑰水炒"、"甘草瓜子"，瓜子壳一嗑即碎，仁却又大又香。据董端始先生说，真正的苏州瓜子，仅此两味而已，什么"酱油瓜子"、"五香瓜子"，都不能算是苏州的原产。

"采芝斋"是传嫡不传庶的老店，因而其族人后来分出几家店来，如"悦采芳"等等，都能保持相当的水准。"采芝斋"的"玫瑰水炒"名字很特别，该店遇有客人要买"玫瑰瓜子"的，准知道是个外地人。

玫瑰花·当蔬菜

苏州的甜食之中，玫瑰的消耗量最大，炒瓜子用玫瑰水，吃粽子要蘸自己家制的玫瑰酱，女人家喝"花茶"，茶里面除了新鲜茉莉之外，也常放些新鲜玫瑰花瓣，供菩萨时，甚至把整朵玫瑰花泡在茶中。为了供应调味，苏州城外有大片的玫瑰花田，把玫瑰当成大白菜似的种植起来贩卖。

玫瑰被列为蔬果，似乎很冤枉，苏州其他的蔬果，如像黄天荡及邻近湖中的莲、菱、藕，太湖中的莼菜，蒋园的水蜜桃，以及太湖洞庭山、东山、西山的枇杷、杨梅、橘子，在全国的蔬果中都很有地位。

在严静波（家淦）先生的家乡——吴县西洞庭山出产"白沙枇杷"，皮薄、核小，甜而多汁，果味清香，是枇杷中的极品。枇杷而冠以"白沙",有两种说法:一是生产地名为"白沙";一是果皮上有层白毛,因而称为白沙。与"白沙"相对的还有红沙,其中以"大红袍"为最好。据稼青先生在《山水清晖集》中记载,西山碧萝峰下有一座寺庙,产"灰枇杷",色灰,但却是贡品,据说它的名字还是皇帝御赐的呢!

洞庭山·碧萝春

在太湖洞庭东山,出产"水晶杨梅",据张瘦碧先生记载,吃杨梅时,先浸以盐水,然后再冰镇食用,冰凉甜美,十分爽口。

洞庭山的橘子,更是早在唐代就驰名了,田园诗人韦应物守苏州时,曾有《寄橘诗》:"书后欲题三百颗,洞庭须待满林霜。"橘子值得地方官寄赠朋友,可见其品质甚佳。

在太湖西洞庭山中,有一座碧萝峰,出产一种香气惊人的茶叶,名为"碧萝春",据《柳南随笔》记载:"初,土人采茶置怀间,茶得热气,忽发异香,采者争呼'吓杀人香','吓杀人'吴语也,遂以为名。清康熙车驾幸太湖,始易此称。"

戊、无锡

上面介绍苏州的"船菜",提到"船菜"种种情调。但据无锡同胞说,真正"船菜"的发祥地是在无锡,并非在苏州,只是无锡人的人生哲学是:"出头的椽子先烂"。——这是无锡同胞人人挂在嘴上的谚语,处处情愿"居其实而不居其名"。让苏州去出风头,享盛名,自己的菜味道好就够了。"实至则已,名不必归。"

关于这一基本的处世态度,在"无锡"的县名上即早已注定了。

无锡山·山无锡

无锡一名金匮，又名梁溪，但"无锡"之名，由来已久。

著有《茶经》三卷，被后世奉为"茶神"的唐代易经学家陆（羽）鸿渐先生，曾在《惠山寺记》中记载："……（惠）山东峰，当周秦间大产铅锡，至汉兴锡方殚，故创'无锡县'（按：汉高帝五年，公元前二〇二年），居会稽。后汉，有樵客于山下得铭云：'有锡兵，天下争；无锡宁，天下清。有锡沴天下弊，无锡又天下济。'自光武至孝顺之世，锡果竭。顺帝更为'无锡县'，属吴郡，故'东山'谓之'锡山'……"

所谓"无锡锡山山无锡"，即由此而来。无锡同胞的处世哲学，即由此而来。

真船菜·在无锡

据无锡汪祎成教授说，无锡的"船菜"，发祥于城外西北角上。

无锡的城池不大，周围不及十里，北门外往西，沿着城墙是一条马路，路北之一排房屋，房屋背后是护城河。这一排房屋中，有无锡最著名的大饭馆——聚丰楼，以及最华丽的"堂子"——"绿灯户"。许多房屋的后半段，都延伸到河面上，像是水阁凉亭，而且许多堂子，都自备着画舫。这些画舫都很宽敞，中舱可以摆一桌酒席，外带一张牌桌，船头蹲堂倌，船尾是厨房。而画舫之中，雕刻彩绘，红木家具，古玩字画，陈设豪华高雅。

以前一般士人宴客多半在画舫上举行，打牌、清唱、游河，然后才吃饭，这一套游乐，当地称为"坐灯船"。

这条护城河通达运河，可以直放天津、北平，当然近处的鼋头渚、惠山、太湖，都是画舫游踪所至之处。民国以后，社会进步了，人们的闲工夫也少了，许多画舫都停泊在岸边，省去了游览的节目，而成为单纯的"水上堂子"。

所谓"船菜",是指船上所供应的佳肴而言,并不能开列一张单子,划分出这些是"船菜",那些不是"船菜"。汪祎成先生说,"船菜"中最好的,乃是"姑娘"们亲自下厨烹饪的拿手菜。这些姑娘们最终的目的是要从良,除了会唱曲吟诗之外,还得学会烧一手好菜。因而吃船菜,往往吃不到整桌的酒席,甚至还可能把菜上重复了——张姑娘烧的是蹄膀,李小姐的拿手是肘子,菜虽重复,但却也各有风情。即或有的菜是由厨师代庖,也得说成是某姑娘亲调,这是船菜的起始。船菜演变到后来,也就专业化了,其中以"阿听娘"手下的几位厨子最著名。

聚丰园·雪炝虾

在无锡的大饭馆子之中,濒临护城河的聚丰园可谓最占地利,他家在各地收购新鲜的鱼虾,装在竹鱼篓之中沉在河里,客人们点菜后,才捞上来烹治,所以还是活蹦乱跳的。

无锡石塘出产的"水晶活虾",虾子不大,但通体晶莹透明,像是水晶雕琢的一样,聚丰园取它来做炝虾,最具号召力。据无锡庄孟照先生说,聚丰园炝虾有两种:①"活炝",把水晶活虾的须脚略略剪掉,扣在碗里,用麻油、酱油、花椒、胡椒粉配成一碗作料,拿活虾子蘸后吃。这种吃法,虾子放入嘴里之后,还在跳动,鲜是真鲜,但却需要几分胆子才能吃。②"雪炝",把虾的头尾桡脚统统剪除,虾子成半死状态,但仍在颤抖着。然后用绵白糖拌上麻油酱葱屑蘸着吃,味道甜而且鲜。由于绵白糖是主要作料,故而称为"雪炝"。无锡人称为"汰头炝"的,可能就属于这一种。"汰"就是褪,拿掉的意思。

玉爪蟹·炸脆鳝

聚丰园的另一道名菜，据无锡施丽君女士说，即是鱼翅蟹粉，用蟹肉合煮排翅，滋味当然不同。无锡梁溪河水清澈。在玉祁地方所产的螃蟹肥而坚实，脚爪带个白色的尖尖，称为"玉爪蟹"，用来做菜，最为名贵。汪祎成先生说，无锡人将团脐（雌蟹）的卵，称为"黄"；尖脐（雄）的膏称为"油"，所谓"炒蟹肉黄油"，即是这些好材料的大集合，也是该园的名菜。无锡最讲究的菜，首在选材，如像把所有的鲫鱼舌头集中起来，煮成的"鲫舌汤"，据说是最鲜美的，吃过之后，还得不断地吮啜着自己的舌头，回味其滋味。

在无锡的小吃菜点之中，"脆鳝"和"肉骨头"，可以说是闻名全国而最具特色的。

无锡人说："粗鳗细鳝"，鳗鱼要吃最肥壮的，愈大的也就愈嫩，可是鳝鱼却要选最细小的，大的则太老。他们杀鳝鱼的方法，是先将活鳝煮一滚，然后再剔去骨肠，这和其他地方的生剔活剥不同。据说煮过后，鳝血不致流失，滋养好而且也较人道。

他们把鳝鱼切成段，浸以酒、酱油、冰糖屑，浸透之后才入油锅猛炸，炸成脆脆的。城北"拱北楼"的"脆鳝面"，尤其是无锡的一绝。

三凤桥·肉骨头

无锡的"肉骨头"上浇点卤汁，凝冻起来，更是远销京沪的名产。

肉骨头即是卤出来的大排骨块子，以三凤桥"慎余"做得最好。做"肉骨头"的灶，长约一丈，上面放四尺直径的大锅两口。把排骨切好之后，有说要用硝腌上一天，也有说不必用硝，只要用酱油、酒、冰糖屑、八角茴香浸一个对时，然后再放入大锅卤汁中，盖上密不透气的竹笼盖子焖炖。

无锡的肉骨头何以味最浓郁？骨头都是酥而可以嚼？据说有三个原因：

①卤汁好：锅中的卤汁常年不换，其中含有千百吨猪肉的精华。

②火候好：灶下烧的是柴草和松枝，刚一上来火势猛，然后余烬不熄，文火慢焖，炖得透彻。

③材料好：无锡人用豆饼饲猪，养到四五个月才七八十斤时，就宰杀了，因而肉质特别细嫩，骨头也很纤小。

加冰屑·臭菜根

在菜点中，无锡同胞所爱好的口味，似乎有两大特色：一是"甜"，一是"臭"。

关于"甜"，几乎所有的菜中都少不了"冰屑"——冰糖末子，因而吃炝虾还得发明一道"雪炝"。据杨恺龄先生说，无锡的肉骨头也是相当甜，在城北一带，因为外地来贩米麦的商人较多，吃不惯无锡的甜，因而做的肉骨头也少撒两把"冰屑"，比较咸些。

关于"臭"，无锡同胞做的豆腐干子特别好，并且嗜好者非常普遍，认为愈臭的也就愈香。他们做臭干子选用两种材料，一是把苋菜梗子切成三寸来长一段段的，用温水浸泡，泡十来天，水自然就"香"了；另外也有用笋子做原料来浸泡，据说笋子泡的"香汤"还比较鲜。

泡臭干子的苋菜梗，更是非常珍贵，蒸饭的时候，放在饭锅上蒸熟，整锅的饭都有臭干子气味，蒸过的苋菜梗，也成了一条装满臭汁的管子，用嘴一吸，其味无穷。无锡的几座大庙里，还以这种苋菜梗作为素席的主菜呢。其他较大众化的菜肴，如腐乳蒸肉，也有一种特殊的气味，是香是臭，也是见仁见智。

崇安寺·卖小吃

在小吃方面，无锡城中崇安寺附近有一座古迹"皇亭"，周围高搭凉棚，是小吃集中的地方，颇有几分像台北的龙山寺。

现在在台北非常流行的油豆腐线粉（"线"读若"细"，来到台北之后干脆改了细字），就是无锡皇亭的名产。粉丝好，汤好，配料好，其中油豆腐尤其好，一般老无锡们常常叫卖油豆腐细粉的，把冷的油豆腐剪开，里面灌上酱油、醋和一点糖，就这样空口吃，作料从豆腐中慢慢渗出，滋味非常好。

大吊桥街有一家卖鸡汤馄饨的，名叫"过福来"，猪肉馅子，个头很小，鸡汤配上大蒜梗丝尤其鲜。革命元老吴稚晖先生，祖籍常州但却生长在无锡，每次回乡都要去"过福来"那里吃上一顿。无锡人不大吃辣椒，他们把红辣子熬在猪油之中，冷凝成橘红色的一块，吃馄饨时掏上一点，顿能增加香味。四川的"红油抄手"，无锡人是欣赏不来的。

糖芋子·拌香椿

每到中秋，无锡人人都要吃"糖芋子"，在皇亭一带有几家专门做糖芋子的，把最小的芋头，大不过鸽蛋，用红糖熬煮而成。无锡人称小芋头为"芋子"，大的叫"芋婆"，以形容其老大。

无锡人将糯米粉做成饼，包豆沙或猪肉炸出来，称为"玉兰饼"；把鸡蛋打散铺在五寸径的油饼上，称为"鸡子大饼"；小茶杯形状的蒸糕，上铺些红绿梅子萝卜丝，称为"梅花糕"；另外还有猪肉心子的"海棠糕"。这些别具一格的小吃，都在皇亭一带吃得到，价钱很便宜。

在这些小吃之中，香椿拌豆腐也是很有名的。据庄孟照先生说，无锡同胞相信香椿有解毒的功效，用香椿树根四两，高粱酒四两，加六碗水熬剩一半，是解救狂犬病的偏方，因而大家都喜欢吃凉拌的香椿，认为能预防好些疾病。

其他如麦粥，生麸面筋，"螺蛳馒头"，也都是无锡小吃中最受欢迎的。

香粳米·黑稻子

无锡是我国的四大米市之一，因为人口众多（全县一百多万人），本地出产的米谷也只能自足而已，但稻米的品种却很多。如像"香粳"，具有浓郁的饭香，煮饭的时候加上一把，整锅饭都会改变气氛。又有一种"红米"，称为"血糯"，稀饭中掺上一些，就变成赤豆稀饭一样的颜色。还有一种"黑稻"，谷粒的外壳是黑色的，米仁仍然雪白，据说这种稻子连鸡都不肯啄食，因而农人们在稻田靠近村落的边沿种上一些，以避免家禽进入稻田。

在瓜果方面，无锡南面雪浪山下，南方泉镇有一座沁香园，园中的土质是紫红色而带油光的，把浙江奉化的水蜜桃移种过来，生产得又多又好。从无锡装篓运销上海，只需一天工夫就能在杨树浦上市，比奉化还更占地利。该园主人庄孟照先生说，每逢桃花开放，或桃子成熟的季节，香风十里，一片锦绣，称得上是世外"桃园"。

大浮山·出杨梅

南门外开化乡的大浮山，种植的杨梅有紫红、淡红和白色的三种，酸甜适中，每逢成熟季节，人们可以进入林中开怀大嚼，但却不能带走，因而有"大浮杨梅，只吃勿袋（带）"的谚语。

东南乡西仓镇附近，有一座小土山，名"鸿山"，山下有"举案齐眉，相敬如宾"纪念标准夫妇梁鸿、孟光的祠堂。山的西南，有一片林檎（花红）林，枝子接在药用木瓜的树身上，长出的花红，比苹果只小三分之一，脆而香甜，也是名品，只可惜产量不多。

东乡张泾桥、黄土塘一带出产的"三白西瓜",皮、子、瓤都是白色的,每个只有四五斤重,但却沙甜可口。此外在京沪铁路上小站"石塘湾"的香瓜,也是过往旅客争购的土产。

青蚕豆·第二泉

无锡的惠山,泉甘土肥,灰色陶土所捏造的小土偶"大阿福",是全国闻名的手工艺品。惠山娘娘堂前,有几棵栗子树,桂子飘香的季节,结实板栗,炒出来含有天然的桂花清香,称为桂花栗子,确是珍品。又因为惠山的水土特别好,每逢农历三月谷雨之前,青蚕豆即已成熟,要比其他地方出产的早一个月。这种青蚕豆真是水嫩,价钱也贵得惊人。当地俗谚:"勿到惠山吃青蚕豆!"其意即在此。

无锡虽然有这么多好吃的东西,但无锡人引以为自豪的,仍然是惠山泉的水,宋时大文豪苏东坡的诗中,曾一再赞美,如像:"毗陵高山锡为骨,陆子遗味泉冰齿……"又如:"独携天上小团月,来试人间第二泉。"当苏东坡离开无锡之后,对于惠山泉尤思念不置,虽曾有友人致送他,但觉得气味不对,乃题诗一首《寄伯强知县求惠山泉》,诗里写得极为可怜,最后四句是:"故人怜我病,箸笼寄新馥;欠伸北窗下,昼睡美方熟;精品厌凡泉,愿子致一斛。"

唐代"茶神"陆羽曾封惠山泉为天下第二泉,无锡同胞们对于这一封号并不太满意,认为陆羽很可能是先去镇江封了金山泉为天下第一泉,才回过头来发现惠山泉,否则,惠山泉怎么可能会屈居第二?

食在南京

南京曾是我国的国都，一座历史名城。《建康志》形容其形势是："北缘大江，南抵秦淮口，六朝以来，皆守此为固，诸葛亮谓之石头虎踞是也。"

在南京市西，有山名"石头"，因为"自江北而来，山皆无石，至此山始有石，故名"。明太祖定都南京时，对于南京的城垣大加修筑，城周六十一里，外廓一百八十里，规模之大，是世界古都之冠，而城砖之精美，南京同胞可以将它切割成磨刀石，用来磨最细致的剃头刀。其刻意经营之程度，可见一斑。

朱洪武·徙富民

洪武二十四年（西元一三九一年），太祖下令徙天下富民于南京，并建秦淮十六楼，于是全中国的财富文物荟萃于斯，而各地第一流的烹饪大师，也都集中在南京，故而"食在南京"，有着极长远深厚的历史背景。

据老南京说，南门外的清真馆"马祥兴"，就是创业于明朝洪武年间的老馆子。"马祥兴"是一幢瓦房，楼上、楼下几十张方桌，显得非常的古朴。

他家把鸭子的胰脏用猛火爆炒，脆嫩鲜美，名为"美人肝"；将虾子剥去半个壳，却留半截虾尾，清炒出来之后，每个虾仁蜷成一个环，一半晶莹雪白，一半金光闪闪，并且还带着一个扇形的小尾巴，称为"凤尾虾"；他家把鱼身上切些横纹，裹上芡粉，用油炸成金黄色，泡酥酥的，再淋上糖醋汁子，称为"松鼠鱼"。这三道菜，可以说是他家的三绝，前往南京去的旅客，都喜欢到"马祥兴"小吃，浅尝其风味。

汉奸头子汪精卫，甚至对马祥兴的菜入了迷。据说他在抗战前伪行政院长任内，曾经在夜半关城的时候想消夜，非要吃"马祥兴"的美人肝不可。可是马祥兴是在中华门外，城门已闭，又是宵禁时期，怎么办？于是汪精卫亲自下手令要开城门，把马祥兴的厨子接进城来为他烹饪夜点。

经过这一品题，马祥兴固然名噪一时，但汪精卫无法克制自己欲望冲动的劣根性，也随着暴露无遗，纵使他有满腹才气，也都毁于意志的薄弱。

南京酒食游乐之处，闻名于全国久矣，洪武年间不过是新局面的再造。晋以来，六朝金粉即以秦淮河为中心，唐代杜牧的名句，"烟笼寒水月笼纱，夜泊秦淮近酒家；商女不知亡国恨，隔江犹唱后庭花"写尽了南朝纸醉金迷的景象，也使得此后的人们，谈到秦淮河，都警觉到个人对国家民族应尽的责任。

在秦淮河的北岸，夫子庙、祭孔的孔庙、考试的贡院，原本都在这一带。曾几何时，这一带却由"文化区"而演变为"风化区"，吃喝游乐，但也不乏高雅的情趣。

大集成·调酒膏

例如像夫子庙桃叶渡河边的一家江浙馆子，名为"大集成"，和孔庙中称颂夫子的"集大成"相映成趣。"大集成"的规模并不大，平房，二十来张桌子，也有小隔间雅房，容一张把圆桌，他家烹治的烧鱼、血蚶、蛏子、活炝虾，半生不熟的，但却很吸引人。

据刘光炎先生说，最突出的是"大集成"拥有一位最好的调酒师傅，也能用陈年的竹叶青酒膏——醇厚浓稠得像膏似的陈酒，兑上新酒，调得香醇无比。绍兴酒中红色的称为"状元红"，白酒称为"竹叶青"，和山西汾酒中的"竹叶青"有别。

在大集成饮酒，一个特殊的规矩，每一个客人自己面前都各置一锡壶热酒，自斟自酌，喝完一壶，将空壶放在座位后面，彼此不劝饮，更不强迫赌赛。在这种情况下，客人反而更豪放，不知不觉间要比平常多喝了许多，散席之后，看见自己席次后的酒壶成行，借着酒意，更觉得意。

夫子庙一带还有一家大馆子，"六华春"，格局很像是想象中《红楼梦》的贾府，旧式的院落，一重重，由回廊相连，每重院子的客厅中摆酒席，四周古玩字画，红木嵌大理石的家具，置身其间，真像是在大观园中。

炖砂锅·女招待

"六华春"进门的第一进院子里，层层叠叠，摆满了空酒坛子，余香四溢，进餐的时候，有"女招待"陪侍斟酒，红袖添香，频频欢饮。那里的女招待有别于台北的"酒家女"，每桌只有一两位，客人不坚请她就座，她们决不敢入座，她们的酒量很大，能代客人喝酒，但却不吃菜。大概是所谓的"纯吃酒"。

这家饭店的规模虽然很大，但卖的菜却只是清一色的砂锅，用原汤炖着鸡、鸭、海参、淡菜之类的，形形色色，连着深紫色的细质砂锅上桌。据说他家的这种经营法子，还是民初外交家王儒堂（正廷）先生设计倡导的。

夫子庙这一带，也有家庭式的小馆子，例如像"小乐意"，小小的客厅中摆上一两桌，供应的菜肴也多半是很清淡的家常菜，如像火腿蒸白菜、黄焖鸡之类的，但却另有一种亲切之感，像是在朋友家中应邀作客一样。

秦淮河·冶游夜

每逢夏天，夫子庙秦淮河上的宴游，另有一番情趣，包上一条大船，把成桌的酒席安放在船上，乘船到上游后城桥去。秦淮河靠夫子庙这一带，河面狭窄，河流淤滞，像是一条臭水沟。可是过了后城桥，河面突然放宽，水流较清澈，沿河一带，都是人家的花园，尤其是在明月之夜，烟笼河水，月蒙轻纱，河岸之上，柳影婆娑，难免有人兴致来了，拉起胡琴唱上一段。

在河边上，有些豆蔻年华的少女，划着小船穿梭其间，卖香烟、汽水、豆干、茶叶蛋之类的，桨声欸乃，频添些月影波光。

绿荷叶·红樱桃

生活在南京，春天来临，城外东北角上的玄武湖，开始吸引游客，夏季，更是游湖的好时光。在这座周围四十里的湖上，布满了田田荷叶，划着小船游荡在荷叶之间，阳光映过荷叶，泛出一片嫩绿色，湖水荷叶之间，像是一片翠绿的仙境。古人形容的"绿天"，在这儿最能领会。

在这绿天之下，船家女来兜售湖鲜，嫩菱、鲜藕、黄实（鸡头肉），都带着特有的清香与凉爽。

玄武湖中有"五大洲"，其中的"新洲"，后来更名为"樱洲"，因为洲上种满了樱桃。五月间樱桃上市了，十五六岁的小姑娘，托着用藤条编的小篮子，上面衬着一张小荷叶，绿色的荷叶上放着一粒粒的红樱桃，上面再盖一张荷叶，她们憨笑着，又带着几分娇羞，和荷叶樱桃一样，充满了天然的纯朴的美感。

玄武湖之所以美，也由于天然环境的烘托。幕府山在东北，钟山在东南，接着是鸡鸣山和覆舟山。从鸡鸣山上的鸡鸣古刹，可以俯视玄武湖。寺中的"豁蒙楼"，地势尤佳，开窗处，台城遗址即在眼前。在"豁蒙楼"上，可以吃到南京最好的素席，每道菜都着重本色，毫无人间烟火气息。

阳春面·息战机

在南京城东边，一连串的名胜，如明孝陵、中山陵、谭延闿墓、灵谷寺等等。灵谷寺的牡丹极佳，有珍贵无比的黑牡丹，花开时节，游人们可以在寺中吃到素席，品尝佳酿。据说灵谷寺最好的酒称作"迎风倒"，很像是《水浒传》里的酒名，喝过之后，一吹风，人即醉倒，可见其醇烈。

在这一带名胜区中，有许多小食摊，为游客们供应阳春面之类的点心。其中明孝陵前卖阳春面的摊子，曾经赢得日本外交官藏本副领事的爱好。

民国二十四年，日本军阀曾在我国首都南京制造事端，引起纠纷，借以试探我国抗日的策略。当时，藏本外交官失踪了，日本借机要中国拿话来说。日本人正吵得凶的时候，谁料到失踪三天的藏本，竟在明孝陵前的摊子上吃阳春面，被我国宪兵找到，送回给日本当局，了了一个麻烦。

事后日本人解释，藏本的失踪是由于他本人精神失常，但南京的报纸上报道，藏本是日本人安排好的牺牲，以身来报效日本天皇，作为发动事件的导火线。日本人把他送到明孝陵后山的山洞去喂狼，不料狼和他相处三天，却嫌他不对胃口，最后他饿得忍不住了，循着阳春面的香味下山，解决了这一段公案。

教门馆·始于明

南京回教信徒人数众多，城西有很多的教门馆子，相传这是因为朱洪武的皇后马氏是一位回教徒，对回教的宣扬最力，因而城西一带许多清真寺都是明初创建的。

回教的同胞们最讲究饮食的卫生，鸡鸭牛羊都得活杀，放尽血，而且烹治也极为精细，肉皮上绝看不到剩下的毛桩桩。因而这些回教徒们制作的油鸡和板鸭，也就驰名全国。

油鸡又称作"童子鸡"，把从乡下收来的小母鸡，在刚刚长成还没有开始下蛋之前宰了，腌制，蒸熟。蒸的火候极重要，肉刚刚凝结住，肌肉的空隙中还有些卤汁，冷后切剁成块，可以看出肌肉间晶莹透亮的冻儿，吃在嘴里，肉极嫩，卤汁的冻儿又溶化了，真是风味绝佳。

南京的板鸭非常出名，但鸭子的供应处却来自安徽的芜湖、巢县一带。小鸭子孵出来约一个月，就由放鸭子的人，带着"牧鸭犬"，开始踏上去南京的征途。这一路上都是稻田，任鸭子在田里捡谷粒，吃泥鳅，当到达南京水西门外时，鸭子都已长成了。又因为鸭子一路上都在运动，跑马拉松，而且吃的多是"活食"，鸭子也就长得特别的肥硕壮健。

咸水鸭·腌肫肝

水西门里的教门馆子，将这些鸭子宰杀，从腹部剖开，用盐和香料腌起来，再用竹片撑开，挂着风干，形状像是一把网球拍子，鸭子的肉是暗红色的，皮和油脂却是白的，因而称为"白油板鸭"。

板鸭既干且咸，但却能久贮不坏，从前南边的仕子上京赶考，路过南京的时候，总要带上几只板鸭，路上宿店烧饭，饭锅上摆几块，饭焖好时，鸭子也熟了，米饭上沾着鸭子油，咸咸润润的，格外芬芳好吃。由于这些仕子们带来带去，南京板鸭的盛名，早已是口碑载道了。据老南京说，南京板鸭是遵古法制造的，因而在五百多年后的今天，南京人仍有口福能品尝到明代老祖宗们所嗜好的口味。

在南京，和板鸭齐名的，还有"咸水鸭"，做法大致和"童子鸡"差不多，也是先腌后蒸的，肉也是咸淡适中，非常细嫩可口。

由于鸭子杀得多，鸭子身上的附件也都极廉价。如像卤的翅膀、鸭掌、鸭舌、鸭肠、卤肝、肫肝等，都做得极好。

南京同胞把鸭肠剖成带状，一捆捆地扎着卤好来卖，吃的时候，切成一寸来长的小段，淋上些麻油，是最脆最耐嚼的下酒菜。鸭子的肫肝，腌好蒸熟，用玻璃纸一个个地包起来，远销上海。

治点心·款代表

南京的点心非常闻名的，民国三十五年十一月，在南京召开国民代表大会的时候，每到下午，肚子正饿的时候，秘书处准备了南京的名点为代表们点饥。当时任上海《申报》驻京记者的张明女士说，秘书处还特别为来自西北的回教代表们准备着回教的点心，使得来自全国各地的代表们，对于南京点心之佳，都留下了很深的印象。

南京城北一带的同胞，下午吃点心的时候，他们常常买一盘包子，把包子一个个地拆开，外面的面皮当成点心似的吃掉，里面的馅子却留在碗里用来下酒，当是蒸肉丸子。一旦有客人光临，到路口去买些熟菜——卤得很烂，加了红曲的猪肉或内脏，切片待客。

六朝居·吃讲茶

环境稍为富裕的，早饭多半在茶馆里去吃。一盅茶，几件点心，所费也不多，肴肉、干丝、小笼包、饺，大致是扬州、镇江的风格，肴肉的肉质嫩滑，干丝发得像嫩豆腐条一样，用鸡汤煮出来，浓郁芬香，小笼包、饺咬开之后，一包汤汁，又烫又鲜。八寸直径的笼屉里面铺着银须草，深绿色，一根根细细的，有点像马尾松的松针，这种植物垫底，取食包子的时候，很容易把包子夹离笼屉，绝不致死拖活拉，拉得包子皮破汤流，走了味道。

吃早点的地方，似乎以"六朝居"、"大富贵"、"齐芳阁"为最著名。"吃讲茶"谈生意，订和约等，都是在茶馆里进行的，一般的茶食店中，还有白米糕里面嵌着松子，称为"茶糕"，还有以松子为主的"黄松糕"，味道清香，像是仙家的食物。

糖煮藕·状元豆

一到了下午三四点钟，各种小吃贩子开始在大街小巷里活跃。挑着担子卖"煮藕"的，玄武湖小的嫩藕，藕孔中填着糯米，煮在糯米稀饭之中，稠稠的，香甜可口。要不然就是"糖芋苗"，嫩芋头切成滚刀块，用糖汁煮得都快溶化了。这些甜食品都够得上是价廉物美；还有更大众化的，就数"糖粽子"了，没有馅的小三角粽子，蘸上白糖，自然有一股粽叶的清香气息。

在众多的甜食之中，北平的"糖葫芦"，在南京称为"冰糖球"，也是用山楂去子裹冰糖的。店里卖的六角形鸡蛋糕，称为"金刚棋子"（形似镇江的"京江馓"），大概"金刚"下棋就用的是那玩意儿，"吃"一子时真的能吃下肚。

其他的如状元豆、红豆汤、花生米等，南京产的也极负盛名，据刘光炎先生说，民国十六年上，他和杨管北先生从上海到南京去，在火车上，杨先生捧着一个空的饼干铁罐子，其小心翼翼的神态，引起了光炎先生的好奇，于是问他是干吗用的？杨先生说，他准备到南京去为未婚妻买花生米带回上海，用铁罐子装着不致受潮，所以才带个空罐子去。南京花生米的盛名远扬，由此可见一斑。

东花园·大萝卜

南京的豆腐干种类甚多。据王绎斋先生说，南门外塞公桥的臭干，是用陈年老卤做的，特别臭，但臭得不刺鼻，人们反而觉那股味道像是能刺激食欲的清香。天热的时候，用锯木屑子熏过，称为"熏臭干"，切成片，蘸香油吃，是南京的一大"异味"。这种"臭干"有别于"油炸的臭豆腐干",南京人称后者为"油炸干"。

除了"臭干"之外还有"香干",五香的豆腐干,其花色更是繁多,大的小的,圆的方的,风味各别。南京人吃豆腐干,就和美国人嚼口香糖一样,嘴巴成天地都在嚼。

关于南京的蔬菜,以东花园的为最好。东花园距夫子庙不远,原本是徐达的产业,后来残败了,花园变成为菜园,但种出来的蔬菜却是特大号的,豌豆颗粒比一般的大很多,萝卜每个有十来斤重。

常常听人们把"南京大萝卜"挂在嘴上,甚是不解,因而特别向南京朋友请教。据南京的朋友们说,萝卜是最普通的蔬菜,但它具有鲜美、厚实,不求外表美观而只求肚子里不空心。因而一般人常把南京同胞的厚实木讷的性格,比喻为萝卜,这确实是相当好的比喻。

食在上海

　　上海地处我国海岸线的中心，又恰在长江口上，因而整个长江流域对南北海岸及海外各地的进出口贸易，都以上海为加工集散之地。以致上海商贾云集，工业发达，成为我国第一个现代化的都市，号称为"十里洋场"。

　　在十里洋场的上海，吃的东西五花八门，中外具备。要吃大菜，法国的、英国的、意大利的乃至罗宋（俄国）的，无远不备，而且还配用各国名酒，风味地道。如要吃中国口味的，北方平、津、山、陕、豫、鲁的佳肴，南方杭、宁、徽、粤、川、湘的酒席，也都一应俱全，但是要吃真正的"上海菜"，却为难了老上海们，究竟啥格菜是地道上海菜？邪气（非常）难讲。

上海菜·综合体

　　上海菜实际上是杭州、宁波、徽州、扬州、苏州、无锡菜的综合体，这些地方的吃食在上海集其大成。我们就以上海闻人杜月笙常吃的食谱为例：早上吃稀饭，就玫瑰乳——红色豆腐乳，皮蛋、肉松、油条，有时再加点燕窝汤或银耳汤，以为滋补。中午，杜家宾客甚多，经常席开三桌，每桌六菜一汤。据杜月笙的亲信万墨林先生说，杜氏最爱吃鲫鱼嵌肉，红烧"庞头鱼"加粉皮，猪肉内脏加糟连钵炖成的"糟钵头"，和猪大肠横切成环状的"炒圈子"；至于汤，则以"黄豆脚爪汤"——猪蹄爪煨黄豆，和咸肉豆腐汤为最常用。

从这一菜单上，我们也能看出所谓上海菜，确实综合了上述各地的口味。

城隍庙·小吃多

如果要在上海欣赏乡土风味最浓郁的食品，那得算"小吃"，"小吃"又以南市城隍庙为中心。我们且从城隍庙说起。

城隍庙在上海老县城的南面，"南市"的中心。早在明代以前，原址上即建有一座金山寺，据说是专祀汉昭宣时代辅政名臣大司马大将军博陆侯霍光的。到了明朝的时候，改建为城隍庙。清同治四年（西元一八六五年），也就是太平天国被曾国藩剿灭之后的第二年，上海同胞鉴于大乱十四年，江南饱受涂炭而上海一隅得保平安，一方面要感谢上海自组的新式部队常胜军，另一方面也得谢谢上海城隍老爷的威灵庇佑，于是扩修庙宇，再塑金身。庙宇宏敞辉煌，华丽已极，再加上庙后面就是大花园，面积倍于城隍庙，建有仿效杭州西湖的大池子、九曲桥、湖心亭等，因而吸引的游客和香客自然增多。游客增多，饮食的需要也随着递增，城隍庙也就逐渐形成为小吃中心。小吃摊贩由庙门外扩张进大门，继而二门，延伸到正殿之前，正殿之上还不好意思摆摊子，但在殿后面花园之中，又为茶馆和面馆所分据。上海人说："未见城隍先吃鱼。"城隍住在自己的庙里面，反而被喧宾夺了主。

庙门口·炖羊肉

上海城隍庙坐落在南市的方浜（读如邦）路上，坐北朝南，庙门前照壁、八字墙、石狮子、旗杆，杆上带着天斗，来了个全套。庙对面，有几家吃食店，其中以卖白煮羊肉的那几家最著名。每到秋冬之季才开门营业，店里面很不讲究，宰杀了的羊，从门口拖进去，血流于地，地上积着厚厚的油泥，但羊肉和内脏，却打理得干干净净，整只地投入大锅之中清炖。炖羊肉的灶和锅子都非常大，煮的时候，蒸气冲到屋顶上，满屋子充满了温暖的香气。

去吃羊肉的人们，围坐在摊子边，要卖肉的老板专就自己喜欢的部位切几个钱的，用来蘸着酱吃，羊肉切得飞薄，筷子一夹就散。吃羊肉的时候，老板还免费奉上羊血汤，是煮羊肉的原汁加血块煮成的，又烫又鲜，这种奉送的羊血汤比羊肉还好吃，但以两碗为度，如果想多吃汤，那就得再添肉。

上海人把羊肉当成补品，冬令进补，先想到羊肉。到了夏季，很多人认为吃了羊肉会上火流鼻血，因而都停止屠羊。据上海朱庭筠先生说，上海多数的"石库门"人家——住老式宅园的大户人家，讲究每天清晨起来叫佣人去买豆浆回来熬得滚热，等担担子卖羊肉的叫卖到门前时，买些泡在豆浆里吃。羊肉泡入滚热的豆浆之中，立刻就溶化了，只剩下一条窄窄的，带着肥油的皮，豆浆上面也浮着一层油脂，风味绝佳。

据朱庭筠先生说，最妙的是，上海几乎没有将豆浆烧饼油条联合阵线的摊子。烧饼油条是一档，豆浆则多半由豆腐店来出卖。

发芽豆·下花雕

以上所说的是城隍庙对面。城隍庙前的方浜路，往西通到方板桥，往东接着小东门，在庙前东侧，还有两家酒店，"泰和信"及"王三和"，也都是极有名气的，店里的陈年花雕、竹叶青，品质最好，老酒客们朝店里面一"蹲"，要一碟"发芽豆"——用盐水煮的刚刚萌芽的蚕豆，一碟"盐水烤"——盐水煮过的烘花生，就能吃上四五个小时。上海水祥云先生说，每逢深秋之季，阳澄湖的大闸蟹上市了，酒店里平添持蟹饮酒的豪放景色，酒客们多半用蒸熟的蟹子蘸姜醋吃，店里更是人满为患。

城隍庙附近，卖苏州风味蜜饯的"悦来盛"，也是极有名气的大店，每逢年节，店里更是挤得水泄不通。

城隍庙连同后面的花园，范围实在很大，面临方浜路，背依福佑路，进深约有两里，东界孟姜弄，西至瞿家弄，东西相距也近一里。上海同胞形容其大，小吃摊之多："走个通——前门到后门，一小时；转个圈，三小时；玩一趟，八小时；吃个遍，下辈子。"看样子要想把城隍庙吃个遍，非得父子两代人"接力"才行。

炒百果·鸭蛋大

一进庙门，左右各有一家卖酒酿圆子的，酒酿之中煮着糯米小圆粒，打个蛋，再加点桂花卤，带点酒香、带点花香、带着甜味、带着酸味，汇成又糯又滑的热流冲入腹中，确实是美味。只是这两家店打着常州的招牌，常州伍稼青教授却说，武进人讲究生吃酒酿，还没有发明这种吃法。

庙门里面是一座戏台，准备唱戏酬神用的，戏台左近有许多挽篮子、背箱箱的小贩，卖些应时果品、吃食。春天，过年时节，卖檀香橄榄，愈小愈青的愈好吃，橄榄确有清香气息，但并不见得像檀香。

夏天卖白色的米糕，"伦加糕"，卖炒白果。卖白果的还吆喝着，用上海话喊来更是合仄押韵："炒白果来鸭蛋大（杜）啊，又是香来又是糯，一个铜钿买五个！"

六月里卖"白糖梅子"的上市了，把白糖熬成浆，然后再倒入青梅子，炒到后来青梅子上都裹着厚厚的白糖，逛庙的人们买上一包，能解决不少饮料问题。

入秋以后，卖良乡栗子的，栗子颗粒大，真正是从河北良乡来的，用糖蜜和砂炒，香甜已极。

冬天，则有卖烤红薯的，红心往外流糖，买一包捧在手里，兼有暖手的作用。另外却卖冰凉的"天津萝卜"，真正的天津萝卜切了片生吃，据说可以退火。天津人吃生萝卜是划成牙掰着吃，上海人比较细致，所以切片。

过了戏台，进二门，到大殿共有七进，两庑都是卖玩具的摊位，有杭州来的竹器，小孩子们的各式玩具，古董牙雕、缂丝……

鸡血汤·莲心粥

卖吃食的，鸡鸭血汤首占要冲。上海城隍庙的鸡鸭血汤几乎是人人皆知的，汤里面的鸡鸭血都切成骰子块，除了鸡鸭血之外还有鸡肫、肝、心、肠切的丁丁，以及油豆腐、小鱼干、黄豆芽、扁尖（笋干）等等，配料极多，汤的特色是不用酱油，颜色清爽。吃的时候，撒上点胡椒，蛮崭！

再就是卖粥的，白糖莲心粥，糖粥——白粥加糖，赤豆粥——赤豆和糯米都熬化了，红红的一锅。老吃客们要"红白对镶"，一碗之中，半红半白，泾渭分明。粥的消耗量极大，经常能看见店家挑着两个大木桶来供应补充。卖粥的也卖"糖芋艿"——红糖熬芋头，都是甜食。甜食之中还有一种"汤山芋"，是用红糖煮的去皮番薯，煮得晶莹透亮，非常香甜。

炸鱿鱼·糟田螺

在这些食物摊子之中，有一样卖炸鱿鱼的，和台湾各地的极相似，只是手法不同。两者所用的原料，都是干鱿鱼用水发胀，台湾则先切成块子，再裹上番薯粉炸；上海的则先炸，炸好了才用剪刀去剪成小块子。台湾用的作料是辣椒、大蒜、酱油浸泡成的，上海则用红色的甜酱。上海人吃不得辣也闻不得生蒜味道，故而一般的调料之中都不取这两样。

城隍庙的食物摊子，多半不用唱腔吆喝，掌柜的一边操作，一边招呼顾客："来来来！请请请！"但都中气很足，声音发自丹田。

有一位卖炸鱿鱼的，他在招呼客人的时候，声调好听，还能旧曲新唱，急智编歌，颇能招徕顾客，后来改行说滑稽，一跃而为上海的"滑稽大王"，那就是著名的刘春三。

这些小吃摊子，一个挨一个，虽然没有招牌，但老吃客们总有几家特别偏爱的摊子，长年日久，和掌柜的建立起感情，如转到其他的摊子上去吃，总也有点那个。况且客人们的口味，老板早已摸了个透，换一家吃也会觉得不是味道。例如像一家卖糟田螺的，田螺用酒糟酱油一焖，焖得壳都酥散了，滋味特别透。老客人们光临时，虽然也是一碟，但内中大个头的田螺，总要比生客多几粒。

油豆腐·梨膏糖

在正殿前面有一座铜香炉，另外还有一座焚炉，香炉旁边有两个固定的摊位，一是卖油豆腐细粉的老婆婆，一是卖梨膏糖的。

老婆婆的油豆腐细粉味道清淡，粉的韧度恰到好处，客人们坐在那儿吃，抬起头来正好瞻仰到大殿之上，汉朝昭帝时代大司马、大将军霍光的威仪，因而吃相也得摆端庄一些。

另一边卖梨膏糖的，各种糖食据说都能治病，至少能治治馋痨。他家卖的糖梨儿，有润肺化痰之效，很多害咳嗽病的人在香炉里上过香，就近买上一个，可以收到精神与药物双料治疗之效。

炸年糕·刺毛团

大殿前的小吃，花样繁多，炸年糕、炸馄饨、炸百页、炸春卷、炸臭豆腐干、炒年糕、炒面——号称为两面黄，烘烧饼蟹壳黄、火腿粽子、五香茶叶蛋、面筋百页汤、黄连头、五香豆、甘草梅子……不胜枚举。其中有些比较特别的，如像"金团"，糯米粉皮子包豆沙，外面裹上一层黄豆粉，像是一个个的黄金球。

如像"刺毛团"，里面包着虾仁、肉丁的糯米饭团子，比日本寿司高明百倍。

如像"烧饼夹蛋"，直径四寸的葱油饼，烙得快熟时，打个蛋灌在里面继续烙，饼熟时里面的蛋也熟了，却又滑又嫩。

如像"海蛳"，尖长如螺丝钉的盐煮海螺蛳，小孩们买来一包包的吸啜着吃。

如像"南翔（读若强）馒头"，上海人把包子叫做馒头（汤包除外，并不叫汤馒头），这还是沿用着诸葛亮平南蛮、凯旋回朝渡泸祭江发明"馒头"的老名称。南翔是一个小镇，那里做的小笼包子特别好，皮薄、馅大、汁多，一个个顶着个尖儿，像荸荠式的而且佐料的姜丝特别细，醋也格外香，以致上海各地卖小笼包子的都打着"南翔馒头"的招牌。

七月半·大公休

这些小吃摊子，从清早六时开市供应早点，直到太阳下山时才收市。据住在城隍庙旁边瞿家弄的瞿锡龙（侨南）先生说，城隍庙在过大年那几天，仍然摆着玩具鞭炮的摊子，一年之中，只有阴历七月十五中元节，鬼门关开放时，才真正休息。那一天"出会"，城隍老爷秦裕伯（元朝上海的待制官）将被"会首"们请出来巡视辖区。入夜后，会首们高挑着灯笼，灯光投下幢幢黑影，从大门一直排到大殿，殿上一人高的铜烛台，点着外围七八寸粗的大红烛，光焰闪闪，会首们拖着粗大的铁链子在石板路上走，走几步拉一把，稀里哗啦，恐怖之至，难怪那天要休息一天。

在大殿后面，又进入另一个境界，仿三潭印月的放生池，池里面安居着大大小小的乌龟——上海人吃团鱼而不吃乌龟，故而乌龟们都能曳尾泥涂，作为人性"善"，并非泛吃主义者的标本。池上九曲桥，接着一座两层的亭子——湖心亭和桂花厅等建筑，还有一座花园称为"大假山",只有在每年重九时开放一天,供万墨林先生米粮业公会的会员入内游览,其中有"玉玲珑石"一座,是宋朝的遗物。

湖心亭·松月楼

在这个环境之中,有茶馆、面馆和素面馆等,都是比较高尚的去处。茶馆如像湖心亭、四美轩、群玉楼、春风得意楼、乐圃等,都极负盛名。上海的茶馆是用小瓷壶沏茶的,一人一壶,自斟自饮,也可以在茶座上叫面点,租报纸,还能听养鸟的把"绣眼鸟"带来竞唱,或看茶客们斗"黄藤鸟"。

面馆如像松运楼卖的排骨面、鳝糊面、脆鳝面、大肉面等等,都是手切的细面,汤鲜浇头足,风味极好。但是在夏天,则以松月楼、六露轩的素面最受欢迎。这两家的素什锦面好,小浇面尤其好。"小浇"即是细长的油炸豆腐条加口蘑等烩成的浇头,最具有素食的原味。

上海城隍庙确实是乡土风味食品的保存者,在十里洋场中留下这么一个去处,更是难得。据老上海们说,民国初年,城隍庙卖的饭,还采用高脚碗来装盛,一如祭器中所使用的"豆",饭堆得高高的,一如四川的帽儿头,颇具古风。抗战初期,日本人攻占了上海,但还没有进入租界,租界中略能享受自由的人们,对于城隍庙"咫尺天涯",非常怀念,于是好多的乡土小吃都在租界中扩大了地盘,终而盛名远播,如八仙桥的鸡鸭血汤、四马路"满庭芳"的臭豆腐、河南路尚洁庐的排骨面、小肉面等等。从这些小事情上,也能看出我们中国人热爱乡土的精神。

食在安徽

唐代大诗人杜牧的诗："清明时节雨纷纷，路上行人欲断魂；借问酒家何处有？牧童遥指杏花村。"

小杜诗中，牧童遥遥一指之后，指出不少争论来，全国许多著名的产酒地，几乎都有一个"杏花村"，而且以"杏花村"为酒店名字的，更是多不胜数。

杏花村·在哪儿

杏花村究竟在哪儿？

安徽同胞们很肯定地说，杏花村在该省贵池县秀山门外里许。那儿有一口古井，井栏上刻"黄公清泉"四字（《南畿志》记载是"黄公广润玉泉"六个字）。《池阳名胜类编》记载，杏花村有一孔香泉，香醇似酒，汲之不竭。据说杏花村的酒之所以为杜牧品题，就是得力于酿酒所用的井水特别好。

贵池旧属池州府，当地父老自宋朝起就强调原始的"杏花村"确实是在贵池，态度非常认真。

宋朝曹天佑曾经作杏花村诗："久有看春约，今才出郭行；杏花飞作雨，烟笛远闻声。旧迹寻何处？东风暖忽生；酒垆仍得醉，倚待月华明。"可见宋时，贵池县秀山门外，"杏花飞作雨"，仍然是灿烂。

到了明朝时，"杏花村"的遗迹仍然存在，所谓："杏花枝上着春风，十里烟村一色红；欲问当年沽酒处，竹篱西去小桥东。"这是沈昌游杏花村时所作。

明朝天启末年崇祯之初，太守顾元镜，为了美化杏花村环境，发展观光事业，特别在村中立坊（一说建亭），并且还题诗："牧童遥指处，杜老旧题诗；红杏添春色，黄垆忆昔时。远山曾作画，时鸟解吹篪；偷得余闲在，官钱换酒卮。"

可是杏花村到清季康熙年间，钱塘人周疆，出任池州府同知，摄东流、贵池两县县令时，该地已是"杏花易而为蔓草，而亭且沦灭，而坊且倾圮……"周知府乃建坊、筑亭，自己种植杏树之外，并发檄劝导地方募捐杏树，使恢复旧观。

杜牧确曾在唐武宗会昌年间（西元八四一——八四六）出任过池州刺史。曾在贵池县南门造漏刻，在当地整理归复胜迹甚多，在他的诗文之中有很多的记载，在贵池县志中也搜集了不少，其中《杏花村》一诗，尤其被广泛地假借附会。

西门外·米酿酒

"杏花村"的酒究竟是什么味道？

据贵池籍的刘启瑞先生说：民国以后，贵池西门外杏花村，一种用米酿成的白酒，芬芳甘醇，非常好喝，可能即是杜牧当年饮用的那一种。贵池地方酿酒的人家并不多，但是人人善饮，这可能是杏花村的名酒鲜能外销出去闯招牌的原因。

北伐期间，蒋介石率领北伐义师光复贵池，地方父老欢欣雀跃，箪食壶浆以迎王师。

蒋氏对于贵池山水之秀美，民风之淳朴，极为嘉许，曾希望能将贵池建设为皖省的模范县。

民国十五年前后，上海开设的馆子，除了扬州馆以外，就数徽州馆子了。徽州馆子的排场相当宏大，一式红木的家具，所上的菜，也都是大盘大碗，上面浮着一层厚厚的油，非常壮观。只可惜后来其他的新式馆子兴起，徽州馆子依然墨守成规，以致渐渐被淘汰了。

我们且从徽州菜谈起吧。

徽州旧辖绩溪、黟县、休宁、祁门、婺源以及府治所在地歙县。徽州馆，实际上多是绩溪人开设的。绩溪是胡适之先生的家乡，那里的溪水急湍，鱼争上游，所以鳍尾都极强壮，因而当地的红烧划水、清炖划水，成为最叫座的名菜。

臭鳜鱼·腌笃鲜

徽州一带另一道名菜，就是"臭鳜鱼"。徽州并不出产鳜鱼，鳜鱼产在长江南岸铜陵附近的大通镇，捕起上岸时，裹上些粗盐，然后取道青阳、太平运到徽州六县市去销售。这段路程需要走上十天半月，及至运达时，鳜鱼已经臭了，但是徽州同胞却很欣赏那种异常的气味。

吃不惯这道菜的人们，常常"损"徽州人吃的臭鳜鱼，其臭源来自尿液，其实很冤枉，因为上海的徽州馆子，也是用浅腌久贮的方式来制造臭鳜鱼，并没有特别处理过。

据说臭过的鳜鱼，不论是红烧清蒸或干炸，烹制好之后，鱼肉都自动裂成一片一片的，很容易下箸。

据余凌云先生说，徽州的珍珠丸子，决不下于湖北的，而且一道清炖菜"腌笃鲜"，将猪蹄膀、火腿（或家乡肉）和春笋滚刀块子炖成的浓汤，其鲜美芬芳是徽州馆子号召力的来源，也是油腻较轻的一道汤菜。

何以徽州菜的油特别重？

据祁门谢仁钊先生说，那可能是因为这六县都是在黄山的南脉，饮用的泉水矿物质含量较高，人们不由得要偏好油脂，以减轻其碱性。

祁门产·红茶砖

谢先生的家乡祁门，抗战后只有八万人口，且大多数都是从事茶业的。祁门的红茶，世界闻名，其中的粗品茶砖，经上海销往国外的最多。

其实，徽州六县都产茶，其他五县多产绿茶，独祁门产红茶，绿茶是炒焙而成的，红茶则要经过一道压紧发酵的手续。

徽州六县的共通点有三：一是米不够吃，二是话特别难懂，三是节俭。

祁门地方出产一种白石，是江西景德镇做瓷器烧釉子最好的原料。祁门经常用白石来和江西省换稻米。抗战前，上海的外商曾想把白石用来外销，结果江西省反对，告到法院，江西省胜了诉。

皖南既然缺米，故而对于吃米的方法也特别考究。

在休宁一带的人家，早上起来多先用很多水煮米，米煮到半熟时，把大多数的米捞出来，留待中午用甑子蒸成干饭。只留很少的米在米汤中继续煮，煮得米粒都快溶化了，才当成稀饭上桌，这是早饭。有钱的人家，还把鸡蛋煮老了，剥去壳，再放进稀饭中去。

霉豆腐·话难懂

他们也喜欢把豆腐放得发霉，长出两寸来长的白毛，然后炸、煮、烤着吃，据说滋味极好。

遇上赶集或庙会时，把炸过的油豆腐用水煮，为了要调味，还特别用很小的布口袋包几颗虾米，煮在其中，使虾的鲜味进入油豆腐之中。

徽州六县第二个共通点"话难懂"。徽州话在六县之间大致能彼此相通，但是隔一座山头即语音各别。吴兆棠伉俪即是休宁人，他俩也是留德的学生，当他俩讲家乡话的时候，一般外省同胞都听得皱眉头，问说："你们还经常讲德国话？"其难懂至如此程度——一如德国话。

举个例来说罢：休宁话"吃饭"二字的发音一如"切肤"，"臭鳜鱼"读如"秋锥女"。不用几分想象力，实在难以了解。

吴兆棠夫人，即汪咏青（秀瑞）女士说：徽州话之所以自成一系，即因为山地隔阂的缘故，山之阳与山之阴的两个村庄，语音往往就不一样。可是出到外省去做生意时，"无徽不成镇"，彼此之间却非常团结。

关于第三个共通点"节俭"，咏青女士说，外省人常常讥讽徽州人的一则笑话：说一位徽州人出外做生意，带了一个咸鸭蛋在路上佐餐，每餐只用筷子蘸上一点舐舐滋味，有一天正在吃饭的时候，只剩一个空壳壳的咸鸭蛋被风吹到河里去了，于是他聊以自慰地叹道："风吹鸭蛋壳，财去人安乐。"这则笑话过火了一点，好在徽州人开明，不以为意。

锡锅焖·敬老人

如果再加一个共通点，那里是"文风盛"。徽州一带极重视教育，再则"敬老"。老年人牙口不好，他们讲究选用"香珠米"，放在特制的隔水锡锅里面用文火焖，焖得很烂，可是极香，用来敬奉尊长。如果老年人想吃火腿——出火腿的金华和徽州只有一界之隔，据说实际产地兰溪所用的猪只，都来自徽州——他们也用同样的锡锅把火腿焖烂了用来敬老。焖豆腐加虾米，也是徽州年长者常吃的菜。

徽州歙县一带，饮食相当考究，每年腊月间，他们把一大块嫩豆腐用布包成球形，上面弄个凹，里面放些青盐，然后晒。晒不多久，豆腐中的水分就使得食盐潮解，于是把盐汁抹在豆腐外面，白天晒，晚上收，手续相当繁杂。及至盐分都溶化了，还要放在屋檐底下继续风干，三五个月后，把豆腐球的外皮削去，里面的就像是起酥的豆腐干一样，风味绝佳。由于它是在每年腊月里家家做的，所以称为"腊八豆腐"。

歙县菜·最费工

歙县的菜，上桌之后，确实像是一道道精致的艺术品，菜是相当费工夫的。

例如像"鹅颈"，先得把精肉、冬笋、香菇、虾米等剁碎了，用薄豆腐皮裹成一寸半长的枕状小块，用豆粉汁封口、炸透，再用冬笋片和鸡汤来烩。它的形状像是一段段的鹅颈，可是作料却与鹅无关。

例如像"蛋饺"，先摊好蛋皮，把馅子包在其中，形状颇像是烧麦，再用鸡汤来炖。

又如像红烧狮子头、糯米饺，这些费工夫的菜，歙县人一清早上茶馆时，早点就吃这些。

据歙县王国璠夫人说，每到冬天，大白菜上市的时候，大户人家都雇请些帮手，把大白菜去了叶子，留下菜帮子，切成一寸多长、像韭菜叶一样宽的丝子，用盐腌，放在席子上晒。等到白菜回软时，把菜油炼老了，凉冷，淋在上面，撒上五香八角的粉末、辣椒粉、蒜泥和炒香了的黑芝麻，然后封存在密闭的坛子之中，约二十天之后菜就可以吃了，用来凉拌、炒肉丝都极好，称为"香菜"。

佛手菜·徽贡枣

也有人家把大白菜去叶留梗，洗净晒干，在菜心中包上蒜泥和作料，包扎紧，入坛封好。这样做出来的腌菜，称为"佛手菜"。

做腌菜的时候，如果不小心，坛子没有存好，以至菜腐烂了，据说还可以将它的汤汁用来炖豆腐，并且别有一番滋味呢！

徽州人为了吃，真是肯花工夫，他们把黄豆一粒一粒地精选出来，用笋片、糖、酱油同煮，然后晒干，即是饮茶时的著名小吃——笋豆。

把大枣上面划些平行的竖纹，略蒸，晒至半干时用糖和蜜来浸泡。徽州人做的"蜜枣"，连皇帝都喜欢吃，清季时曾是贡品。

天柱山·乌龙茶

黄山北面，过了大江，潜山县一带，又是湖北大别山的余脉，这一带的语音习惯均略近湖北。潜山和怀宁两县搭界处的石牌镇，流行着湖北的黄梅调，该地的同胞，面貌清秀，人人会唱，据说梅兰芳就是当地的人；三国时代的大乔小乔，也是石牌的同乡。

除了伶人之外，笋子也是出乎其类拔乎其萃的，当地同胞相信，潜山县境的"天柱山"，在晋时，一度曾任"南岳"之职。山上出产的乌龙茶极好，而药材茯苓，种在大树荫下，几乎遍山都是，茯苓剖开之后，内中有黑点的，叫做"茯神"，更是名贵。

从潜山县沿着山麓往北走，是桐城、舒城、庐江等县。桐城是我国清代古文"桐城派"的发祥地。方苞、刘大櫆、姚鼐三位大师，创下了简洁严整、绳尺井然的写作风格，为后世所宗。

桐城厨·治水碗

桐城的文风偏在城南，如方苞的后人方希孔（治）先生，都是住在城南的；城东出武人，城西出讼师，城北则出厨师。

城西的讼师是天下闻名的，据说前清时桐城曾发生侄儿打死叔父逆伦重案一件，经讼师代写答辩状全文如下："半夜三更，犬闹哄哄，开门一望，影子车身（调头），拔起一枪，哎哟一声，近前一望，叔父大人，抱头一哭，不得还魂。"结果青天大老爷判了个过失伤人致死，徒刑了事。

城北的厨子更是了不得，当桐城派文学家后继无人的时候，桐城的厨子仍在继续出口。他们烹饪的拿手，是"水碗"，也就是汤，无论是鱼片汤、猪肝汤，做得都是鲜嫩无比，火候到家。

桐城的"山粉丸"，将山芋粉擀皮，包上豆腐，蒸，说来简单已极，但却有一种特殊的醇香。

过年的时候，糯米粉擀皮，包上糖，点上红点，蒸，称为"欢团"，取欢喜团年的意思。

由于城北的人，阔家多，好吃，许多人都吃出了胃病，因而胃病特效药"秋石"，也就应运而生。

秋石是将桐城出的一种碱土，兑上男童的尿液——童便，熬制提炼而成的，除了治疗肠胃病之外，还能救治心脏衰弱。这种特殊制剂，行销全国，因而桐城男孩子的小便也就特别值钱——据说比挤牛奶的收益还多。

斑针茶·雪花碗

桐城往西，是出产茶、木耳、茯苓、野猪、果子狸等野味的六安、霍山和立煌。这一带茶叶的种类甚多，如瓜片、梅片、龙牙、雀舌、斑针、毛尖、蜻翅等，都很名贵。前清时，斑针更是列为贡茶，每年特别制出少数来送给皇帝喝。

桐城往东北，是巢湖，巢县在湖东岸，合肥在湖的北面。

据巢县杨亮功先生说，巢湖里面水浅多鱼，而且螃蟹之肥美，能直追阳澄湖。巢湖之中也产银鱼，银鱼都是寸来长的，但也有好几寸长的大号银鱼，当地同胞称它为"面鱼"：因为它的体色白，而且只有当中一根软骨，真像是一条面粉做成的鱼，吃起来最省事。面鱼炖豆腐，是巢县名菜，白花花的一大碗，中看又中吃。包河里出的嫩藕，称为雪花碗，白如雪，粗大如碗口。

每逢秋季吃螃蟹的时候，巢县的同胞除了将它煮熟了蘸姜醋吃之外，还将蟹肉剔出，做很精致的蟹油。

包公祠·嫩风鸡

巢湖北面的合肥，是我国民间最景仰的青天大老爷包公的家，小南门外有一座包孝肃祠，祠前的小河称为包河，河里产的鲫鱼，背鳍呈青黄色，用萝卜丝熬鲫鱼汤，汤浓似奶，其味极鲜。

合肥的北面是一条淮阳山地，把淮河逼得向东流，山地东南的滁县，也有类似的鲫鱼，出自滁河之中，不过背上却像是有一条金色的线。

滁县的"风鸡"是非常出名的，每到腊月间，把鸡杀了，不除毛，除而在翅膀下开一个洞，把内脏掏出来，用盐和八角、大料、茴香、花椒，和上麻油炒透，塞入鸡的腹腔之中，再把鸡头塞进翅下的洞中堵上，扎紧，挂在檐下风干。腊月间做，过小年吃，去毛蒸透，鸡肉香嫩无比。

八公山·大救驾

淮阳山地的北麓，瓦埠湖也产银鱼，而湖的北口，是以淝水之战著名的寿县。八公山上，已无当年风声鹤唳的景象，山上的一座泉水，里面翻出气泡来，称为珍珠泉，用泉水做出来的豆腐，以鲜嫩而著称。

寿县有两种名点，一是"大救驾"，是面和油制的，据说某皇帝饿得半死时，吃了一顿这种点心，龙驾因而得救。另外一种称为"粉扎子"，是把豆粉摊成的饼切丝，贮藏起来作为点心，也可以作为礼品，大概和江西九江的"豆粑"是同一回事。

据寿县陈紫枫先生说，寿县同胞极嗜辣椒，他们把辣椒洗净，扎成一大捆，然后用一把刨子来刨成极细的丝，浸以麻油、酱油，由于外省人不会刨辣椒，所以争着买这种土产，为寿县增加了不少收入。

在安徽定远和寿县庄木桥，都出产一种腌肉——"翘尾"，把猪的尾部连尾巴旋下一大块圆肉来，腌制三年，弄得鲜香耐嚼，是下酒的名菜。

老鹳嘴·观音脸

蔬果方面，寿县的石榴、菠菜都极有名，有一种"老鹳嘴"的菠菜，切后拌上面糊蒸熟，是很普通的食物。

寿县、蚌埠一带都属皖北，风俗和吃东西的习惯都接近北方。每年春节之前，家家蒸馒头、炸馓子，弄够供一个月食用的。他们擅长做酥鱼，据颍上邵华夫人说，把锅里铺上葱叶，上排以鲫鱼，然后加酱油、醋、糖、酒，用文火炖七个小时，鱼的骨头就都酥了。

皖北一带，水果非常有名，颍上的水蜜桃大而多汁，红色的称为"观音脸"，白色的也有名字，不知道是否叫"玉佛面"？

安徽东北角上，有洪泽湖骑跨在苏皖两省。这一带民风强悍，即是古代吴广揭竿而起之处，这一带从来没有小偷，因为小偷是大家所看不起的，要嘛，就是当强盗。

洪泽湖中除了强盗之外，还产银鱼，据盱眙（读如虚一）籍吴梦燕（铸人）先生说，当地人把银鱼从湖里捕起来，乘活的时候，放进冷水锅中，同时放一整块大大的豆腐，然后加热，银鱼在水温增高时，不耐其热，都争着朝冷豆腐中钻，及至银鱼都自动入了豆腐时，再连豆腐一同捞出来，放在鸡汤、蘑菇中炖。这道菜，大概全世界仅此一地才有。

铁头鱼·刮鱼丸

长江北岸的安庆，像是一只大船泊在江边，当地同胞传说安庆本身就是一条船，如果不是有一根篙竿插在江底，两只大铁锚坠着，这艘船怕早已像崇明岛一样，冲到长江下游去了。

所谓的篙竿，是指枞阳门（东门）外的迎江寺的万佛塔。那座塔比迎江寺还建得早，在明朝穆宗隆庆年间建的，庙是在穆宗之子神宗时代建的，寺中素菜著名，比外间的酒席贵上一倍。庙门口还有两公尺长的大铁锚，据说是庙里的和尚发善心，用来在大风浪的时候，系泊过往的木船，以免翻覆，但堪舆家顺势将它解释成"安庆"的锚。

就在"船舷"不远处——枞阳门外，有许多小型的饭店，制作极好的鱼丸子，鱼是江中的黄节杆子鱼，头极硬，经常用它的硬头把渔网触破而逃，绰号人称"铁头鱼"。一旦若逃不掉，就被渔人贩到这一带的店中，被千刀万剐——用小刀细细刮下它的肉来，成为糊状的半透明高动物性蛋白质，做成的鱼丸子，细嫩鲜美，入口即化。

"船舷"一带的馆子，为了要证明他家的鱼丸是真材实料，都将剔剩下的鱼骨头，按照生长的情形，一条条地排列在店前，像是鱼类的生物标本一样。这种"铁头鱼"，先被剐，再被曝尸，"强项"一生，落此下场。

肥嫩藕·马兰头

出了枞阳门，往右转，通到了迎江寺，如果往左转，即通向菱湖，是安徽大学所在地。那儿还有一座新东门，门额上题着"开物成务"四个字。安庆一带晚霞最美，晨雾很重。每天早上真有"开屋成雾"的感觉。

菱湖里面出上好的莲藕，湖底的烂污愈脏愈臭，出的莲藕也就愈肥愈嫩，真是出淤泥而不染。

菱湖这一带的田埂上，还出产风味绝佳的野菜，清明前后，人们在田埂上采苜蓿草，把它洗净，切碎，和面，摊成饼，称为"蓿苜粑粑"，具有一种天然的清香。同样，他把艾草一类的香蒿，加在黄豆磨成的浆中摊成粑粑，带有一股艾草的药味，据说是很有益于身体的。

端午节前，田埂上的野菜马兰长得正好，捡撷出最嫩的马兰头，拌上麻油酱油和醋，是最去火的凉拌菜。

炸春卷·荠菜馅

安庆的同胞，多半也有早上泡茶馆吃早点的习惯。茶馆在早上七点来钟就开堂了，春天的时候，炸春卷的馅子，换用了荠菜和豆腐干，再加点肉丝、葱花，滋味要较韭黄的强得多。

茶馆里的烧麦，当地同胞称为"笼户"，蒸得极好。他们也把籼米——一种介于糯米与再来米之间的稻种，做成粑粑，里面包上点干子碎末和辣椒的馅，是病人常吃的食物。

在这一类早点之中，当然少不了包子。最有名的，首推富春园，开在新辟的柏油马路上——吴樾街。他家的扬州式汤包做得特别好，人们吃早点的时候，都撅起嘴唇做出一副接吻状，先吸啜其中的汤汁，然后才入口吃包子，以免汤汁流掉了怪可惜的。

秋天的时候，他家的蟹黄包子，材料确实取自于螃蟹，包子蒸好之后，里面蕴着一层金黄色的油脂，蟹肉更像是一片片的白玉版，绝不致拿鳜鱼肉来混充。

江毛饺·泡米花

吃在安庆，就是以这些小吃最对劲。所费不多，但口味却极佳。安庆人把"馄饨"称为"饺儿"，县城内三牌楼"江万里"做得尤其好，人称"江毛儿饺子"，"江"读如"高"，令外乡人听得高深莫测，不知道他到底姓啥？

"江毛儿"的饺子选材特别精，加上炖鸡原汤，更是鲜美无比。

食客们喜欢在汤里面撒上些泡酥酥的炒米粉，吸上些汤汁，慢慢品尝它的滋味。

由于生意特别好，民国二十来年上，"江毛儿"又在平房之上起了层阁楼，仍然座上客常满。同样是饺儿，但他家的却特别鲜，于是同业之间认为他家必有秘藏的异味，对他家的作料纷纷猜测，其间破坏性的谣言，例如"蚯蚓秘方"之类的，纷纷传出，所幸都无法动摇他的地位。

梓橦阁·糙子鹅

在安庆的"西门町"闹区之中，有一家专卖粉蒸猪肉的，在梓橦阁（街名）。粉蒸肉当地称为"糙肉"，他家糙出来的肉肥而不腻，还带着米粉的清香。

据王国璠先生说，梓橦阁的糙肉，不但滋味好，而且还可以任顾客作三项选择：①辣或不辣；②肥或瘦；③加不加荷叶蒸。这三项选用"排列组合"来分配一下，上笼之前，就得有十几种不同花色，因而梓橦阁是有一套完美的、严格的管理制度。几十张桌子，客人们一一供应，不能出一点错。

据老经验说，他家的蒸肉，以"三层楼"——五花三层最理想，那是最好的猪腹肉，也有些专家喜欢吃猪头肉。如果要在梓橦阁请客，也可以指定他家做几笼"糙子鹅"，把最嫩的小鹅上笼粉蒸。

萧家桥的李驼子饼店，所制的油酥饼，酥松已极，早上开炉，客人们就围着驼子等烧饼，卖到十点钟就打烊了。

在韦家巷有一家卖汤圆的，汤圆大过乒乓球，皮薄、馅大，馅子以鲜肉、桂花两种最出名，做得非常鲜美可口。

胡玉美·蚕豆酱

提起安庆的食物来，胡玉美的蚕豆瓣酱是世界著名的，他家的老店好像有百多年历史，少东之中有人出外留学的，回国之后在菱湖安徽大学当教授。

胡玉美的蚕豆瓣酱，是将蚕豆晒干，然后磨碎，吹去壳壳，裹上面粉蒸熟，发酵，再加辣椒腌制而成的。真正是"豆麦酿造"。其鲜其辣其香，难怪要在西湖博览会中得大奖。

在安庆，一般学生喜欢买上个侉饼——像是四川的锅盔一样的烘面饼，夹上豆瓣酱当早点。这一点和四川同胞的习惯很近似。

据说蚕豆是舶来品，汉朝时代从西域引入中原，当时人称它为"佛豆"或"胡豆"，在胡玉美出的豆瓣酱包装上，就画着两粒蚕豆和迎江寺塔的图形，如今在冈山一带做的豆瓣酱，经常用黄豆来代用，因而做出来的颜色和味道都走了样。

在胡玉美的酱园中，几百口酱缸晒在那儿，除了做辣豆瓣、虾子豆腐乳之外，还腌了好些酱菜，其中的酱蒜薹，风味尤佳。

在安庆的各项名产中，有一项"余良卿的鲫鱼膏"，不知情的人往往会以为它也是一道菜，实际上这道"膏"是吃不得的，那是一道膏药，能治跌打损伤，各种病疮。据说余氏在做膏药的时候，一条玉鲫鱼自天而降，掉在药锅中，因而做出来的膏药具有奇效，而余家也就把玉鲫鱼图形下来，作为商标。

食在山东

山东是孔圣人的老家，自然得从圣之"食"也谈起。

孔子在二千五百年前吃些什么菜，书上并没有详细记载，但是，我们可以确信，孔子是吃鱼的。

那时候，鲁国的首都设在现今山东曲阜，曲阜当地并不产鱼，而是从济宁微山湖一带来的。把活鱼养在水桶中。运到曲阜，大约需要一天的脚程，因而在曲阜吃鱼是一件大事。

孔子在十九岁时结婚，二十一岁时得子。当时，鲁国国君昭王特地送了两条鲤鱼给他，孔子觉得非常荣幸，因而为他的儿子命名为"鲤"，字"伯鱼"。孔子吃这两条鱼的时候，先烹调好，然后拿来在祖先灵前上供，最后才"正席先尝之"。《论语》中说："君赐腥（荤腥），必熟而荐之。"就是这个意思。

孔子如何"熟"鱼？书本上也没有记载，据我猜想，作料之中大概少不了姜。子曰："不撤姜食。"可见他每饭必备姜，又何况烹鱼乎？

现在的山东同胞们仍然很喜欢吃鱼，并且名产也很多。据刘巨全女士说：山东最好的鱼，出自泰山之上的黑龙潭。

黑龙潭·石鳞鱼

黑龙潭是泰山的名胜之一，在游过泰山极顶之后，游客们多半要取道黑龙潭下山。在那里，山涧汇成巨流，从一个布满黑色巨石的山谷中轰鸣而下，再聚成潭，深不见底，水黑如墨，潭中急速的大小漩涡，形象凶险，相传有黑龙蛰居其中，因以为名。

在黑龙潭中，有一种黑色的小鱼，三五成群地在涡流中游荡。这种鱼，长不盈尺，尖头细身，硬鳞遍体，当地同胞称它为"石鳞鱼"。

刘巨全说："石鳞鱼"的鲜味及细嫩的程度，有几分像南通的"刀鱼"，但是"石鳞鱼"的烹饪法只限于一种——煮汤。其他煎炸、清蒸、红烧都不相宜。

当地同胞在深潭之中渔获"石鳞"之后，多半卖到泰安的大饭庄子去做招牌菜——应该说是"招牌汤"。

"石鳞"汤中下点白菜丝子，稠浓、纯白，像是牛乳，入口鲜极，直透齿颊，而且毫无腥味。

经过久煮的石鳞汤，鱼肉绒酥，化入汤中，只剩下一根根呈正三角形的背脊骨。这种鱼骨头的形状，也十分特别。

下水道·青草鱼

除了"石鳞"而外，山东第二种名贵的鱼产，要算是济南城里外石板下面暗沟中的"青草鱼"。

济南是一座极奇怪的城，城池地表之下，沟渠纵横，只要在地上揭起一块石头，说不定就有泉水涌出。

城南的一条"剪子胡同"，水从石板底下渗出来，不论旱涝，整条街上总是积水盈寸，来剪子胡同逛街的人，总得从两旁的店铺中绕进绕出，以免踩湿了鞋子。

民国初年，某军阀令人在胡同中加铺上一层石板，满以为这样可以铺出一条干路，"便民"一番，谁料到新石板铺下去，街面的水又跟着增高，仍不多不少积水盈寸。

这些地下水道中的水，夏季里清凉得如同冰水。游泉的人喜欢把汽水、西瓜浸在其中，一如冰镇；冬天的时候，水如温泉，不时地冒着热气。

掀开地下的石板，终年都有绿色的水草如带。水草之下，常有长不盈尺的"青草鱼"，肥嫩鲜美，并且不像其他的淡水鱼，毫不带土腥气。

这种鱼红烧、清蒸、糖醋都极入味。它最大的特点是像公教人员的实物配给一样，"补给到家"，只要您在自己后院里，掀起块石头，撒上些诱饵，开饭之前，拿个小网子去捞一下就得了。

关于其他海里的鱼和海产，山东三面环海，那真是丰富已极，现在只以半岛南面的青岛，西南的日照，北面的龙口和烟台举几个例子来谈一谈。

蒸带鱼·香十里

青岛的大港是商船码头，小港是渔船码头。黄海中的各种渔产都集中在这儿，遇见什么珍奇的鱼类，水族馆的人还要赶来搜集。所以在青岛看鱼吃鱼都很方便。

青岛出产的鱼，以带鱼为最多。渔民同胞们说：带鱼在海里游泳的时候，一条衔接着另一条的尾巴，接成十里长的一条鱼带子，捞不到则已，如果捞到了头绪，那么整条鱼带子都会进入网中。

这话靠不住，因为我们谁也没有在带鱼的尾巴上发现过牙咬的印痕，请问如何衔接法？

带鱼的习性，确实是群栖的，一捞就是满网，青岛带鱼的价钱也就最贱。

在青岛著名的杂耍园子——"劈柴园"里，街头巷尾，市场边上，都有小贩用一个大蒸笼，卖蒸带鱼的。

把带鱼切成一段段的，巴掌大小，厚的约有一寸，用花椒、盐、姜汁、料酒一腌，上笼一蒸就成了。

每当开笼的时候，鱼香十里，谁都想买上一块。尤其在码头一带，蒸带鱼已取代了烧饼的地位，大家都拿它当饭吃，这也成为青岛吃鱼的一大特色。

满头黄·虾婆肉

日照东南所临的黄海，恰是淮河泥沙淤积而成的浅海，地理上称"大陆棚"，这种地带水温高，小生物多，浅海的鱼虾齐集，是渔产最多的地方，渔民称之为"海田"。渔民们对于"海田"也是各据一方，虽无阡陌，但也分划清楚。并且"海田"的价格要比陆田贵上个四五倍。

农历二月底，"海田"里第一次收成的"满头黄"——虾子胸甲中充满了的卵黄。满头黄炖豆腐，是日照的时菜，鲜美异常。

三月中，大批的海虾自动送上田来，吃不完，卖不了，渔民们就把个儿小的虾子弄弄干净，放在石臼里捣烂，或者磨碎，混上盐，窖在缸里面，上面再撒上一层盐——防虫。经过一个来月的曝晒，成为有名的日照虾酱。

晒虾酱，那气味实在不大好消受，即使把酱缸都放在自己家的下风，仍然是熏得厉害。如果有洋人身历其境，一定会疑心中国人在做"化学战"或"生物战"的原料。

说也奇怪，虾酱腌好之后，粉红色的细膏，面上飘着一层油，酱的香味、海鲜的香味兼而有之。来自莒县的贩子们，用陶瓷罐子装起来，卖到莒县以西一带。

山东同胞们无论是烧豆腐、炒蔬菜，都少不了要掏上一匙，滋味也随而大增。

虾酱是我国沿海各省都有的特产，只是北方产的味较淡，南方较咸。南方著名的海澄虾酱，虾和盐的比例是四比一，四斤虾子一斤盐，山东日照的是十比一。这大概是因为南方气温高，必须用大量的盐以防止它腐败。

虾酱想必是很古老的中国食品，那么，孔子吃不吃虾酱？

孔子说过："割不正不食，不得其酱不食。"这一个"酱"字，窃以为是指面酱、豆酱而言，而不是指虾酱。因为孔子说过："鱼馁而肉败，不食。"又说过："臭恶不食。"这两个条件，虾酱都已具备。

在日照，虾子大者如对虾，每四只即有一斤，售价略值于三斤"地瓜干"（番薯签）；小者如虾皮，由细网打捞，每半天即可得两百斤。产虾季节，这一带的同胞天天吃虾仁饺子，或用蛋清调来下虾肉丸子汤，都是这儿的名菜。

除了虾而外，还有"虾婆"，像是虾与螃蟹的混合品。身体似虾，长不及五寸，粗不及一寸，头部却长着一对螃蟹钳子。当地的吃法是先把"虾婆"的头尾切去，在盐水里浸上一夜，"虾婆"肉变得半凝固了，用不着烹煮，只要蘸上点酱油和醋，用嘴一吸，壳子里的肉就全部进了口腔，据说滋味极鲜。

牡蛎蛋·海指甲

在山东半岛的北部，黄县所属的龙口港，龙虾、螃蟹、牡蛎、蛏、淡菜等出产极丰。当地"东发园"的开阳白菜、牡蛎蛋、溜鱼片等菜肴，及合盛饭店的爆蛏肉，对虾饺子、蟹黄包子等菜点，都是闻名全省的。

在台北，龙虾、明虾都是上大筵席的菜，但是在龙口，白汁明虾、烤虾段、炒虾片却是摊贩小吃店中最大众化的吃食。大约一斤猪肉可以换十对大虾，也就是二十只。

龙口最著名的一道菜，是韭黄、姜、酒爆炒"海指甲"。

"海指甲"遍生在沙滩上，长约三寸，宽约七八分，一个淡茶色的脆壳，就像是人的一枚手指甲似的，这种瓣腮类的软体动物，生活在近海的沙滩上，平时露出半个指甲，遇有人经过，它感受到地震波，就一下子缩了回去，就像是一只手指抽回沙中一样，煞是恐怖。

春季的时候，龙口一带的男女同胞，拿着箩筐和铁铲到海边去挖"海指甲"，他们的眼准手快，在海指甲刚要缩进沙洞去的那一刹那，将它钩现原形，炒来端上饭桌。

所谓"海指甲"，就是"蛏"。

海肠子·缘木鱼

在龙口以东的烟台，海产也是极多，最著名的是"海肠子"。

"海肠子"是一种紫红色的海虫，一尺来长，比半根油条稍细一点，像是一条海里的蚯蚓。

烟台同胞喜欢把它切成一段段的，用滚热的高汤一烫，就端上桌子了。据说入口鲜而且脆，是下酒的妙品。区区却以为它是练胆力的食物——把一截截半生不熟的"蚯蚓"送进口中，非得有点胆子才行。

鱼类（包括海鲜），的确是山东同胞们最喜欢的食物。早在两千三百多年前，山东邹县的孟子就曾经说过："鱼，我所欲也；熊掌，亦我所欲也。"

山东有一种风味绝佳，外地绝对吃不到的鱼，姑名之为"缘木求鱼"。

孟子见梁惠王，见他的作为显然无法达到"辟土地，朝秦楚，莅中国而抚四夷"的境界，因而说道："以若所为，求若所欲，犹缘木而求鱼也。"

孟子以"缘木求鱼"来譬喻事情之不可能。

曾几何时，邹县亚圣（孟子）庙殿前的古老柏树上，搬来了一群灰色的大鹤，它们在孟庙举行二月丁祭大典之后，从南方来到邹县避暑，八月丁祭日之前南返避寒。

当大灰鹤来到邹县的时候，就在高大的柏树上架起了窝，生蛋孵育。幼鸟孵出之后，老鸟轮流到小清河中去捕鱼，小的几寸，大的约有一尺来长，含在嗉囊之中，带回巢来。

孟子第七十三代裔孙女孟莲君小姐说：当她小的时候，常爱坐在树下看大鸟哺育幼雏。大鸟回窝之后，要把嗉子中的鱼吐出来，这是一件非常吃力的事。它必须把头和颈子不停地甩动，才能把鱼甩出来。这一甩，经常没有准头，一下子就甩到地上来了。孟庙邻近的居民，经常在树下"守株待鱼"，拾来毫不费力，回家去用面糊一裹，一炸，就有圣人般的享受。

孟子曰："缘木求鱼，虽不得鱼，无后灾。"似乎应改成："缘木求鱼，虽或得鱼，皆无大鱼。"

边吃"缘木求鱼"，边追念孟子的义利之辨，是山东邹县孟庙邻近人家独有的享受。

酿佳酒·办年菜

北方，包括山东在内，多将农历春节称作"过大年"，山东的"大年"，尤其大，大得惊人。

在其他的地区，"忙年"——开始准备过年，多半是从腊月才开始，但是在山东，十月间就开始了。第一步，就是酿酒。

秋收之后，黄米满仓，家家都用它来酿酒，一上手，就是四十八斤。黄米酒有点绍兴酒风味，但是味道更冲些，且带有后劲。

酒酿好之后，用坛子一盛，窖在地下，那是准备明年春节享用的。因而，严格地说：山东人准备过大年，早在头一年前就着手了。

山东的名酒极多，例如青岛啤酒厂仿效德国慕尼黑的啤酒；拥有几座"葡萄山"，出产葡萄酒、白兰地，比美法国的烟台张裕酒厂。只是这些洋式的酒类和年景还隔着一层。

比较对中国味儿的，有即墨的"墨酒"。山东人读"即墨"为"即密"，"墨酒"是我临时给它取的名字，只是名颇符实，这种麦酒的确是黑的。

据马晋封先生说：即墨同胞先把大麦炒成焦黑的，然后用来酿酒，酒汁是黑色的，并且还带点焦糊味，温热时，还有气泡冒出来，淡淡的酒味，兼有啤酒兑着绍兴酒的香气，即墨同胞最是欣赏它。

酿好酒，接下来就是办年菜，家家都在刀声磬磬，忙着切"辣丝"。

"辣丝"有点类似"什锦酱菜"。把辣菜（芥菜）疙瘩、小萝卜、白菜、生姜，切成极细的细丝，拌上杏仁、花生仁、芝麻粒、酱油、盐、麻油等作料放在坛子里封存，几乎可以供一家人从春节吃到年尾。

孔夫子说过："食不厌精，烩不厌细。"又说过："割不正不食。"我们从山东同胞做辣丝的刀法上，能看出他们的确恪遵了这位老乡长的遗训。辣丝的粗细，像是办公室里用的橡皮筋，并且根根一样，均匀至极。

切的时候，左手轻轻按着菜，右手运刀如飞，刀法之精妙，堪称一绝。

大萝卜·拴牛橛

据山东同胞们说：每家人家之所以都拥有几位好刀手，主要是因为山东出产的菜很"大"，切菜的人，切一个萝卜，等于其他地方的人切好几个萝卜，因而练习的机会比较多。

如果我们问："一头驴子最多能驮几个萝卜？"

台湾只有两头驴子养在动物园里，其功用是供观赏，或许一般同胞还答不上这个问题。但约摸估计一下，一头驴子总能驮两百多根台湾"菜头"（萝卜）。

在山东，一般农民都能很快地回答："六个。"

山东的刘克娇先生说："如果再多加一个，驴子就得给压趴下。"

在潍县一带，萝卜每个有三四十斤重，个儿一如四五岁的小孩，并且比小孩还要娇嫩。放重一点，都会碰得皮破肉绽，露出雪白多汁的萝卜心来。

像这样的萝卜，只要切上一两个，刀法自然就练得纯熟了。

台湾电视公司"国语文时间"节目制作人莒县马晋封先生说：潍县还出产一种青绿皮萝卜，细长，每一根都呈弯形，当地同胞称之为"拴牛橛"。

山东一带的放牛童，总要用一根木橛子插在草地里，拴牛其上，使牛在一定的活动半径之内吃草，如果用一根直的木桩，东拉西扯，三下五除二，牛会把木桩拖出泥土，逃之夭夭，因而必须用一根弯的木橛。

潍县青绿皮萝卜被称为"拴牛橛"，不仅是"象形"，同时也是"会意"，凡是动手拔过这种萝卜的人都能体会。试想，两尺多长又脆又嫩的一根弯萝卜插在土中，不用力，根本拔不出，稍一用力，就拔断了。这当儿，别人投来讪笑的眼光，真觉得自己像条笨牛一样。

"拴牛橛"甜而无渣，一向被当作水果吃，还能兼治上火、长口疮等疾病，最妙的是，不论您吃多少，打起嗝来绝没有恶臭。有人曾经把种子拿到外省去播种，头一年种出来的还像个样，第二年就变得白白胖胖的，全走了味。

萝卜，是山东过"大年"少不了的"大菜"。此外，大葱和白菜也是。

甜大葱·腊八醋

济南东北的章丘，摩诃山下，白云湖边，土松水厚，那儿长的大葱，一根有四尺来长，八斤来重，手腕来粗，从里到外，甜而且脆，绝没有纤维和牙齿纠缠不清。

煎饼裹上大葱，蘸上甜面酱，就是一餐饭。

山东的煎饼，是用杂粮糁豆子磨成糊，在鏊子上摊成的。

做煎饼的杂粮包括棒子（玉蜀黍）、高粱、小米、黄米、稷米等等。鏊子烧热之后，浇上糊，摊平它，或者用一个木拐子刮平它，马上就熟透了。可以当春饼一样卷菜吃，也可以只卷根大葱蘸上面酱吃。

在山东、黄河以北流行吃窝窝头，很像河北；鲁西、鲁南，煎饼卷大葱是最受欢迎，吃完之后，齿颊留芬。

谈到"齿颊留芬"，让人联想起大蒜，山西同胞在每年腊月初八，总要用浓醋浸泡一大批新蒜头，泡到过年时节，蒜头成了碧绿的，醋中却又含着浓郁的蒜香，这就是所谓的腊八醋。山东同胞也做腊八醋，这是过阴历年吃饺子时不可少的调味品。

台视的同事舒维远先生说：山东的大蒜有两种，一是外来的"胡蒜"，一独头，辣而带甜，据说是汉代张骞从西域带回中土来的；一是本地产的"狗牙蒜"，尖尖的蒜瓣辣而且香，山东同胞最喜欢生吃的，就是狗牙蒜，秋天的时候收割了蒜，一行行地挂在房梁上，像是在晾宝。

据山东高唐的王志超先生说：山东同胞相信大蒜具有杀菌的功能，当修建津浦铁路黄河大桥的时候，工寮之中的卫生环境实在堪虞，但是自始至终，疾病传染的现象却极为罕见。德国工程师们以修巴拿马运河时工人瘟疫的情形来比较，简直无法相信。经过他们研究所得的结论，把一切功劳归之于熏得他们头痛的大蒜。山东人吃大蒜的声名因而传遍世界。

其实，北方同胞都喜欢吃大蒜，不止在山东一省，而山东人不吃大蒜的，为数也不少。王志超先生说：这项令誉让他们山东人独占，实在受之有愧。

黄秧白·煮全羊

山东人过大年时吃的"大菜"之中，最"大"的是白菜，在胶县一带，一棵白菜有五十斤重的，菜叶子层层卷叠，卷得非常的紧。

王克矫先生说：收成大白菜的时候，菜割下来一棵棵的排着卧在地上，人们进出菜园，都是从上面踩来踩去，可见其菜叶包裹得紧密、结实的程度。

山东白菜的种类很多，还有一种体型瘦长的"黄秧白"，菜叶顶端，鹅黄嫩绿兼而有之，切下一段来，撒上一小撮盐，倒一点醋，几滴香油，爽口至极。如果熟食，"开洋白菜"、"栗子白菜"，入锅一滚就好。过"大年"的时候，还有一道少不了的"大菜"："大锅煮全羊"。

在费县一带，夏天吃山羊，山羊不太肥腻；冬天天冷，人人都爱吃绵羊，尤其绵羊的尾巴，又肥又厚，像是一大片油脂。

宰杀好了，除了羊角和蹄壳之外，从头到尾包括内脏都割成块子，投进大锅中烂煮。作料包括葱、姜、蒜、五香大料、盐、酒，也有人喜欢放几根芹菜。

煮好之后，锅面上浮着厚厚一层黄黄的油。撇开油，浓白的汤汁，入口即化的鲜肉，就着高粱酒，吃得浑身发热，然后出去拜年。

山东同胞拜起年来真是煞有介事。大年初一天还是黑的，就提着灯笼去拜年，先拜宗祠祖庙，再轮到亲长，如果遇见亲长外出没有能见面，也得在堂屋之中恭恭敬敬地叩几个头，绝不作兴丢一张名片掉头就跑的。

天亮之后，满街的人，光天化日之下手里提着灯笼，打躬作揖，是山东最地道的年景。

"大锅煮全羊"多半是初二的主菜，初一多是吃素饺子的，戒杀生。所谓"素"并不太严格，因为里面常有鸡蛋皮和虾米。

呛面馍·贴饽饽

山东过"大年"的气派的确大，大得来一个馒头要三四个人才吃得了。

刘巨全女士说：在她的家乡，过年蒸馍（馒头）讲究分几级，最大的每个三斤六两足秤，以下二斤四两、一斤二两不等。打开笼屉，四尺直径的笼里只能装一个。

做馒头的时候，普通擀面杖根本无法使用，因为一旦没入发面中，找都找不着。大户人家中，往往叫些长工把顶门杠洗干净，几个人抬着在发面上压，压成实实在在的呛面馍。

何以山东同胞过大年的时候，要蒸三斤六两的大馒头？

据说这完全形势使然，不得不偷懒。因为一般过"大年"，都要"大玩"。吃的东西必须准备从年三十吃到第二年的二月初二龙抬头。一家人几十口，吃一个多月的馒头，其数量当然惊人，如果一个个地做小馒头，那该多费工夫。

舒维远先生说：馍里面最贮得久的，当推津浦线上崮山的贴饽饽——把发面放在铁锅里炕熟的馒头，存放上一年都不会坏。

中国人民过大年预备食物的本领，使得中国人天生具有长期抗战后勤支援的能耐。日本军阀如果搞清楚这一点，也不致贸然发动侵华战争了。

酱包瓜·黏牙糖

吃馍最少不了的是酱菜，山东同胞做的酱菜，水准极高，尤其是泰安城里出的"酱包瓜"，把菜瓜挖空了，里面填上各种的菜丁、杏仁、花生仁、芝麻粒，一同放在百年老酱中去酱，真可以说是独步天下。

过大年的食物，并非清一色都是馍。高唐人喜欢把咸鱼一段段地炸黄，一笊笊地存放着；或是把藕根，斜切片，中间夹上肉，裹上面糊炸熟，吃起来脆、甜、香、鲜。

山东人吃藕，讲究吃济南大明湖中的"谢花甜"，莲花甫落，莲蓬乍现时，藕最甜脆，生吃、凉拌均为妙品。当然过年时节，已是花落多时，炸藕饼吃也就无所谓了。

在邹县，孟夫子的老家，过大年的菜多半都挂上了糊子。邹县人管用面糊浇裹为"挂糊子"，例如酥肉、酥鱼，都挂着糊子，一笊笊地在廊檐下等着回锅。

年节的甜食，种类尤其多，家家都要取一个甜甜蜜蜜过一年的好兆头。

腊月二十四，送灶王老爷上天，麦芽糖、禾糖、酥糖全部出笼。灶王老爷像的嘴上，也被粘上一块麦芽糖。山东同胞称麦芽糖为"黏牙糖"，当灶王向玉皇大帝报告人间善恶时，牙被粘住，有口难开，人间种种劣迹，也不得上闻于天。等到糖快溶化时，人间已是爆竹齐鸣，在恭迎灶王爷打道回府了。

其他年节中的甜食，蜂蜜做的米贡、蒸糕、黄米糕、糯米糕、稷米糕，各种蜜果子制的八宝饭、拔丝山药、枣卷儿⋯⋯多不胜数。

插柳条·缀红花

年节过到正月十五——元宵节，"四面荷花三面柳，一城山色半城湖"的济南，正是柳条吐嫩芽的时节。清晨站在城墙上，只见城中柳树笼烟，一片蒙蒙的嫩黄，空气中已消失了严寒，渗着一丝丝春的温馨，等到旭日升上了城头，柳树上笼着的嫩黄烟雾，一转而为嫩绿，一整片的柳树，一刹那间，都吐出了叶子。

这时候，市上摆出了卖元宵的摊子，个个元宵都是用最好的糯米粉滚成的，里面包着枣泥、豆沙、桂花⋯⋯滚圆结实。

小贩们喜欢把自己的货色堆成一座高高的宝塔，愈堆得高，表示自己的货色结实，全用的真材实料，号召力也就愈大。

据师大教授王子和先生说：每个卖元宵的摊子上，都插着几枝柳条，上面缀几朵红花，迎着刚进济南的春风摇曳着。到了晚上，家家竞放烟火，彩色缤纷，映着大明湖的波光，为春节描出了一个灿烂的画面。

名厨师·炖羔羊

我说山东人过大年，吃"大"菜，或许会使读者们误以为山东人喜欢吃"大锅菜"，山东菜肴自有其"精"的一面。有人说：在北平最著名的大饭庄子中，掌厨多半是山东人。

记得小时候，在成都的山东饭店吃过一道烩玉蜀黍，把长不及一寸的嫩玉蜀黍切成薄片烩在蹄筋之中，其味绕舌，三十年不绝，可见其精。

孔子的七十二代裔孙德成先生，字达生，曾经告诉我，他的老家衍圣公府中，拥有全国最好的厨师，在战前能用一块现大洋办出一桌丰盛的筵席。在衍圣公府服务的厨师约有十几人。大家轮流值勤，表演各人的拿手好菜而不计较酬劳。因为只要在衍圣公府掌过勺子，就等于拿到了一张哈佛大学的博士文凭，四方争聘，身价百倍。

孟子的故乡邹县，烧菜的技术略逊于曲阜——孟子毕竟是"亚圣"。但是孟子第六十八代裔孙，传楹先生，字朝桢，对于邹县县政府附近几家菜馆之中做的"红炖羔羊"，尤是念念难忘，这是中国其他地方望尘莫及的隽品。

过大年的时候，这些精致的菜肴，当然也罗列席间，供人大快朵颐。

年节期间，有些贮存得很好的小菜，也都上了台盘。

坠子梨·合柿子

在水果方面，山东同胞可以说是得天独厚。

先说梨儿：莱阳梨儿闻名天下，不中看但却中吃。暗青色的皮，凹凹凸凸丑陋的外形，不太引起人的食欲，但是其细、脆、甜、香的品质，却是全国第一，因而莱阳梨儿经常被誉为无盐女。

邹县的坠子梨，形状如扇坠，色黄，带着刺激唾腺的酸味，比美于砀山梨。

在费县，鲁南蒙山地区，山是砂质，由于其间隙中能产生"毛细管作用"将水分上引，因而整座的山都是湿漉漉的。

山上出产黄梨，远销上海。另外一种青皮梨，要接枝才行，当地同胞称之为槎枝梨，其香甜爽口，一如莱阳梨。

蒙山区中，盛产花红，一种与苹果同科而略小于苹果的果子，成熟时节，金黄的脸蛋儿上擦着胭脂，沙酥而略酸，极好吃。

这里出产的柿子，像是中间勒着腰带，也像是两个柿子扣合在一起，称为合柿。这个名称颇取得合适。

蒙山一带，山都是上大下小，本末倒置的，山腰部分多收缩进去，像是束着腰带，乡人们称为"捆山坳子"。有些山头，从来就没有人爬上去过，其难爬的险状，也被称为"挂心橛"。偶尔山洪暴发，从山顶上冲下各色的菊花来，其品种也是凡间少有，因而，这些山也都渐渐被神化了。

王克矫先生说：蒙山的若干峰顶上，出产一种紫草，浸泡在酒中，酒也成了纯亮的紫色，饮而能延年益寿，长生不老。

舒维远先生说：蒙山某些山顶上的青苔，刮下晒干，可以冲茶喝，去火宁神，功效非凡。

金银花·软羊枣

蒙山地区虽非仙地，但是药材的出产确是一大富源。这里出产的"金银花"，一种冲泡饮用去除火气的中药，在山边四处丛生着，春秋雨季开花，无庸施肥除虫，每墩所产的花，战前值大洋一元，有些"药农"拥有上万墩的金银花，只要春秋雨季按时摘花就行了，真是地里长着摇钱树。

据王克矫先生说：上海的中药材市场，每年必须等到蒙县的金银花到货了，才开始定其他药材的新价格。

再说枣子。山东人种枣子为的是防风、防盗，枣树上的针刺可以编作藩篱。因而枣树太普遍了，尤其在乐陵，秋天一到，家家地上红艳艳的，都在晒枣子。乐陵的枣子大、红，只有一颗极小的核，一咬就碎了，可以和着枣肉一同下肚。

泰山之下的泰安，出产一种软枣，黑色，形如羊粪，称为"羊枣"——中间省掉一个字，省得好！

羊枣软软的甜如蜜，并且有一种天然的香气。早在两千五百年前，孔子的弟子曾晳就非常喜欢吃羊枣，后来曾晳死了，他的儿子曾参，每见到羊枣，不禁就思念父亲，因而有"曾晳嗜羊枣，而曾子不忍食羊枣"的记载。

其他水果类，如泰安的石榴，烟台的苹果，肥城的肥桃，青州的蜜桃，汁多而甜，家里放上三四枚，满室都是浓郁的香气。

形状像冬瓜、味道一如西瓜的"枕瓜"；青州弥河两岸，色呈银白的"银瓜"；瓤子满胀，一拍即开的"打瓜"，都是令人们怀念不置的。

年节期间，家乡的一切，令人思念，思念至极，也想到醉乡之中，去逃避现实。

在郯城地方，出产兰陵美酒——一种醇烈的高粱酒。早在唐代就被大诗人李白所赏识，怎见得？有诗为证："兰陵美酒郁金香，玉碗盛来琥珀光；但得主人能醉客，不知何处是他乡。"大年时节，兰陵美酒尤其能慰藉游子思乡之情，但酒醒何处，却更倍增乡愁。

食在河南

殷甲骨·当龙骨

河南出过一种有三四千年历史，最最古老的食物——安阳殷墟甲骨，被卖到北平"同仁堂"当成"龙骨"和药材出卖。不知道已有几千几万片，带着老祖宗们遗留下来的珍贵文字，被炼成丹膏丸散，进入人体。幸好被清季山东莱阳的学者王懿荣发现，大家争着收藏，以致一两甲骨卖到一两银子的高价，才不再是一般人都能吃得起的药物。

河南省最著名的吃食之地是开封。开封是古代的汴梁，北宋时的京师所在地，不但北方的珍品集中在此，就是江南的物产，也能经由运河和汴水，直输入城。因而"吃"在开封，是有它独特的历史背景的。

一元居·一分利

开封城内小吃荟萃之地，首推相国寺，它有点像是南京的夫子庙，台北的龙山寺，吃喝玩乐集于一处。

一进相国寺的山门，左右有钟鼓二楼，鼓楼上是小吃店，名"一元居"。在抗战前，一元可以买一百六十个鸡蛋，有人嫌"一元居"的名字太贵了点，后来又改成"一分利"。

"一分利"的名菜有腐乳肉、狮子头、糖干饭、鸡蛋汤等等。每来客，老板总要免费奉赠小菜两碟，以示欢迎。

在"一分利"小吃，一面还可以听到杜大桂在楼下唱梨花大鼓，或是红姑娘唱的河南坠子《大锅缸》。欣赏楼下的景色，听着坠子、大鼓，闻着菜香，嚼着糖干饭，眼、耳、口、鼻一时都派上了用场，这和今日对着电视机吃饭，同一意境而却不同情调。

相国寺内的小吃，真是种类繁多，有各种面饼、火烧、麻花、糖糕、煮梨、肉冻、腊兔肉、烤麻雀。单是汤的种类，就有胡辣汤、不翻汤、杂菜汤、杂肝汤、丸子汤等等的。

寺的正殿——大雄宝殿，供着一尊千手千眼观音，据说是一棵大树干整木刻成的，观音两旁塑着十八罗汉，其中有一尊罗汉，塑着把自己的肚子掰开，从掰裂处露出一个眉清目秀的人面来。

开封人打趣面目丑陋者说："相国寺的罗汉——变脸！"（兼指朋友反目），即是指这尊塑像而言。也有乡人说，这是因为相国寺的葱油饼太香了，连罗汉肚子里的小娃儿也想伸个脑袋出来吃一口。

据前安阳县长刘永昌先生说：相国寺后角门边卖小米稀饭葱油饼的，葱油饼煎得又酥又脆，又大又厚，直径有一尺半，也称为壮饼，快熟的时候，夹层中间灌上鸡蛋，买上一牙，手把着去到西偏院胜兴戏院去听"狗妞"唱河南梆子，其味无穷。

"狗妞"是陈素贞的乳名。"狗妞"嗓子清脆明亮，做工亦佳，唱的《三上轿》、《三击掌》、《穆桂英挂帅》等，都是前河南教育厅社教科科长樊粹庭为她改写的词儿，文雅动听，轰动一时，戏迷们听上了瘾，常年主顾总有二三百人，有"捧狗团"之称。

相国寺最大的特色，就是平民化。里面表演的，是最地道的乡土把式，所吃的是最普通，但也最可口的家乡风味。一进入其中，庙舍形式的兴奋和欢乐，令人宠辱皆忘。

烩三袋·烧黄香

开封的大菜馆子，却又是一种格调。

烩三袋，烧黄香管两道名菜，据说连慈禧太后都舔着嘴唇连说好吃。

段醒豫先生曾经吃过，他说："烩三袋"是三种肚子烩在一起的佳肴，"袋"就是"胃袋"。一是猪肚，一是羊肚，另外的一袋，厨子们故弄玄虚，坚不透露，以致让人胡乱猜测，还以为它是牛羊的子宫。

三袋烩在一起并没有什么特别，主要还是烹调的技术，开封大饭庄子里的掌厨，像是继承着易牙的本事，再吸取了南北各路特长，手艺更是不凡。

另一道"烧黄香管"，醒豫先生吃过之后，仍然不晓得是什么东西，听说是猪的食道。

如果从解剖学的角度来看，倒应该是十二指肠。因为胆汁分泌入此，肠壁常是黄色的。至于如何"香"法？"如人饮水，冷暖自知！"我没有慈禧的福气，自然更是描写不来的。

黄河鲤·炸醋煮

开封各大饭庄里比较普遍的一道名菜，是"黄河鲤鱼"。黄河流出豫西高地，在开封突然降入平原，泥沙沉积，河床垫高，因而两岸不得不筑堤。再沉积、再筑堤，以至黄河在开封一带，河床的地势有高出地表七公尺者。为"黄河之水天上来"的诗句，作了写实的注解。

"黄河鲤鱼"，就高高地悠游在开封同胞们的头顶之上，河泥里蕴藏着的各种小生物，把鲤鱼养得又肥又大，大的鱼每尾总有两尺多长。各个大饭庄子，买回活鱼来，养在清水池中，清除它肚子里的土腥气。

每逢客官上门，堂倌们用熟练的手法，从池子里捞上一尾来，手扣鱼鳃，问客官们肥瘦如何？

这时，鱼尾挣扎摆动着，客人们随着一点头，表示满意。堂倌就进一步请问如何吃法？

吃"黄河鲤鱼"，讲究"一鱼三吃"，半边干炸，半边糖醋，头尾用来沉煮萝卜丝汤。末了再用糖醋汁子焙面条儿吃。

据周南凤先生说：河南人说话很客气，尤其是开封，对人尊称总用"您老"。

堂倌们使用"您老"的次数，当然也最多。

"干炸？您老！"

"糖醋？您老！"

"沉煮？您老！"

等"您老"耐心地一一点过了头，于是堂倌把手里提着的鱼，当地狠命一摔，然后咧着嘴得意地一笑。

"摔死了！您老！"表明该饭庄的活鱼活杀，诚实不欺。只是堂倌们说话有如"溜口辙"，有时话不断句，让客人听着别扭。什么"干炸您老？"

好在咱们中国人都有很高度的幽默感，不但不以为忤，反而认为这是在开封吃"黄河鲤鱼"所特有的一点点缀，如果不让堂倌"干炸"一下，反而觉得缺少了点什么。

石榴子·掰打瓜

在开封，也有很多水果是非常名贵的，在城南禹王台一带，五月榴花红似火，入秋之后石榴成熟了，一棵树上挂着三百个，偶尔一场雨过，石榴子暴胀，站在石榴树下，静听石榴卜卜然，撑破石榴皮的破裂声，极有清趣。

一粒粒血色丰润的石榴子，酸甜适口，的确是珍品。

黄河的河滩上，出产一种比西瓜略小的瓜，称为"打瓜"。开封同胞吃的时候，习惯是用手一拍，并且只拍一下，拍不开的一定还没有熟透，毋庸再有举手之劳：拍开了，掰而食之，甘甜清爽，也是一绝。

凤凰米·竖锅里

常听家母说：大米在南方是饭，在北方却成了"药"——妇女们坐蓐子的时候，抓上一小撮，熬锅稀饭当补药吃——可见其稀少珍贵。

虽说稀少，但北方生产的大米却有全国最好的。

在山西，人人都说晋祠附近所产的大米是全国第一。

在河南，人人却又说郑县凤凰台的大米独步华夏，历代的帝王都只吃这种大米。

凤凰台的大米的确也与别处的不大一样，因为这种大米，每一粒都有头有尾，并且粒粒都是头重尾轻。

因而，这种大米煮出来的干饭，每一粒都竖立在锅里，米头向下，尾向上，夸张点的说法：吃饭的时候如果有饭粒掉在桌子上，它也会像个不倒翁似的直直地站了起来。

郑州同胞每当训示儿女的时候，儿女们站久了，歪歪斜斜，改作"稍息"姿势，他就会下达命令："你给我凤凰台的米——立好。"子女们无不立刻脚跟靠拢。

凤凰台的米，因而也是教育示范用具。

这种米，历来都是进贡给皇上的，据说在凤凰台一带，也只有三五亩地的产量，其他的地方，米也还很好，只是立不起来。

郑州同胞们说：这几亩地之所以得天独厚，是由于在古代，凤凰来仪，曾为这几亩地播下过特种肥料。

凤凰台原本是一处古迹，只是凤去台空，台也被犁为水田。

杨一峰先生任河南第一专员公署专员的时候，驻在郑州，曾经对于这种米下了一番研究功夫，只觉得这一带的土质特别肥沃，水质也特别浓重。他当时聘请了一位治理黄河的水利专家，在这几亩特种水田的四周开了若干沟渠，引水灌溉，增辟了几顷地，这些地产的米，也都能立起来。可见事在人为，与"凤凰施肥"无关。

凤凰台米的售价，即使在郑州，也要比一般食米贵五倍，并且极难买得到真货。因而有些商人把两湖来的米混充作凤凰台的米出售，买主直到生米煮成熟饭，才知道上了当。

光绪三十一年，平汉铁路修过了郑县，清政府立刻把这里开辟为商埠，城西"河北沿"一带，渐渐成为新市区，好些烹饪的技术，才跟着大棉商，乘着火车来到郑县。在这之前，郑县对于吃的艺术，确是乏善可陈，唯一值得一提的，是锦阳春的"八宝饭"。

八宝饭·冰淇淋

"八宝饭"是全国都有的普通甜食，其中的宝，不外是青丝、红丝、莲子、枣、核桃、花生、松子、豆沙等等，视各地的出产不同而略有差异。

在对日本展开八年抗战的时候，我全国军民同胞含辛茹苦，当时也以"八宝饭"为生，其中虽然不加糖，但也都甘之如饴。所谓八宝各位读者必然还记得：谷子、稗子、石子、砂子、米糠……

且不谈抗战时的八宝饭。

我们一般吃八宝饭，人人都以"八宝"和"饭"，和得不甚均匀为苦，一匙下去，顶多掏起两三宝来，无法八宝俱全。

有些食客在尝过一口之后，发现了这一缺点，往往再用汤匙去拌，于是自己口腔中的分泌物随着拌入其中，又增加一宝，很不合国民生活须知的要求，自己也跟着丢人现眼，成为一"宝"，共九宝。

郑州的同胞们对于吃"八宝饭"却能研究革新，最有心得。他们把八宝饭做好之后，用大量的猪油一炒，自然拌得很均匀。猪油覆盖在上面，滚烫，但却不冒热气。

据说，某次以"郑州八宝饭"招待外宾，外宾询以菜名，直译为 Eight Treasure Rice，外宾瞠目结舌，不知所云。译为"尾食"Dessert，谁料又把重音读错，成为 Desert（沙漠），外宾更是不懂。在座有聪明人译是 Chinese Ice-cream"中国冰淇淋"，外宾恍然大悟，连呼"古得"，掏而猛吞，结果烫得要送到医院去急救。

虽是笑话，但颇能佐证八宝饭真是烫！

郑县原本是春秋时代郑国名相公孙侨的故乡，如今在郑县南门门楼上，还题着"东里旧治"的门额。东里是子产的出生地，孔子当年周游列国来到郑国。曾经和子产倾心相交，情如兄弟。他曾经赞誉子产："子产有君子之道四焉：其行己也恭，其事上也敬，其养民也惠，其使民也义。"而成为孔子对于当时政治家最推崇的话。

郑州同胞深以子产为荣，如今在东大街还有祭祀子产的祠堂。大概因为子产崇尚俭朴，食不兼味，因而东大街上只有些小吃馆，所有的大馆子都躲到西门外去了。

熏烤鸡·炸蝗虫

凡坐陇海铁路火车经过河南省的，对于铁路沿线河南的烧鸡总是念念难忘。

黄黄的鸡皮，油而不腻。撕开之后，熏烤的香气直冲脑门，透明晶亮的汁子，盈盈欲滴，逗引得人们的口水也是盈盈欲滴。

在这一带，鸡而供馔，已是最后的剩余价值。鸡的主要用途，是捕虫。

麦子收成之后，农人们总要孵上几批鸡，放到田里去，让它吃散落的麦粒，吃田里的蝗虫、蚂蚱。

那时节，蝗虫还没有长出翅膀来，两条大腿，撑着肉蜥蜥的肚子，在田里跳，小鸡们追逐着大打牙祭，于是一次严重的虫灾遂消弥于无形。河南省的农民同胞，最怕水灾、旱灾和虫灾。对于虫灾，他们却有法宝——养鸡。

天津一带的同胞处理蝗虫的办法就不及河南人聪明，他们把蝗虫恨得牙痒痒的，捉来用油一炸，卷饼一裹，吃下肚去。

人吃蝗虫，手续太复杂，对于消灭虫灾的贡献有限。

鸡吃蚂蚱，却比较普遍而深入。并且两三个月之后，鸡长得又肥又大，还不断地下蛋，使农家收获更多。

每到黄昏，小三儿、小四子就提着篮子到田里去捡蛋。有些鸡下蛋的习惯很好，总有准地方，有的鸡则兴之所至，就地解决，捡蛋的人气愤之余，赠绰号为"丢蛋鸡"。

在河南，不大顾家的男士们，往往也被冠以这一雅号。

由于地大，鸡多，捡蛋的工作总无法彻底，有时候，蛋都孵出小鸡来了，由母鸡带着咯咯觅食，主人家才发现还伏有这一笔财产。

像这样的农家副业，难怪铁路沿线的烤鸡，只卖一毛来钱一只，一块现大洋能买一百六十个鸡蛋。

鸡蛋如此之多，因而河南同胞无日不在动脑筋，如何来吃鸡吃蛋。

在洛阳，鸡的吃法，腌、风、腊、炖、蒸、烤、熏、烧、炸、炒，十八般本事全部出笼。不但花色多，而且用量大。

据贾墉先生说，洛阳城里面有一位卖馄饨的老头子，每晚用十只老母鸡熬汤，熬得稠稠的，像是豆浆一样。用这样的汤来下馄饨，沿街一走，立刻卖光。据说是洛阳最著名的小吃。

三不粘·庆有余

在饭馆子里吃饭，末一道多半是老板奉赠的甜菜，名叫"三不粘"，不粘碗，不粘匙，到了嘴里不粘牙——一下子直落肠腑。

所谓"三不粘"，乃是鸡油炒鸡蛋黄，蛋白另用鸡油一炒，名为"溜芙蓉"。

就是这样子，鸡蛋还是吃不完，河南同胞只好把它制成鸡蛋粉，行销全国。

除了鸡之外，洛阳一带也产黄河鲤鱼。黄河在洛阳之北，正是从山地流出来冲向平原的当儿，鲤鱼来到这里，奋力逆流，故鱼肉特别结实。

据志书上记载：洛口以西，游鱼逆流而上，额为水击，血斑殷然，名为"跃鲤点朱"。

这种酒糟鼻式的黄河鲤鱼，比开封的还要名贵。再往上游，鲤鱼一跳过龙门，化为真龙，人们就不敢再吃了。所以山陕一带的同胞，酒席最后一道菜，用盘子端一条木头刻的鱼上来，大家举箸一让，道声："有鱼！有鱼！"就此散席。

"有鱼"，是取"吉庆有余"的意思。

甜牛肉·一窝酥

洛阳一般民间的吃食，早上起来讲究吃"甜牛肉"，就"油旋"。

"甜牛肉"是清炖牛肉，一点盐、一点作料都不加，所以称之为"甜"。贾星源教授说：第一次吃这种佳肴的人，总觉得它淡而无味，但是只要连着吃上十天，你就上了瘾了，早上起来，非一碗"甜牛肉"不可，它那天然的鲜味，使你绝不肯加盐。

因而，谁是不是老洛阳，只要在"甜牛肉"摊子上察看就得了。

所谓油旋，又名"一窝酥"，是用油烙的饼。用筷子在饼中间夹起一个头儿来，往上一提，油旋立刻变成一根油炸面条。用来泡在甜牛肉汤中，成为洛阳一绝。

午饭、晚饼，讲究吃"薄饼"、"小碗肉"。

薄饼讲究"三翻一吹"，功夫全在擀面棍上。饼擀成两尺直径那么大，极薄，薄得来在鏊子上"三翻"，翻三次身就熟了。"一吹"，用嘴一吹，饼翩然而起，薄得来像一张纸。

"小碗肉"就是红烧牛肉，味道也特别香，用来卷在饼里，一咬，牛肉汁直流，用嘴在下面接着一吸，吃相虽然欠雅，但滋味却在其中。

大苹果·似西瓜

在水果方面，洛阳在历史上也曾极有名气。据历史书上记载：东汉时代，外国和尚来到中国的时候，除了佛经之外，还带了好些葡萄种子，就在我国第一所佛寺——洛阳白马寺外栽种，同时还种了"奈林"。

《本草纲目》上解释，"奈林"就是"频婆"，也就是现代通称的苹果。

《洛阳伽蓝记》记载，到了北魏时代，白马寺的苹果每个有七斤重——跟西瓜相仿佛，葡萄有枣儿那么大。每逢收成，皇帝要亲自派专人去监督收获。皇帝吃不了，用来赏赐宫人，宫人再转赠亲友，凡吃过一口的，都觉得无上光荣。

如今，白马寺的葡萄园中，除了留下一座舍利塔之外，大苹果、大葡萄都已失传。不过，洛阳甚至整个河南的果品，仍然为人所称道。

他们生产的柿子，又大又红，消耗不了的用来酿酒、酿醋。枣子也大量过剩，去了核，烤干了当糖果吃，称作"焦枣"。

粉浆面·独特味

洛阳西门的桥，是小吃荟萃之所，桥是"屋桥"，桥两栏尽是小吃摊子，过了桥便是去陕西的路。河南老乡离开洛阳去陕西时，总要在桥上吃一碗"粉浆面"，因为一过了桥就再也没有这种吃食了。

说到"粉浆面",就得把话题扯到安阳,安阳同胞嗜之若狂。

有一则笑话说:某安阳老乡死在他乡,棺殓归葬,棺材抬到半路,遇见卖粉浆面的了,抬夫们都放下棺材争着去叫面,正在抢得热闹,听得棺材里面敲得乒乒乓乓,死人在里面嚷:"快点!也给我一碗!"

曾任安阳县长的刘永昌先生说:安阳城中心有一座三层高的鼓楼,是明朝洪武年间建的,民间传说赵公明大仙常常在晚上出现。鼓楼下的"魏有饭铺"每晚算账,如果收入不及一百串时,就把钱放回到钱柜中,再拿出来一点,一定够百串。有人说:这是赵大仙吃了粉浆面还的面钱。

总之,在安阳,不论是神或是人,甚至死人,都离不了粉浆面。

什么是粉浆面?据"中研院"的石璋如教授说,是做粉条剩下来的浆用来煮的面,也可以用来泡小米饭,里面放些芹菜末,如此而已。但因为安阳人独特的调味,所以特别好吃。

咸驴肉·夹火烧

安阳另一道名菜的"咸驴肉",也是天下闻名的,用来夹火烧吃。

俗谚说:"天上的龙肉,地上的驴肉。"可见驴肉是天下最美的肉食。驴,在台北动物园供作"观赏用",恐怕即使是预约也无法到口。在北方,驴肉却太普遍了,只是安阳的"咸驴肉"特别的好。

石璋如教授吃过一次,连连叫绝,问堂倌是怎样做的!

堂倌说:先把活驴拴好,四周燃起炭火,烤得活驴浑身流汗,又干又渴,这时为它端上一盆放好作料的盐水,驴儿渴不择饮,于是香料随着血液进入全身,宰而烹之,自然胜过天上的龙肉。

石教授自此之后,不敢再尝。

拴娃娃·羊肉包

至于安阳的早点，以烧饼油条、羊肉包子最佳，怎见得？有儿歌为证。歌名"拴娃娃"，是新婚妇女上"送子娘娘庙"烧香拴娃娃时唱的。意思是要劝说娃娃跟着她去，好早生贵子。

歌曰："一个大姐才十九，嫁了丈夫有盼头，手拿金线走到娃娃殿，拴着娃娃头，手中牵金线，我儿随娘走，咱住东庄大西头，高门台、低门楼，你娘住在楼上头，烧饼油条尽儿吃，羊肉包子顺嘴流……"

有了这两样吃食，娃娃就肯跟着娘走了。

所谓"羊肉包子顺嘴流"，是指包子里面鲜美的汤汁，一咬破，顺嘴而流。相信这是对子孙万代都具有号召力量的食物。

末了谈谈固始县。

民国十五年，日本人在台湾举办原籍调查，发现本省同胞来自福建省的，占百分之八十三点〇七，广东省的，占百分之十五点一六。其他各省则占极少数。

一九五三年，台湾省文献委员会调查，发现五市十一县自大陆来台同胞之姓氏，共有七百三十六姓，八十二万八千八百〇四户。其中超过万户至九万户的大姓，仅得十四姓。台湾省籍百分之八十八点五〇的人口，都属于五十四个姓氏。

再根据各种志书，有关族谱来考察，据盛清沂先生指出。五十六姓之中，又有陈、林、黄、张、王、李、吴、蔡、杨、许、郭、郑、谢、赖、曾、邱、庄、叶、廖、苏、何、周、萧、高、詹、施、柯、潘、赵、方等四十五姓，其祖上都是从河南来的，尤其以固姑县为大宗。

其次是来自山东的五姓，河北的四姓，陕西的三姓，安徽的四姓，江苏、四川的各一姓。

总之，固始县和台湾同胞之间的关系，是太密切了。关于这一问题，祝毓先生曾著过专书来分析。

关于食在固始，有好些都和台湾的吃食有渊源。

藕酥糖·鱼肉块

固始的腊鹅，是清季江南人氏赴京上任途中必备的礼品。目前，台湾乡下还保存着家家养鹅的习惯。只是台湾天气太热，腊得欠佳。

固始同胞最拿手的菜，"皮丝"，是用猪皮精制的羹汤，有点像台湾的"肉羹"、"翅羹"，只是材料因地制宜，有所变动。

固始出产的"藕酥糖"，其实与藕无关，是麦芽糖做的，直径约三公分，呈圆柱状，中间空空的，外裹芝麻，也是台湾一般土产店里常见的糖食，只是目前已渐渐被西式糖果所取代。

固始县的东区，很有点像《水浒传》中所描写的水洼子，处处湖泊沟渠，芦花荡中，村民们家家自筑土皮墙围子，墙角上有更楼，成为独立的小型水寨。湖泊里养着鱼，院子里养着猪鹅。

每到春天，乡人们成群结队地去汉口一带买些鲤鱼、胖头鲢的鱼苗，用油纸竹篓盛着运回家来放养。过年的时候，大家在湖里打鱼，打上五六斤来重的，还嫌太小了，一律再放回去，一定要打起三四十斤一尾的，才算满意。

农家们杀翻几口猪，剖上百十斤鱼，切成大块大块的，蘸上蛋清和面糊，放进油锅里炸得黄黄的，晾在一边备用。

这些食物，要供几百口人，从初一一直吃到十五。

用不着我说，这种炸得黄黄的大鱼、大肉块，就是台湾随处可见的"菜炸"，至于滋味如何？各位不妨就近品尝，大致和河南固始的差不多。

我们谈过河南的食，也要谈谈河南的"不食"。这"不食"比

"食"还更为世人所称道。

相传在商代末年，孤竹君将死，遗命传位次子叔齐，兄伯夷遵父命，弟叔齐却要坚让，伯夷恐违父命，逃，叔齐因也不就而逃。

及至周武王伐商，夷齐两兄弟认为武王犯上，叩马而谏。周胜商亡，夷齐耻食周粟，隐于首阳山，终饿死。现在河南偃师县西北首阳山上，还有祭祀这二位忠义之士的庙宇，庙内有副对联云："几根傲骨头撑持天地；两个饿肚皮包容古今。"庙后有他俩的墓，碑上题着"商夷齐墓"。在河南孟津县内还有"叩马镇"的地名，以纪念他二人磅礴的正气。

孟子说：伯夷"非其君不事，非其友不友，不立于恶人之朝，不与恶人言！"又说："故闻伯夷之风者，顽夫廉，懦夫有立志。"这一"所恶有甚于死者"，发生在河南的"不食"，比河南的任何吃食，更能铭刻在我同胞的心中。

食在河北

介绍"食在河北",先从河北的端午节说起。

跑旱船·香香袋

端午在北方,和南方大不相同。

因为爱国诗人屈原是投汨罗江而死,在南方,纪念屈原的端午活动都是在河边进行,划龙船、抢鸭子,都是水上的节目。

在北方,多数的人看见水就害怕,孔子赞赏"浴乎沂"的意境,但也没有任何记载说他游过水。因而,"划龙船"一节,在北方变成了"跑旱船"——仍然是"脚踏实地"的陆上运动。

在河北正定,端午节的时候,全县民众都跑到城隍庙去上香,小孩子们身上带着丝线缠的、缝的"香香袋",蚕茧剪成的"老虎",额头上用雄黄酒划个"王"字——不论他姓张王李赵划个"王"字,表示"老虎";鼻孔、耳朵眼里也涂着雄黄,这好像是"沙克疫苗"一样,可保五毒不侵,一岁平安。

去城隍庙的路上,人山人海,各种吃食杂耍,分陈路边,当地的青年们,每十二个人一组,二十四人、三十六人的,一队队穿着色彩鲜丽的短衫,腰里挂着扁扁的"架鼓",在大街上打鼓游行竞赛。

打"架鼓"的一双鼓槌,柄上缀着一尺半长的彩色穗子,大家摆出各式的身段,动作一致,敲击出很多变化的点子来,鼓声隆隆,惊天动地,气势确实不凡。

最热闹的是，几乎每条街就有一队鼓，大家同时出动，互比苗头，使得整座正定城都浸在令心脏兴奋的搏动的鼓声中。

正定在河北省中部偏西，石家庄的北面，当地的于华峰先生说：这种过端节的景象他在别处从未见过。

黄米粽·澄沙馅

端午节的食品，正定和华北多数地方相似，用黄米包粽子，大多不包馅子，蘸着白糖吃。

黄米是一种干旱作物，穗子有点类似稻禾，米粒圆，比小米大三四倍，非常黏。另有一种白色的却不太黏，比较"面"。

有的粽子里也包馅子，不过是枣泥和澄沙。

在台北大家习惯用"豆沙"一词，把红豆蒸烂了研成泥糊糊，豆皮等杂物依然包藏其中。河北一带，是去了豆皮，澄清之后的细粒子和成的，所以叫做澄沙。

在正定过端午，受实惠的不仅是城隍老爷，三国时代蜀国的五虎上将之一赵云（子龙），也沾了不少光。

汉代，正定属常山，是赵云的老家，现在还有座庙来祭祀他，当地同胞称之为"赵庙"，和"孔庙"、"关庙"是同一尊称法。端午节，远近的人去城隍庙进香，也多顺便上"赵庙"里上一炷。

当地同胞对这位三救阿斗，浑身是胆的老乡长，真是尊敬备至。在县府西花厅会客室里有一座两公尺长，一公尺宽的石马槽，相传就是当年赵云秣马所用。当地士绅，还为这座马槽建了一座纪念塔。

糊粑粥·糊扒糕

至于"食在河北"，真是范围太大，有无从说起之感，只好概略地分成几个地区，举一个稍具代表性的城市来说明。

先说冀西的正定。

在别的地方，媳妇儿把饭煮焦糊了，一定会被称为笨媳妇，在正定却正巧相反，能把饭煮焦了才算得上是好手。当地最欢迎的早点就叫"糊粑粥"。故意把小米炒焦了才用来煮粥，就烧饼油条吃。

正定的"扒糕"种类很多，最叫座的是"糊扒糕"，也是把焦黑的黄米锅粑和在黄米中做的。

民国初年的时候，正定同胞曾把这两样食品搬进了火车站，供来往旅客们品尝，可是没有几天却又都给搬出来了，个中滋味显乏同嗜焉。当地同胞说吃糊粑东西，扑鼻清香，苦后回甘，兼有清火健肠的妙用。吃上几回也会上瘾的。

正定人说：正定有三宝：扒糕、粉浆、豆腐脑。"糊扒糕"竟高踞"三宝"之首。

另外两宝，"粉浆"就是绿豆粉发酵的那玩意儿，安阳也有，北平人管叫"豆汁儿"的。正定同胞用来下面或泡饭。

"豆腐脑"却又分为两种：一、老豆腐脑：用普通锅盛着，上面浮着一层豆腐皮，掏在碗里，洒上些韭菜花、香油、辣子，素净而原味足。二、石膏豆腐脑：挑子的一头是坐在火上的高装砂锅，里面热着嫩豆腐脑。另一头是"羊汤"或"骨嘟汤"——猪排骨汤。把嫩豆腐脑泡在汤中，撒上些口蘑末子，其味无穷。

崩肝丝·热切丸

正定是平汉铁路上的一座古老城市，过往的人，总得慕名去十字街的"北楼饭馆"品尝一下"崩肝"和"热切丸子"，才算不虚此行。

"崩肝"把嫩猪肝剔去了筋络，用滚水一烫，切成细丝，用热油一炒而成。炒出来的肝丝，根根鲜脆，咬在嘴里崩崩价响，绝不会黏成一盘糊。

"崩肝"的配料，通常用"鸡丁"或者是"里脊丁"，以"鸡丁崩肝"最著名。

"热切丸子"是用蛋皮卷肉泥馅蒸熟的，趁热切片上桌，蘸干芥末吃。蛋皮是鹅黄的、肉心是粉红的、芥末是嫩绿的。鲜美酥嫩，还能令人涕泪交流，大呼过瘾。

韭菜黄·紫萝卜

除了这些看点之外，正定还有几样蔬菜，在前清是列为贡品，专孝敬给皇上吃的。

一是南厂出的白菜，长圆雪白，没有脉络，入口后没有渣滓。

一是西关的韭菜，是韭黄但却不能称之为"韭黄"。因为它没有叶子，只有一个嫩芽，颜色是紫不紫、绿不绿，黄不黄的，有小指头那么粗，比筷子略长。冬天的时候，把它埋在洞里长，上面盖着草末和马粪——前清皇上大概不晓得这一层，以过农历年刚冒芽的时候最肥美。

一是龙王庙的"紫菜"，紫菜也不是"菜"，而是紫色的小萝卜，从皮一直紫到心，只有龙王庙附近两三亩地才产。正定人把它擦成细丝，晒干了，当成宝货出售。前清时，南方来京赶考的，总要带一两包回去，即使落第了，只要有紫菜献上，也可略慰亲友失望之心。

"紫菜"多用来打汤吃。

烧鱼肚·烩海蜇

在河北省东北地区之食，且以唐山市为例。

唐山是一个新兴矿区兼工业都市，人口约十五万，著名的开滦煤矿、启新洋灰公司、华新纺织厂都在这儿。

当地同胞戏称开滦煤矿为"开滦国"，可见其规模。矿上自办的华洋"料理",比美平津,自然不在话下。市内的几家大馆子,例如"养正轩"、"小桃园"等烧的"干贝蒸鱼丸"、"烧鱼肚",也都是别处难得尝到的隽永滋味。

唐山的法学家孙鹤鸣(九皋)先生说:唐山有一道绝菜,自今他都不知其所以然,也从未在外地吃过,那就是"烩海蜇皮"。一般的海蜇皮都是薄薄的,用来切丝凉拌。唐山的海蜇皮竟厚逾半寸,并且还是道热菜。

唐山的同胞们颇以他们的烧鸡而自豪,他们说,德州的烧鸡虽然也著名,但是却有假货,有人把老鸦烧出来当鸡卖,吃得令人恶心。

唐山的烧鸡是用小米的糠皮熏的,当地糠皮中所含的油质特多,熏出来的鸡特别香嫩。

唐山离天津不过二百六十里地,唐山去天津看朋友,如果能带上一蒲包的烧饼,一定会大受欢迎。

牛舌饼·莲花酥

唐山人烘烤烧饼,颇有平津一带挂炉烤鸭的排场。炉子中间上下有火,中间吊一方铁板,烧饼放置其上,四面受火,火候特别到家。唐山人打出来的"牛舌饼",放上十天半个月,仍然还是那么酥松。

在众多食品店之中,"广裕号"的"状元饼"、"莲花酥"、"钟馗饼",都极其精致。其中的澄沙,都是晒干之后用"马尾萝"筛过的。桂花、核桃仁所选用的材料,也都超水准,做出来的东西,自然远近驰名。

唐山距天津较近,他们做的棒子面贴饽饽也有天津风味,饽饽底层讲究"挂嘎喳儿"——脆的焦皮。

河北中部,是一片大平原,放眼望去,不见边际,黄昏时分,地平线上往往看见有青紫的一条埂，但谁也不敢说那是山呢，抑或是云！

在这片大平原西部靠海较近的一带，如像青县、沧县，土中盐碱很重，多半种些豆子、玉米或杂粮。要么，就是晒盐。

稍往内陆一点，例如河间府一带，出产就好得多了。

窖鸭梨·野鸡脖

关于河北省中部的吃食，就以河间为例罢。

河间最著名的特产是鸭梨，田陌之间，种着无数的梨树，矮矮的，像是一把把的阳伞，成行成溜地张在田间，秋天梨熟的时候，还是带绿色的，必须用糠护起来窖在地窖中藏上一冬，才能变成金黄色，透出扑鼻的清香。很多人家，都喜欢在客厅中供上一盘梨儿，为的是闻它的香味。

夏天，田里面瓜瓞绵绵。河间出产的"打瓜"——用手拍打开来啃着吃的，瓜是副产品，瓜子是赚头。因而瓜熟的时候，田主人忙着四处去请人吃瓜，为的是收集瓜子。瓜子黑而且大，畅销平津一带，尤其是"八大胡同"，食人余唾而不自知。

河间一带有几样吃食是比较特别的，例如像卤鸡，几家有名的老字号，都拥有传了好几代的老卤汁，秋凉以后开市，入夏天热，销路不畅，就把卤汁封在坛子里，垂到深井中去冷藏起来。

同样的老卤汁，卤出来的驴肉夹火烧，也是当地的名产。

河间有句民谚："河间府，河间县，好大包子好大面。"

河间府的大包子是生牛肉包的，个儿特大号，咬开了一嘴的汁。面条是刀切的，金针、木耳、白肉片的大卤一浇，所用的碗，大得像是个洗脸盆儿。

用绿豆蒸出来的凉粉，在别的地方多半是凉拌的，用芝麻酱、大蒜、醋、盐、黄瓜丝等拌起来，风味最佳，但是河间人还另外发明了一种吃法，拿它来包饺子。

河间人叫凉粉为"片粉"，把"片粉"捏碎了，和熟的带着一层肥肉的猪肉皮剁碎了，拌上韭菜黄，用来做饺子馅，据说比凉拌还要好吃。

河间的韭菜黄映在日光中会闪闪发光，同时还会变幻好几种颜色。据冯著唐（海晶）先生说：当地的同胞称它为"野鸡脖子"，因为它变幻出来的颜色有绿、紫、黄、红等等，晶莹可爱。当然味道更是绝顶的香。满清时代，河间府的两位闻人，编《四库全书》的纪晓岚，绿林好汉窦尔敦，据说都是"野鸡脖子"的爱好者。

杂面条·疙瘩菜

河北南部的地区，且以巨鹿为代表。巨鹿地方在东汉末年出过黄巾，一直到现在，巨鹿的团城、张家屯一带张姓人家，都不肯祭祖关帝，因为关羽当年追剿过黄巾头子张角、张宝、张梁等三兄弟。但是对于关羽的拜把兄弟张飞却是很敬重的，毕竟大家是同宗，算是一家人。

巨鹿地方的人民生活非常俭朴，馆子里待客的菜饭以"焖饼"、"杂面条"为最著名。

"焖饼"是把烙饼切成丝，棉籽油烧热了，炒葱、肉丝、粉条、鸡蛋，然后加点汤，把饼放到里面去焖，焖到水收干时，恰到好处。

"杂面条"是把绿豆粉用双丝箩筛过，擀得极薄，切成极细的细面条儿，用羊汤泡上，撒上些葱花芫荽。

巨鹿人也做绿豆凉粉，叫做"哪糕"，"哪"字不晓得该怎样写，其特点是蒜泥浇得最多。

在田地里出产的，有各种菜根类的例如："蔓莛"是甜萝卜，"疙瘩"是芜菁一类的"菜头"，都长得极好。

在那儿，"白菜"叫做"梃子菜"，因为它的形状细长，像一根粗而且短的棍子；"南瓜"叫做"北瓜"，扁扁的，花皮，一个有二十来斤。据刘燕夫先生说：巨鹿人也有南瓜，比较小而是黄褐色的皮，很甜，"北瓜"则不太甜，却比较"面"。两者除了颜色、大小不同之外，形状大致是相似的。

脆吉瓜·大蜜桃

巨鹿地质是砂地，出产的瓜特别好。有一种"脆吉瓜"，大小有如西瓜，但却有六七个棱角，瓜皮黄绿色，有深绿的暗纹。其香其甜，无以伦比，只可惜是别处也不多见。

在砂质土地上，种山药是最适宜的。巨鹿有两种不同的山药，一是细长而甜的"蔓子山药"，一是大块文章的"鸭子山药"，其形状一如鸭子，每个有三五斤重。一般人家把"蔓子山药"蒸来吃，从来就想不到需用放糖。

河北省地大物博，介绍食在河北，总免不了要挂一漏万。在此，仅把俗谚中被称为"三宝"的列举一二，作为本篇的总结。

河北三宗宝：深州大蜜桃、晋县鸭儿梨、新乐枣。

深州的蜜桃，皮薄、肉厚、核小，香甜异常，据说吃这种蜜桃不用去皮，只要在上面掏个小孔，用嘴慢慢地啜吸就能完全喝下肚去。深州不但出蜜桃，而且还出小枣，所以也说："深州三宝：蜜桃、柳竿、小枣。"

保定有三样宝：铁球、面酱、春不老。

"面酱"是吃烤鸭时蘸葱用的甜面酱，保定有一家店，一株大槐树从店里穿房顶而出的那家最为有名。

"春不老"就是"雪里红"，一种盐酸菜。

石家庄有三宝：饼子、破鞋和山药。

"饼子"就是天津人说的贴饽饽，"破鞋"不是食物，而是绿灯户的别称。保定人称红薯为"山药"。

顺德府有三宝：柿饼、秋梨、大皮袄。

"柿饼"是把柿子穿在木条上压晒而成的，秋梨又叫秋白梨，大的有半斤，质细无渣，极甜。

大城三宗宝：烧酒、驴肉、大火烧。

"大火烧"就是大的酥皮烧饼。

蓟县有三宝：砖头、瓦块、臭老婆草。"臭老婆草"就是中药里的车前子。

食在北平

自从辽太宗耶律德光定幽州为"南京"（也称作燕京），接下来金、元、明、清各朝，都以北平为都城。六七百年来，北平的文物建设，甲于全国，而全国文化的精华，包括"食"的艺术，也都荟萃于此。因而从皇宫中的"满汉全席"，到街头叫卖的"杏仁茶来……豆腐浆来……开锅啰！"无不风味冠绝。

北平食的精美，当然得力于帝王的爱好倡导。远的不说，就单说慈禧太后，每饭就得一百二十八道菜。据说她只喜欢吃点酱萝卜，其他的菜，完全是摆谱，给她闻闻香气，看看开胃的。

常听老北平们讲：慈禧太后喜欢在颐和园中昆明湖畔的"景福阁"上观赏雨景，到了开饭的时候，流连忘返，想要"野餐"，于是二百多名太监，一字儿排到御膳房，把一百二十八道菜手手传递，在景福阁上开便饭。等到撤席归来，太监们的胳膊都像打过霍乱防疫针似的，疼得抬不起来。

如此的"奢吃"，难怪吃在北平，傲视寰宇。

东安门外东兴楼的名菜"急里蹦"，就是一个很好的例子。

东兴楼·急里蹦

据说在光绪末年，光绪皇帝的弟弟涛贝勒，偶然在东兴楼尝到了"爆双脆"，发觉其中的一脆"鸭肫"还够脆，另一脆"肚头"却嫌过火了。于是他召了掌灶来亲自垂询，当他一听说"双脆"是同时下锅的，就知道毛病出在哪儿了。

涛贝勒指示：肚头和肫子的所需火候不相同，一道下锅爆炒，肚头刚到火候的时候，鸭肫还欠着火；等到鸭肫也到了火候，肚头的早过了。因而，双脆应该分开来由两位大师傅同时分别过油，然后再合汁上桌。

指示完毕，涛贝勒兴致昂扬，亲自监厨。两位大师傅精神抖擞，在尺来高、蓝旺旺的火焰上翻弄炒锅，扬着勺子，尽情卖弄。分而复合之后，果然色、香、味、脆，样样俱全。

涛贝勒看着两位大师傅掌握火候、手舞足蹈的神情，不由得轻启朱唇，笑着说："瞧你们急里蹦跳的，真难为你们！"

一经品题，爆双脆于是有了专名词，"急里蹦"。

以后谁来了东兴楼，都少不了"急里蹦"。涛贝勒去世虽久，遗"烩"仍在民间。

各类馆·著名菜

已故世的齐如山老先生，曾经把北平的饭馆子分作四大类：

（一）厨行：自己没有铺面，专办红白喜庆、府会堂会的，他们用蒸笼热菜，一次能开个百十来桌。

（二）饭庄子：甲，冷庄子：自己有院子，房间，预先约定宴客的；乙，热庄子：挂着"随意便饭"招牌，兼供小吃的。凡称为"堂"的多半是饭庄子，如像金鱼胡同的福寿堂，前门外观音寺的惠丰堂。

（三）饭馆子：以菜品为主者，能作席也能兼卖零吃的，如泰丰楼、丰泽楼、春华楼、东来顺等等。

（四）饭铺：以面食为主者，专供小吃的，如"馅饼周"的馅饼，"耳朵眼"的饺子。

如果我们再严格地划分，北平著名的一些菜馆子，都不是地道的北平馆子。

如像以爆双脆、拌鸭掌、方脯等菜著名的"东兴楼";前门外煤市街的两家大馆子;"致美斋"的五柳鱼、抓炒鱼;"丰泽园"的乌鱼蛋;骡马市大街的以"扁豆泥"叫座的"宾宴春";前门外肉市以炸鸭腰、砂锅鸡、烤鸭子为号召的"全聚德";缸瓦市大砂锅煮全猪的"砂锅居"等等,都是山东馆子。

玉华台、春华楼、大鸿楼、聚宝成、五芳斋,应该算是淮扬馆。

忠信堂、大陆春、鹿鸣春等是闽川馆。

东华楼、东亚楼、小小酒家是广东馆。

西黔阳是贵州馆;厚德福、蓉园是河南馆;"那家店"是东北馆子;东、西来顺、正阳楼、穆家斋(广福居)、同聚馆(馅饼周)算是回回馆。

撷英、来今雨轩、墨蝶林则是西餐馆。

这些馆子,说起来都有一段历史。

先说西四牌楼北边,缸瓦市砂锅居。这家店铺紧贴着定王府的围墙,据说是定王府的卫星厨房。

砂锅居·白切肉

砂锅居原名叫做"居顺和",由于它所有的菜,都出自一口有百年历史、四尺多直径、三尺来高的大砂锅,因而被大家称为"砂锅居",甚至连它的真名字都渐渐被淡忘了。

这口大砂锅,百多年来每天煮一头猪,另外再搭配上些头、脚、内脏和一些猪身上的零件,除此之外,不煮其他的肉类。

这些猪肉和零件煮得刚刚走了油,切成薄片,蘸上豆(酱)油、麻油,配上些金针、木耳、豆皮、蛋皮、洋菜等等,如此而已。可是,来到砂锅居而想吃一桌全席,那准得吓坏您,您绝想不到一头白水煮猪竟能做出一百二十八道不同的菜来。

现在不妨随便报上几样，供读者大家欣赏：脑眼、脂盖、鹿尾、卷肝、腰花、管廷、红白血肠。"一般外科"的医师或许都搞不清什么是什么。

这些白切肉片，除了汤和大件之外，都是用五寸小碟装着。平时小宴，顶多叫半席。人数再少点，只能叫"一角"——方桌的一角是"四分之一"。"一角"也有三十二件不同的菜。

最早是定王府里的官员们口有同嗜，大家都喜欢吃白切肉，于是在定王府围墙外招揽白肉名手开办厨房，就近加餐。后来渐渐对外营业，定名"居顺和"，居然愈来愈顺和，生意兴盛至极。民国以来，居顺和的一大砂锅肉，只够卖中午一顿，稍为迟一点，店里的凳子都脚朝了天，不做生意了。

"砂锅居"的猪肉以干净闻名，整个下午，七八个师傅都在那儿清洗肠肚，剔拔猪毛，端上来的菜，绝无半点脏油花，更不用说是猪毛了。

菜虽然清洗得干净，可是那口大砂锅，一百多年来却只洗外面，不洗里面。因而，当你喝老汤的时候，依稀能品味得出满清时代猪肉的味道。"砂锅居"居然以此为最成功的号召。

另外还有一个传说，说砂锅居是明朝江南的一位举子，入京赶考落第，自觉无颜见江东父老，就在北平开起饭店来。嘉靖年间，奸相严嵩微服前往解馋，满足之余，题了"砂锅居"三个字。

北平人说：民国二十年前后，飞贼燕子李三曾经偷盗了严嵩题的匾额，倒也是窃国者和窃钩者，彼此同行，惺惺相惜。

炒疙瘩·烤鸭子

在北方乡间，有很多"五道庙"，相当于阎王殿辖下的"区公所"，人死之后，户籍移转，先得向"五道庙"去报到。"五道庙"门口最常见的对联是："秦穆公敕封五道，汉高祖御点将军。"横批最妙："你来了吗？"

北平前门外琉璃厂一带也有"五道庙"，那儿有一座"修"五道庙（五脏，指吃饭）最好的馆子，本名"广福居"，却以"穆家斋"之字行。

穆家斋店面小，每天都挤满了客人，大家都等着吃穆大嫂亲自炒的"疙瘩"。

炒疙瘩是把面和好之后，切成骰子块，然后用拇指碾成一个个的小面卷，也就是我们山西人吃的猫耳朵。先煮，再配上绿豆芽、肉丝、韭菜一炒，肉菜的汁灌进小面卷之中，吃起来味道最足。

据说，穆大嫂和成都麻婆豆腐的麻婆一样，先是为邻舍们免费服务，后来才盛名远播，逐渐专业的。

冬天上穆家斋，还能吃到新鲜的春夏蔬菜，如像香椿拌豆腐、拍黄瓜、糖醋曲麻菜芽、麻酱小红萝卜等等的。据说穆家斋还有专用的暖洞子，用来培植这些新鲜蔬菜。

谈到北平冬天的名菜，不应该忘了烤鸭、涮羊肉和烤肉。

北平的烤鸭是闻名世界的，鸭子的个儿本来就大，大得像只鹅。

记得在纽约吃长岛鸭子，一咬一嘴油，洋朋友说，那是北平鸭子的鸭侨。

北平鸭子又叫做填鸭，把鸭子一只只地关起来养，饲养的人，把调好的饲料搓成长条，插在筷子头上，捏开鸭嘴，填下肚去。

鸭子定时、定量进餐，饱食终日，无所事事，长到三四个月，已经是一身的细肉带着厚厚的油膘。宰杀之后，涂上作料，有专门吹鸭子的人，在它脚部皮下插管猛吹，吹得像是个气球，入炉之后烤得外焦里嫩，片成片子，蘸上甜面酱，和大葱一块裹薄饼吃。

提起甜面酱，齐如山老先生曾经说过这样一个掌故。

点子酱·大葫芦

满清时代，宫中每逢节日，祭祀大典都仿周礼。祭坛之上摆起"大内"饽饽房用高面、白糖、奶油等蒸的点心，宫里称为"点子"。三尺乘二尺的祭桌上，每桌得摆上三层到二十一层不等的"点子"，最大的一层，多达两百个"点子"。

祭祀完毕之后，这一大堆精贵的淀粉质，如何销法？可成了问题，于是太监们就把它收起来酰酱，一造就是十几大缸，其味道当然鲜到极点。太监们经常把这种"点子面酱"用来分赠给王公大臣，借而收受回礼，成为太监们的一大收入。

齐老先生说：太监们造酱的大缸，就摆在"南书房"外，正巧各国使节来宫朝觐的时候，都在南书房歇脚，微风起处，晒酱的臭味，熏得外国大使不住掩鼻。总理衙门的官儿们曾经向军机处商请改进，可是拖延了十几年，依然故我，照晒不误，因为谁也不敢去碰那些西太后亲信的宦官。

大内熏过洋人的酱，北平人吃烤鸭的时候虽然再也吃不到，可是北平其他酱园的产品，也多够水准。例如前门外粮食店的"六必居"，出产的甜酱、酱油，以及用磁坛子装的"八宝酱菜"都名噪全国。据说明朝奸相严嵩还为它题过匾，真是历史悠久。地安门外"宝瑞合"的各种酱菜，吸引着各地的食客。

"宝瑞合"的"合"字，习惯上并不发音。又因为它门前放着一个一人多高的大葫芦，大家管它叫"大葫芦"。据说那个葫芦经过风吹雨打，已经变成枣红色的了，的确是块老招牌。

东来顺·涮羊肉

一到冬天，回回馆"涮羊肉上市"的红纸招贴争先挂出来，当然还是以东安市场的东来顺，前门外的正阳楼，西长安街的西来顺最为著名。

大肚子的紫铜火锅里面汤汁滚沸，羊肉片下去一涮就得，肉片涮起来粉红、晶亮，蘸上卤虾油、韭菜花、芝麻酱，搭两根芫荽，真是美。

台北近几年来"涮羊肉"也大行其道。牛肉、猪肉、鱼丸子也混充着一同"刷"下锅，有些南方同胞称之为"刷"羊肉，大概是由于机器刨的牛羊肉片，冻成了一大块，非得先"刷"下来才能"涮"。

在北平，几家大饭庄子，入冬以后总得礼聘十来位山西定州府的操刀手来帮忙片羊肉。羊肉是经过精选的，每一块肉都有特定的刀法，羊肉片铺在小盘里，一上桌，食客们就能认出它的特色来，肋肉片叫做"黄瓜条"，下腹肉是"上脑"，上腹肉是"下脑"，后腿肉则叫"磨裆"，各有各的风味，如果刀法不对路，根本就不敢端上桌子。

山西师傅们都是定州府一带的农民，入冬以后，农闲没事干，在家乡选购上两把好刀，带到北平来卖手艺。等到过了年，赚足了钱，把刀一卖，回家去买种子开耕。

东来顺是一家很够气派的大馆子，雅座之外，还有设在大厨房边上的"经济座"，有钱的、没钱的，各涮各的，花不同的代价，享受同样的风味。

据朱法武先生说：在天桥一带，苦哈哈的穷朋友们，花两个大子儿照样能涮。不过，大锅肚里分隔成许多小格子，互不相识的人，围炉一坐，各人在自己的格子里涮，汤底和肉片价廉物美，再就上二两白干，酒酣耳热之际，陌路人也都攀上了朋友。这就是北平的可爱之处。

至于"刷"羊肉，北平还真有这么一道吃食。把一分来厚、巴掌大小的羊肉片子，放在铁篦子上，用炭火烤着，一面用根葱当成小刷子，蘸着作料往上刷。这是真正的"烤肉"。台北的所谓"蒙古 Bar-B-Q"，只能算是"炒肉"，我曾经等在炉边听烤肉食客们如何吩咐，结果发现十之八九都是说"炒老点"、"炒嫩点"，甚至还有人说"加炒一个蛋"，烤字总挂不着边。

烤羊肉·全家福

北平的烤羊肉以"烤肉宛"的最著名，那真得自己动手烤，铁篦子粗，空隙大，火苗真的能烤着肉。

武杰建筑师说：北平烤肉的炉子，有一个宽大的灶檐，一只脚踏在上面，脚边放着酒杯，身子俯着，翻动着肉，大块儿吃肉，大口吧呷酒，真有一种草原上的豪放气概。

台视的惠伊涵导播说：在北平，学生们秋天逛西山、看红叶，野餐时也吃烤肉。一个铁支子，下面烧上些松枝，就能烧烤起来。烤好的肉，带着松脂的清香，味道最足。

在北平，也有类似成都"哥哥传"之类家庭似的业余菜馆，例如像清末广东籍进士谭宗浚在南海会馆所办的"谭家菜"，最多仅容五桌，由进士老爷亲自设计备菜，如夫人亲自下厨，所烧的鱼翅、鲍鱼、干贝墩、白斩鸡最为叫座。菜好，价钱贵，因而形成了一个高级的宴客场所。

北平的吃之所以闻名全国，是和它重视信誉、礼貌周到相密切关联的。很多历史悠久的大饭馆，是费了九牛二虎之力创下了招牌，然后兢兢业业地保护着，一分也不敢放松。

例如开设在前门外大李纱帽胡同的"同福楼"，民国八年开张，以六个月工夫赔掉了四千块现大洋，使得他们的名菜"全家福"，赢得了经济实惠、价廉物美的令誉，然后关门熄火，另盖大楼，再起炉灶，虽然价格调整了，但是一般食客都不以为贵。

同福楼的"全家福"，一碗之中，有鸡鸭、白肉、猪肚、海参、干贝、玉兰片，外加一顶红烧鱼翅的帽子。他们保证真材实料，绝不是剩菜回锅。

例如东城隆福寺胡同专卖素菜的宏极轩，不但店中绝无荤腥，甚至每天早上买菜的回来，掌柜的亲自坐在门口盘查，连葱、蒜、薤、韭都在禁止之列。害得本铺中的人，终年连葱花都吃不到。

例如前门外的宝元馆，掌柜的亲自坐在厨房门口，端上来的每一道菜都要过目，菜色不对的固然要拿回去，甚至连热气不足的也不许上桌供客。

餐馆中上上下下的礼貌，更是令人难忘，从进门招呼让座，点菜上菜，一直到鞠躬欢送，令客人们打心窝里觉得舒畅。一声"小账"，全店回应"谢了！"声音整齐洪亮，表达了诚挚的感谢。客人们带着口腹和心理上的满足，离开饭馆。

这种种一切，都是基于自尊、自爱、互信、互爱而自然流露的。

豆汁儿·杏仁茶

豆汁儿，是北平吃食中的一大特色，是北平人每天早上睁开眼睛第一道灌进肚里的填料。一年四季，在您大门口、拐角儿上就有得喝。

豆汁儿并不是豆浆，北平人管豆浆叫做"豆腐浆"。

豆汁儿是做粉条——用绿豆粉为主——所剩下的汤，发酵以后做成的。河南安阳一带叫它为粉浆，要在里面下面条或者是泡饭吃，叫做"粉浆面"或是"粉浆饭"。北平的吃法，是光喝豆汁儿就烧饼油条。所以豆汁儿摊上，一定附带着卖烧饼油条。北平人也叫油条为果子。

卖豆汁儿的摊子上还少不了几样配件，一是咸菜、一是红萝卜细丝。喝豆汁儿就着这些小碟菜，风味无穷。据老北平们说：只有两三碗胃纳的人，竟能喝得下一整锅的豆汁，可见其魅力是如何的大。

豆汁儿究竟是个什么滋味？酸酸臭臭的，呈不甚起眼的灰白色，外地人品尝一口，无不皱眉的，可是喝过几回之后，就会上瘾。

北平人上瘾之深，几乎是不可救药，一声吆喝："甜酸来哎，豆汁儿来……"大宅、小户无不端锅拿碗，出来争着买。嗜好之深，甚至把豆汁儿搬上了舞台。平剧《鸿鸾禧》中杆儿头（叫花头）第一次款待他的准女婿落魄书生莫稽，就是一碗豆汁儿。

"杏仁茶水……豆腐浆来……开唉……锅啊……"

在晨雾之中，嘹亮的呼声，拖着袅袅余音，穿过一条条深邃的胡同，又在尽头处扬起了回音。

杏仁茶，是货真价实，不掺化学香料的杏仁粉调糯米粉冲成的糊，滚热、扑鼻的香，甜而不腻。

豆腐浆，就是甜豆浆，这两样甜饮料和着烧饼油条是同在一个摊子上卖的，是仅次于豆汁儿的大众化早点。

所谓"开锅"，就是"烧得滚开"，"煮得了立刻应市"的意思。在这一类摊子上，通常都摆着一大碗细白砂糖，供客人们自行调味。

在"杏仁茶"叫卖的同时，"硬面唵……饽啊……饽饽"的吆喝，经常也来凑趣。啃硬面饽饽，喝豆腐浆或杏仁茶，更是最滋养的早点。

灌肉肠·烤白薯

灌肠约摸可分为两种，一是用羊肠子灌羊血，长长的肠子盘在平底锅里，小贩随着顾客的意思，视钱多寡，切下一截来片成薄片，泡上汤、撒点芫荽末。粉红色的肠衣的中间包着紫红色的凝血、乳白的汤，上面浮漂着绿绿的芫荽，其色、其味俱佳；香，则不尽然。您知道，羊肠子里面总有一点特殊的气味，这和某国学大师喜欢亲近裹脚布一样，香臭之辨，存乎一心。

还有一种是依古法炮制的。《齐民要术》所谓："有灌肠法，细剉羊肉及葱盐椒豉，灌而灸之。"肠子里面灌着碎肉之外，要有团粉、红曲和一些作料，然后盘在平底锅里头卖。

在北平卖灌肠的摊子以天桥、宣武门外的一些市集之中的最吃香。吃的时候一定离不开蒜泥，可能是取"以臭制臭"的意思。

北平人叫番薯为"白薯"，我们山西人叫"红薯"，我总觉得山西人的这一称呼比较合理。

先看看皮的颜色就没错，生的红薯切开了虽然是白色，煮熟了却又是红的，并且总是熟吃的多。

北平人也叫"白薯"为"地瓜"，实际上它哪儿是"瓜"？

白薯最普通的吃法，一是烤、一是蒸。卖蒸白薯的有一套唱词，非常动听："栗子味儿的白薯来，烫手儿热来……蒸化了……锅底儿赛过糖了，喝了蜜了，蒸透啦白薯啊，真热和呀！"

这一套唱词儿多好，形容白薯的味道像栗子，蒸化了、烫、甜，甜得像是灌足了蜜糖。

至于烤白薯是个什么味儿，在这儿甭多说了。您在台湾任何一个地方，听见"呱啦呱啦"摇着机关枪似的竹筒子叫卖的经过，出来买上一块钱，就能回味一下。

卖切糕·豌豆黄

切糕也是北平风味的一个特色。独轮的手推车，上面放一块平整的大木板，切糕就安放在木板上。

买切糕无须多说话，只须自报购价："仨大子儿！"北平人说"三个"为"仨"（音沙）。

卖糕的于是抽出一把明晃晃的长刀来，迎风一扬，吭哧一声，切下一块来，不多不少正值"仨大子儿"。

就因为卖弄这一刀法，所以叫做"切糕"，糕的本身是黄米、江米（糯米）、黄豆发酵之后，和上红糖，干枣蒸出来的。

卖切糕的从来不备碗筷，只是随身带着一筒竹签，用竹签挑起来交给客人吃。

吃的时候，一手拿着竹签，一手护着，怕它掉下来，可是手又不敢碰到糕，糕又黏又烫，并且多数人都习惯歪着脖子去啃，吃相颇为有趣。切糕车子所到之处，几乎人人都作拉小提琴状，像是一个盛大的弦乐队在露天表演。

"豌豆黄"的风味和切糕差不多，原料是把豌豆泡得去了皮，磨成浆，加上玫瑰、砂糖、枣，蒸熟之后，上面撒上山楂丁、瓜子仁，切着卖的。

卖"豌豆黄"的也有一套广告词："小枣儿豌豆黄儿来，切的块儿大来。"当然，做得最出名的，要数门框胡同的"魁素斋"为第一。

湿奶酪·小便冰

北平曾是元朝的大都，因而很多塞外风味的食物，也都流传了下来，奶酪就是其中之一。

元《饮膳正要》中记载"制湿酪法"："用乳（牛奶、马奶均可）半勺，锅内炒过，入余乳熬数十沸，频以勺纵横搅之，倾出，罐盛待冷，掠取浮皮为酥，入旧酪少许，纸封贮，即成酪。"

"又'干酪法'，以酪晒结，掠去浮皮再晒，至皮尽，却入釜中，炒少时，器盛，曝令可作块，收用。"

夏天北平人最爱吃的冷饮：果子酪、杏仁酪，酸甜清凉，就是"湿酪"的一种。西安门内的"香蕶轩"、东安市场的"丰盛公"，都以奶酪而著名。

据戏剧家唐骧先生说：夏天里卖饮料情调最好的，还是要数北海、中南海边卖雪花酪的。尤其是他们用绳子拉动辘辘像搅冰淇淋似的韵律。有时候边拉边唱："您要喝，我就盛！解暑代冰凉，振凌来，雪花酪。"光是听着就很过瘾。

在以前，夏天卖冰的，冰的来源都是天然冰，冬天的时候打中南海里切出冰块来，放在地窖里，夏天再翻出来用。很多做家长的都不愿意子女们去吃这类冷饮，因而为"天然冰"取了个绰号，叫"小便冰"，虽然如此，仍对孩子们发生不了吓阻作用。

夏天，摊子上卖的冷饮确是种类繁多，在大玻璃缸里头冰镇着的叶子干、柿饼、藕片等什锦，加上酸梅桂花卤，完全是一种天然的甘醇味儿，在各行各业逐步摩登化，防腐剂、化学着色剂、人造香料、糖精等科学产品风行的今天，常常让人联想到西药片儿，因而对于"哩来喂嘿！冰核儿来核！"的吆喝声，仍兴起无限的怀念，哪管它是"小便冰"做的。

羊头肉·杂碎汤

"唆哎！羊头肉来！……""风干来……羊腱子！"的叫卖声，和在台湾"烧哎——龙（肉）粽"呼声，几乎同是在更深人静的时候出现。

椒盐煮过的羊头，割成两半，围炉下酒，确是妙品。

羊头七窍俱全，吃的时候，总带着点采矿挖宝的心情，颜面肌肉、动眼肌肉、鼻的黏膜等，每一块都形状不一，风味各异，尤其把头骨掰开之后，又有新的发现，新的滋味，其趣味也就来得特别的高。

"风干来……羊腱子！"切成薄片，每一片中间都有些透明的花纹，又鲜又耐嚼。

北平人叫"杂碎汤"为"炒肝"。单看"炒肝"这一个名词，很容易误会成一道"炒猪肝"的菜肴，实际上，"炒肝"是北平人所喜欢的"杂碎汤"，里面除了肝之外，还有肉、肠、肚、木耳，熬成一锅黏糊糊的汤，"煮"的成分远大过于"炒"。

一碗炒肝，掰个大火烧（烧饼），泡在其中，也是最受欢迎的早点之一。

东岳庙·糖葫芦

把山楂、山药等果子用竹签串起来，外面裹上一层透明晶亮、又脆又甜的冰糖衣，做成小孩子们的恩物，糖葫芦。

正月里面，东岳庙、财神庙、白云观、厂甸等处，触目所见，都是糖葫芦的天下。

喜欢热闹的人，把各色的糖葫芦串成"恭喜发财"、"吉祥如意"之类的字，甚至把它编成大幅的旗帜图案。待庙会过去，糖葫芦上已经沾满了黄沙，邻近的小孩子们分而食之，以为异味。

在庙会之中，卖糖葫芦的，把糖葫芦编串成一挂挂的念珠，悬满两肘。据惠伊涵先生说：卖糖葫芦的手法极好，当您交了钱去选货的时候，他手上一翻弄，大个儿的就隐没了，得费好半天工夫才能找到他用来作招牌的那几串大个儿的。

糖葫芦是勾起北平人回忆的钥匙。叶翔先生说：大栅栏聚顺和之类的大果脯店，也用很讲究的盒子装着，卖给人们馈赠亲友。这些糖葫芦中，嵌着核桃仁、瓜子仁、枣干等，非常的讲究。

小窝头·虎拉车

北海北边的仿膳斋，有三样东西是以皇帝的点心为号召的，一是栗子粉窝头，一是肉末烧饼，一是豌豆糕。

窝窝头是北方同胞最普通的食物，外号叫"九外一中"，因为捏制的时候，把棒子面（玉米面）团在手中，九个手指在外，一个大拇指在中间，捏成一个中空的窝窝。

仿膳斋的窝窝头却过分讲究，原料完全改变了，式样也精致了许多，他们出的肉末烧饼香脆酥鲜；"豌豆糕"是把豌豆去皮煮熟研细，做成一寸见方，厚约两三分的糕，当然其中还有些甜作料，是清凉的食品。

据说这三样都是满清皇帝御膳房流传出来的精品，是别处所吃不到的。

面对着北海的清代的宫室，吃着皇帝享用的点心，就是一种情趣。

在过去，北平是一个充分绿化了的城市，家家四合院，家家院子之中都有一些葡萄架子和果树，院中摘下的水果，经常是待客的佳品。

例如像沙果、酸枣、桑葚、槟子、虎拉车（类似苹果、绿而且甜的果子），多是自己种的。

上街去买的，则有三白西瓜、楚王瓜、鸭梨、高庄柿子等等。

"杏儿来……熟又烂来……酸来还又管换来呀……烂杏儿巴达来……"之类的呼唤声，让人感觉出当年诚实而又负责的北平民风。

食在天津

天津人以嘴而声名天下，所谓"卫嘴子"，但这是指他们辩才无碍，口若悬河，而不是说他们讲究吃喝，重视口腹之欲的满足。

天津人吃的特色是什么？有人调侃说："菜里面多放上一撮盐就是天津菜。"天津菜很咸，特别咸。

这也难怪，自古以来，天津是"长芦盐"的集汇地，周近用芦苇熬煮的海盐，多从这儿运销各地，早在明朝初年，即在天津南方沧州长芦镇，置"都转盐运使司"，一直管辖到山东境内。产什么就吃什么，这和我们在台湾大量吃味精是同一个道理。

天津人喝的特色是什么？是用大杯子不断地往肚子里灌香片茶，重量而不甚计较质。对天津人来说，"品茗"是无法想象的，如果费尽唇舌来解释，他仍会问你："嘛呀（为何）？"

天津的交通警察值勤的时候，不带警棍，只提着一壶茶，指挥上一阵子，看看车辆少了，就得到路边"嘎哈啦儿"（角落）里喝上一杯。

电车司机的座位旁边，总少不了自备的茶壶，车子靠站，上下乘客那短暂的一刹，他就能干掉一大杯，振奋精神，继续开车。

看足球的观众也都提壶进场，一边高叫"加油"，一边为自己倒茶润喉。

天津人家庭里用的茶壶，一次至少能沏半加仑。茶壶都穿着"棉袄"，以为保温，嫁妆里面，精绣的锦缎茶壶套子，是不可缺少的。

茶壶如此的庞大，但天津人却忌讳别人赞美："好个大茶壶！"因为"大茶壶"和重庆人说的"酱油脚板"和字典里的"老鸹"是同一解释。

天津人喝茶也是有经济环境背景的，因为他们熏制香片的本领很高，南方来的生茶和茉莉花，在天津一加工再贩回南方去，身价十倍。

炸蚂蚱·香脆鲜

天津人虽然不怎样讲究吃喝，但是他们的乡土食谱"烙饼卷蚂蚱"、"贴饽饽熬鱼儿"却是全国闻名的。

蚂蚱就是蝗虫。每届孟夏，蝗虫长得有两寸多长，饱食了农作物，雄的肚子里一腔油，雌的一包子，天津邻近的乡人们，成篓成担地捕了来挑进天津城叫卖，"炸蚂蚱"的摊子，比比皆是，过路的人，人手一包，就像吃花生米一样慢慢地嚼着，也有买回去卷在饼里吃的，风味更是特别。

"炸蚂蚱"，是先去了蚂蚱头腿、翅子，洗干净才下锅的，这和南方人吃油炸蚕蛹一样，没啥稀奇。稀奇的是，这么多蚂蚱如何捕捉法？

据武杰建筑师说：乡下的农人们先在平坦的地上挖上一条长而且深的沟，入夜之后，在沟里沟边上点起灯，然后动员所有的男女老少，大家围成一个大包围圈，手执扫帚、衣服，一面挥舞着，一面叫喊着前进，把包围圈缩紧到沟边。

如此两三个来回，区域之内的蚂蚱都被赶进沟里去了，乖乖地伏在灯火四周俯首就擒，人们只消一把把地抓来塞进麻袋就得了。

据说，"炸蚂蚱"非常的香脆鲜美，尤其是雌的蚂蚱，一肚子黄，上面撒上点葱花盐末，比炸大虾的味道还要足。

贴饽饽·嘎巴菜

再说"贴饽饽熬鱼儿"。

这一定得用圆底锅。在早年天津一般家庭所用的铁锅，直径总有两尺半，灶里烧芦苇。把四五寸来长的小鲫鱼炸过、红烧在锅底，多加点水，然后把棒子面（玉蜀黍磨成的面）和好，做成冬瓜形五寸来长的长条，贴在锅边上，盖好盖，用文火慢慢地熬。等到熬鱼的汤汁快要收干的时候，起锅，鱼熬好了，贴的饽饽也好了，下面是一层焦黄的脆皮，上面松软而有鱼香。

天津的温士源先生说，这样一锅，菜饭两全，经济实惠，鲜香可口，是天津人最常享用的食物。

前天津市长张廷谔（直卿）先生说：在天津食品之中，"嘎巴菜"也可以说是一大特色。抗战胜利光复天津，前故南开大学校长张伯苓先生，从重庆回到家乡，一下飞机，就跑到小摊子上去吃"嘎巴菜"。离乱八年，他借着"故乡之食"来重温旧梦。

直卿先生认为"故乡之食"给人的感受，是与日俱增的，愈离得久，也愈令人思念。他说："'嘎巴菜'三个字我不知道该怎样写，你就随便记个音罢？随便三个字音，就能勾起天津老乡们的无限回忆。"

"嘎巴菜"并不是"菜"，只是绿豆粉摊饼，切开后浇上些卤汁而已。卤汁只是大料、酱油勾着豆粉的汤，类似打卤面的浇头，是极平凡的早点。

天津的早点种类很多，如像"油酥火烧"、"煎饼摊鸡蛋"和"糖皮儿"。"糖皮儿"是四五寸直径的圆面饼，上面有一层红糖，放进油里去炸。有人也把十来个"糖皮儿"装成一盒，拿来作为寿礼，像现今流行的生日蛋糕一样。

喝豆腐·八大碗

早点，自然也少不了豆浆油条。

天津人称油条为"果子"，要比一般的油条稍细，形状是两头合而中间分开的，有几分像是扁的油圈。

天津人称"豆浆"为"豆腐浆"，并且习惯说"喝豆腐"，因为豆浆之中真的有凝成块的小豆腐。"豆腐浆"其浓无比，锅里经常结着一层"豆浆皮"。有人专买"豆浆皮"用竹筷子挑着带回家去卷"果子"吃。

他们"喝豆腐"的习惯，是不放盐也不放糖，专门欣赏原味。

至于供应午晚两餐的著名菜馆，真正天津风味的，只有聚合成、义合成等家可以代表。他们擅长做"扒菜"，菜做好了放在黄砂碗里，吃的时候上笼蒸热，倒扣在盘子里上桌。一般喜寿堂会多半请他们来办。其中最受人称道的，有所谓八大碗，扒鸡、扒鸭、扒海参、扒肉等等的。

酱鲍鱼·炖白鳝

据七十五岁高龄的杨植民老先生说：自从庚子之后，天津县城周长九里十八步的老城墙给拆了，被开为商埠，有了租界，外国和中国各地的人拥向天津，也为天津带来了各种口味的菜馆。

庚子后首先来到天津的是山东登、青、莱一带的馆子，"元丰居"是第一家，接着有"登瀛楼"、"鼎和居"。这些馆子的老板和伙计们，说的是鲁东话，和吴佩孚大帅的腔调一样。

由于他们有小吃、价格也比原有的天津馆子公道，于是很快后来居上。

继山东馆之后，会说夷语的买办们来了，广东风味"松记"的烤牛肉，在海军医院附近开了张。紫竹林一带，接着又开了"广隆泰"，他家的边炉、麻酱鲍鱼、清炖白鳝，吸引了清末当时的世家公子，如袁世凯的少爷们，就常在那儿宴客，于是声名大噪。

民国以后，山东济南的"雅园"、"明湖春"，在天津出现了。"明湖春"的羊肉丸子堪称一绝。接着，浙宁也兴起了，聚丰园馆子的蟹黄包子，专门卖给在店里的食客，以此招徕。

河豚丸·玛瑙鸭

在众多菜馆之中，高居魁首的，恐怕要推清真馆"会宾楼"和"会芳楼"了。

"会宾楼"最初开在南市下天仙，楼上是雅座，房间可大可小，里面满挂着名人字画，还有烟榻、沙发，俨然像阔人家的客厅。有闲者经常从上午就泡在那儿，打牌吃饭玩上一整天。

"会宾楼"的对面，恰是著名的"燕乐升平杂耍馆"，前身称作"四海升平杂耍馆"，食客们兴致高的时候，宴席就摆过了街，边吃边欣赏小兰英的演出，集吃喝玩乐之大成。

昔年的"会宾楼"，气派着实不凡，客人一到，先是烟茶瓜子，接着十几个小碟子一起排出，有凉拌鸡丝、鲍鱼、松花之类的，这算店里奉送的开胃小品，末了的点心，和老板赠送的特别菜，也都不算钱。店里的几道名菜，如像"河豚丸子"，鲜美细腻，并且绝对不会中毒。"玛瑙野鸭"，野鸭出自天津北面的"七里海"滨，一般饭馆卖的多半是用猎枪打下来的，皮上千疮百孔，遍体鳞伤，吃的时候如果咬上一颗铁砂子，假牙都会崩下半个来，很是得不偿失。

"会宾楼"因为是清真馆，所有的肉类必须经过回教的阿訇验明是活宰，放尽了血，才能上桌，因而"会宾楼"的野鸭，必须是张网活捉的才合格，吃的时候，无须担心牙齿。

所谓"玛瑙野鸭"是把鸭子炸酥，趁热端上桌子，当着客人们浇下汁子，"喳!"的一声，有点像是抗战期间在四川吃的"轰炸東京"——锅粑虾仁。由于鸭身上的汁子微红晶亮，裹得鸭子像是玛瑙雕成的，因以为名。

"会宾楼"的菜如此豪华，他们所开出的账单自然也非常壮观。抗战之前，一对"河豚白"卖过七块大洋，那时候一袋子洋面也不过两块来钱。"河豚白"是河豚肚子里的两块肥膘，片成薄片在菊花锅中涮着吃。

据杨植民老先生说：在早期，会宾楼这一类的高级清真馆，卖羊肉而不卖牛肉，因为牛肉比较粗韧，上不了台盘。

这是最昂贵的馆子，还有些最低廉的食品也值得一谈。

羊肉包·羊蝎子

先说包子。天津的包子店几乎是每条街都有，其中最著名的，要算是"北门脸儿"的"苟不理包子铺"，店面很狭小，但是相当的深。据天津的刘成章先生说："苟不理"的包子是猪肉白菜馅子，馅大、皮薄，一咬下去，包子里的汤汁顺着嘴流。

据温步韩先生说：天津的羊肉包子也是一绝，笼盖一揭，蒸汽带着香味就能招徕。这些包子店里，除了包子只卖小米稀饭，既可打尖，又可当一顿饭。

再说"杂碎"。

天津的"杂碎"是干的，卤出来的和一般的汤杂碎不同，卖"杂碎"的，多是肉铺，上午卖肉，下午卖"杂碎"。

"羊杂碎"是把羊的内脏、心、肺、脾、肠、肚之类切碎了卤出来的。也有把羊的脊椎骨卤出来卖的，整套的称作"羊架装"；一节节的脊椎，洋人称之为"T骨"，天津人称之为"羊蝎子"，因为每一节脊椎，都像是蝎子。由于"蝎子"带着很多的残肉，细剔慢啃，特别有味，吃完了还能剥出一根长长的髓柱来。兼有"倒啖甘蔗"的情趣，所以它总是最先卖掉的。

猪杂碎有个专名词，"杂样"，也是除了猪的肉和肚之外，包罗其余的部分，另外还搭配点干虾米。

拉"胶皮"的朋友们花"两大子"买一大包，用煎饼卷上杂碎，真是很够营养。天津人叫"洋车"为"胶皮"，是因为洋车从硬轮子进入充气车胎之初，人们惊奇之余而为它命名的。正如台北的朋友叫"计程汽车"为"太可惜"，大概是因为其费用比公共汽车来得贵的原因。

活银鱼·紫蟹肥

天津是一个拥有二百一十五万人口的大都会，它跨着白河，距海不远，有些特产也是别处难得一见的。

冬天的时候，白河结了冰，在冰面上打上一洞垂钓，能钓到七八寸长透明的、像是冰条的小鱼，称为"银鱼"。

据杨植民老先生说，友人们馈赠银鱼的时候，总得用一只小木桶，里面盛着白河里的水，养着几条活银鱼连桶一块儿送，才显得隆重而名贵。

银鱼在墨绿的桶中游着，看下去只见一条白色的脊梁骨，和一双金黄色的眼珠，其他全是透明的。

吃银鱼，多半也是片成薄片余汤，或是在菊花锅里面涮。别的吃法，都有损其清淡鲜嫩。

和银鱼齐名的，当算是紫蟹。

张直卿老先生说，紫蟹也以七里海的最著名，也有说文安县运河上亦有出产。紫蟹肥嫩而多膏，蟹的腹部和脚爪，带着淡淡的紫色，非常高贵。

天津人吃螃蟹，多半用手拿、用牙咬，不像北平人用小锤锤、小钳子，摆些斯文谱。不过他们吃螃蟹的时候，都是专吃螃蟹，一顿吃个痛快。

天津的紫蟹，和美京华盛顿附近波多马克河口的"蓝蟹"，不知是不是远房亲戚。"蓝"蟹的滋味已经是很不错的了。

黄花鱼·对虾大

天津距大沽口不过百里地，距海近，渤海湾中的海产对天津来说，也是像后院子里的养鱼池，非常近便。

那儿的黄花鱼，比不上金门黄鱼的个儿，可是肉却很厚，细嫩而特别香。刘成章代表说：旧历五月，就到了吃黄鱼的季节，干炸、糖醋或煮熬着吃都很出色。

天津人吃的海虾，多半是煮熟了的，两个虾相对着插在一起，像是一个扁扁的虾环，天津人称之为"对虾"。对虾很肥很大，一对就有半斤。可以晒干做成大虾米，也可以做成炸大虾、烹虾段，或是切开来下面。

三白瓜·鸭嘴梨

关于水果方面，张直卿先生特别称赞"三白西瓜"。所谓"三白"也者，皮白、瓤白、子白，看上去像是生的一样，但确已是熟透了，极脆、极甜。

"三白西瓜"并非天津的土产，而是外来货，和鸭梨、栗子同样都是在天津出了名。

"鸭梨"是黄色的，上尖下圆，皮薄水多香而且甜。在乡下，人称它为"鸭嘴梨"，进了城之后被称为"鸭梨"，到了天津，文士们一品题竟成了"雅梨"。且不论其名称雅与不雅，梨儿的品质可以算得上是第一流的。

糖炒栗·青萝卜

人人所熟知的"天津栗子"，其素材来自河北良乡——其实也不在良乡。但是天津人"糖炒"栗子的本领很高，尤其是东门一家小席棚摊子的，他们炒出来的栗子，颗颗的外壳都像是外销的柚木家具一样亮，里面黄酥香甜，味道极好。

当栗子炒好的时候，如不小心跌了颗在地上，立刻会像手榴弹似的爆开花，可见其火候控制得恰到好处，内部已膨胀到了顶点。

天津的青萝卜和北平的齐名，同样是生吃的。戏剧家唐骥先生说：北平人吃萝卜，是把根部切平之后，用刀在上面割划成"米"字形的裂口，把萝卜剖成橘子瓣似的，一瓣瓣剥来吃。天津人却是在上面剖成"井"字形的裂口，一条条地拿来吃。

温士源先生说：天津人的身体都很健康，经年不害一次病，据说这就是他们喜欢吃萝卜、喝茶的效果。天津最流行的一句谚语是："吃了萝卜喝热茶，气得大夫满街爬。"

食在山西

"一辞故国十经秋，每见秋瓜忆故丘。"

每当我撰写《故乡之食》的时候，杜甫的这首《解闷诗》，就在我心中激荡着。尤其写到"食在山西"，这种感觉则更加强。我是山西太原人，太多的东西，都令我触念故丘。

在台北一个寒冬的早上，我好想喝一碗滚烫浓郁的"头脑"，那酒气的香味，会带给我无比温馨的回忆。

我进了一家所谓的"山西馆"问起掌柜的，掌柜说："什么时候要？怎么烧法？我们好去订几副'脑花'。"

真是"没头没脑"，令人"摸不着头脑"！"头脑"哪里需要"脑花"？显然掌柜的根本不是山西人。

傅青主·人中龙

这也难怪，"头脑"确实是山西人、尤其是太原人独有的早点。据说是明末遗老傅山（青竹）先生所发明的。

青竹（一称青主）先生是一位被神化了的革命家，山西阳曲县西村人氏，太原城中的傅家巷，是他的故宅。他自幼聪慧过人，明末为太学生，博通经史诸子，兼攻诗文，书画篆刻都称绝，青竹先生又精医术，《傅青主女科》据说是他传世的医书。当时顾亭林先生称他为"人中之龙也"，民间更推崇他为"当代巨眼"。

明朝覆亡之后，这位博学而有气节的学者，当然不肯降清，为了不剃发，而把自己装束成道士，因而他所用的别名中，有石道人、侨黄真人、酒道人、酒肉道人、五峰道人、龙池道人等等，最著名的外号却是"朱衣道人"。明朝天子姓朱，他留长发，衣朱衣，住土穴来侍食母亲，很明显地表明他忠心于"朱"的心迹。因而山西同胞传说：我国民间最有力的反清组织洪帮，就是朱衣道人所创立的。

清康熙十七年，圣祖仁皇帝为了收揽人心，令各地保举学行兼优，文辞卓越之人应试"博学鸿词"，以入翰林。孔尚任《桃花扇》中末了写的皂隶入山"访拿"山林逸隐，"大泽深山随处找，预备官家要，抽出绿头签，取开红圈票，把几个白衣山人吓走了。"可能就是描绘这一件事情。

青竹先生就是在这种形势下被"访拿"进京的。据说他被迫陛见康熙的时候，七十高龄的傅青主，一身孝服，踞而不跪，伏地大哭，康熙见他不被利用，龙心震怒，但是对这样一位极孚众望的老人却又无可奈何，据文字记载，他是"疾甚免试，授内阁中书，放还"。

五台方彦光（闻）先生，已为傅山先生写传，不得我细说，这一个简略的交代，只在表明"头脑"发明的背景。

八珍汤·帽盒儿

头脑又名"八珍汤"，汤里面煮着羊肉块、长山药、藕片、酒、腌韭菜以及药材中的黄耆、党参等，吃的时候必须就一种火烧饼子，名为帽盒儿。

创始"头脑"、"帽盒儿"的店，青竹先生题名为"清和元"而非"清和园"，后来才为别家仿效，逐渐普及全省，成为山西人最具代表性的早点。卖头脑店的标志，一直是一盏灯笼，以象征其早，过了中午，是绝对吃不到的。

何以傅青竹先生要把他发明的"八珍汤"命名为"头脑"呢？据阳曲马雨苍（济霖）先生说：这是傅先生散播反清思想的一个设计。令每一位山西同胞每逢酷寒之季，清晨醒来一睁眼睛，就想着要吃"清和元"（清代、元代的异族统治者）的"头脑"，并且把它夹在盒子（清代官吏所戴的凉帽）中大嚼。

每碗"头脑"之中，必定是羊肉三块，长山药两块，腌韭菜一小撮，今人心中默记"三·二九"之数。农历三月二十九日，是明朝崇祯皇帝自缢煤山殉国的纪念日。

这么看来，近代革命史上山西同胞的热烈响应，确实有极深的渊源。

杏花村·产名酒

除了"头脑"之外，山西还有"汾酒"和"醋"是闻名全国的。

有一首人人都会吟诵的杜牧清明节诗："清明时节雨纷纷，路上行人欲断魂，借问酒家何处有？牧童遥指杏花村。"后来又被改谱入《小放牛》的歌词中："你要喝好酒，请到杏花村！"

山西同胞们解释，所谓的"杏花村"乃是指山西汾阳出汾酒的那一个，并非安徽贵池县的。如果属实，汾酒早在唐代就已经名满天下了。

"汾酒"的香醇真是世间的妙品，坛开之处，香闻十里；入口立即汽化，从鼻孔、喉头、全身三万六千个寒毛眼里发散出来，巴拿马赛会，洋人们一品尝，无不叫好，立刻给了第一名。

其实，拿去赛会的，还只是太原晋裕汾酒公司出品的二流货色，真正的佳品还没有去亮相呢。

汾阳一带出的汾酒都是够水准的，但最好的汾酒，却是出自尽善堡、申明亭和杏花村三处。据说那一带有几口井的水质最是特别。

汾阳酒·小掌故

我曾经听二叔父锡康公讲过一则关于汾酒的故事。

在汾阳一家酒店，老两口儿用院中的井水酿造高粱酒，风味平常，但由于两老待人和善，酒客们也常常去他店中聚饮。

有一天，突然来了一个肮脏褴褛的老乞丐上门来讨酒喝。喝了一碗，意犹未尽，再讨一碗，老店东照斟不误。老乞丐喝了两碗酒，显得不胜酒力，就从店里一路呕吐出去，把一肚子腥秽难闻的脏东西全都给吐进井里。其他的酒客们见状不禁大怒，这么一来谁还再敢饮用这家的酒，都涌到井边想要揍他一顿。

这时候，店东反而出来劝阻，说："事已至此，打他也没有用，且饶了他罢！"这才算解了围，老乞丐悻悻而去。

说也奇怪，自此之后，那口井里掏出来的水，即是甘洌已极的好酒，老两口天天汲取装坛出卖，不久就成了巨富。

又过了几年，这位老乞丐再度出现来讨酒喝，店东俩知道他必非凡人，自然殷勤接待。数杯下肚，乞者问起他们的近况来，老头子不胜感谢，连连说："我们发达起了。"老婆婆却有点遗憾地说："发达虽然是发达，只是现在自己不酿酒，捞不到酒糟来喂猪了。"

老乞丐听说这话，微微一哂，飘然离去。自此以后，这口井再也不产酒了，只是用井水酿出来的酒，仍然是香醇无比，天下第一。

汾酒之所以好，除了水质特佳之外，还得归功于制作的精炼和窖藏得久远。在制作上，无论是选材、发酵、蒸馏，每一个步骤都极严谨而确实的。更难得的是，在整个汾酒业中，每一分子都能严格执行祖传的酿法，唯有如此，才能保持"汾酒"的金字招牌，历千年而不坠。至于窖藏，更是山西人节俭、有计划、未雨绸缪的好习惯，他们决不会因为今年销路大畅，而将预留在明年启封的酒提前卖掉。

酿佳醋·中和碱

除了酿酒之外，山西人酿醋技术的精到，以及爱好的程度，也是独步全国。

山西人离不得醋，主要是因为黄土高原之上，碱质太重的缘故。

有人说：只要一张开口，就能确定对方是不是真正的山西人。这并不是听辨他的乡音，而是看他的牙齿。山西人的牙齿上，多半有着焦黄色的纹路。近代的医学家，发现凡有这种色质的牙齿，多半不生蛀齿，虽然不够洁白美观，但却整齐坚固。

经过医学家们悉心研究，发现有这种牙齿的人，他们的饮水之中，含有成分较重的氟化盐类。因而发现了氟化盐类防蛀齿的这一学说，所谓"氟化牙膏"，也就应运而生，充斥市面。

在山西，一般人家的井，总要挖下去几十丈深才能及泉，井口之上，没有不安装辘轳绞盘的。桶放开之后，要下落十几秒钟才能触及水面。而井中所贮的地下水，经过如此深厚的黄土层，渗落到贮水层，必然也溶解了大量的盐、碱类在其中（汾阳的井或许例外）。这是山西人较其他地区人民，更需要醋酸来中和体内碱分的缘故。

我家乡的同胞们每餐以面食为主，"生盐、生醋"调在面中，就已经很满足了。因为山西醋酸得鲜美，而且有一种独有的清香。

一般民间，新媳妇一进门，婆婆为她所出的第一道测验题目，就是酿醋，用高粱、小米或麦芽糖来做原料发酵。

武乡武西林（誓彭）先生的夫人韩宝珍女士说：祁县一带出最好的山西醋，做法是把蒸熟的麦麸子铺在箩中，洒上冷水，然后放在暖坑上听它酸酵，发生一层绿色的霉素，用来拌入熟的高粱米中，放在坛子里，每天搅拌，直到完全酿成之后，才从坛子下端的洞口滴漏出来。

三曝晒 · 三冰冻

酿好的醋还得存放在大瓮中曝晒寒冻，并且愈陈愈好。

马雨苍先生说，一般酿造的醋，至少要经过"三曝三寒"，也就是三个夏天的曝晒，三个冬天的冰冻。

在烈日之下，每晒一天，醋里面的水分约莫会蒸发掉半寸。冬天的时候，听任它在院子里冷冻。这样经过三个夏天之后，醋里面的水分完全蒸发掉了，剩下的是纯净的醋酸。所以第三个冬天，即或再冷，缸里的醋都不会再结成冰了。

讲究的人家，陈年老醋醋龄总在三五十年之上，甚至有超过一百年的。这种陈醋，已经凝结成膏状，吃的时候必须要兑上些水，冲淡了才行。

醋的发酵，实际上是微生物在起作用，但是山西同胞们却迷信是因为"醋鳖"寄居在坛子里做工。"醋鳖"最怕三种人，一是孕妇，一是陌生人，一是孝子。如果这三种人一接触到醋缸，"醋鳖"就死了，缸里泛起一层红色，据说是它的鲜血，于是一缸醋整个报废。

这些说法，无非是对于"清洁"与"一贯的保存方式"两项酿醋秘诀，添上了神秘的色彩，促使大家注意。

做面食 · 花样多

至于一般的主食，山西全境约可分作三个区域，北路以莜麦面高粱面为主，莜麦也就是燕麦，养分高而且最耐饥；中路以杂面为主，包括白面（小麦）、豆面（绿豆）、荞面（荞麦）等；南路临汾一带，气候较热，年可二熟，以白面为主。

北路最普遍的食物是"栲栳栳"，这几个字如何写法，我实在问不出来，且借柳条编结的盛器名称"栲栳栳"一用，因为二者的形状颇有相似之处。

"栲栳栳"的做法是把一块莜面放在石板或木板上，用手掌一压一搓，使它卷成一个圆柱形的卷卷，放在笼里蒸熟，浇上作料、羊肉汤来吃的。

定襄张岫岚女士说：北路妇女同胞做起"栲栳栳"来，简直是一种艺术，手法快，大小均匀，并且上沿绽开，像是片片花瓣，整个的作品，像是一朵花。

山西中路一带，因为在外经商的人多，做票号的人多，对于吃食比较讲究，单是面食，就能做出一百多种花样来。例如拉面、削面、剔尖、柳叶儿、猫耳朵、拨鱼子、赶面、河捞、抿蛆蛆、擦虼蚪、拖叶儿、格车车、揪片儿、掏疙瘩、拌汤、片儿汤、搓鱼儿、莜面蛋蛋等等。

同样是面做的，但因为做的方法不同，吃的风味就各有千秋。

拉面：是把筋丝最好的白面和好，醒一醒——略为放一段时间，使得水分充分渗入每一粒面粉之中，然后两斤作为一股，往返拉长，同时扑上干面粉。如此一成二、二成四、四成八，以平方积数增多，面也愈来愈细，最后，切掉两端手握着的部位，将中段的面条下到锅里去。

往往这一大把，就够五六位壮汉同时食用。

削面：把面和得又光又硬，用锋利的刀削成条状直接下锅煮食，每一条面，都是薄的三棱形，像一把匕首的刃部。

在祁县、太谷一带的削面好手，能够把面顶在头上，两手各持一刀。左右开弓，同时在头顶上削着。

剔尖：把和得较稀的面盛在盘子里，一面旋转盘子，一面用一根细筷子把面剔成细条下锅。真正的好手，能够一口气剔完一盘，长长的一根面条，中间不断。所谓一根面煮一锅，就是指此而言。

柳叶儿：斜切的面条，每一根都一头宽一头尖，形如柳树叶子。

猫耳朵：把骰子大的一小块面团，用手指捻成小卷，形如猫耳朵。据说意大利人吃的蚌壳形面片，就是元朝马可·波罗来华留学，学成归国之后所带回去的。

拨鱼儿：两头尖的短"剔尖"。

赶面：刀切面，妙在刀法快而且齐，根根均匀。

河捞：用一个特制的"床子"架在灶上，把面和得稀软，放在床子当中的圆柱形洞中，下有铜片做的漏眼，用杠杆推压活塞，把面从漏眼中压出直接下锅。

很多讲究的学府之中，都备有巨型的河捞床子，大师傅骑坐在杠杆上来压面，完全靠体重来做饭。

抿蛆蛆：用木制的推手，把和好的面团从特制漏床上压下去。这种面的形状，有几分像苍蝇的幼虫，故以为名。

擦圪蚪："圪蚪"就是蝌蚪。也是把面团在铜擦床上擦下锅。擦床的形状，像是台湾擦萝卜丝的擦子，不过尺寸上要大十来倍。

拖叶儿：把菠菜或白菜、茄子片等，在面糊中拖沾一下，入锅煮熟。

如果把小粒的蔬菜、豆角、拌上干面蒸熟，用油炒着吃的，则叫"拨烂子"。

来到台湾之后，先大父培元公不时还谈起这些家乡的吃食，借以说明山西人节俭的传统精神，家母也经常下厨做些家乡面食来侍奉老人家。先大父最喜欢吃粗拨鱼儿，端上来之后，他爱说一声："喏！喏！喏！"这三个字含有谢谢、好极了、太多了等复杂的意思，然后开心地笑一声。先父锡恭博士，吃米饭的时候，只是很快地吃一点，胃口缺如，每逢吃到绿豆芽炒焖饼，却又把节食的事抛在脑后。

大米饭·如补药

在山西，除了票庄子，大买卖家讲究吃喝，喜欢办"满汉全席"之外，一般的同胞，只要盐、醋，或者再加一头大蒜，就着面，即是一顿饭。稍为讲究一点的，浇头只是大炒肉（又名煎猪肉）、小炒肉（炒肉丝）、羊汤、打卤之类的。前故山西省主席阎百川先生，每逢招待宾客，中餐西吃之后，总要上五个饺子，一块黄米软糕，一碗小米稀饭，他还要对这几样点心说明一番，以示不忘本。

山西人偶尔也吃大米，多半是熬成稀饭给病人、产妇们喝，喝大米稀饭的心情，一如是在进补药。

据我访问所知，山西至少有三个地方出大米，如像南方的临汾，北方的定襄，和中路的晋祠。

临汾一带，很像是陕西的关中，当然宜于产米。

晋祠属晋源县管，一道泉水从悬瓮山上涌流出来，成为晋水之源，泉水流经之处，沟渠纵横，禾苗青青，号称为"山西江南"。

圣母殿上供着的"水母娘娘"，据说坐在洪水的源口之上，堵塞为害的洪流而自我牺牲的。她舍身救人，使得洪水变为美泉，造福地方。

圣母殿内有一尊神像，塑着水母娘娘披着发，衔着梳子，坐在一口缸上。相传那口缸即是洪水之源，洪水暴发的时候，水母娘娘正在梳妆。

晋北定襄之所以产米，也是得力于泉水。张岫岚女士说：中霍村、小霍村两处都产米，米质很好，当地的同胞都把米变卖掉换成莜麦，米在他们心目中，只是财源，而非粮食。

红皮瓜·六月仙

山西省出产的蔬菜瓜果极多，品质也很好。

收成"梨枣"、"壶平枣"都能当成水果生吃或晒干。八月收"棘（音）枣"，用高粱酒拌起封存坛中。九月半初雪，把洁净的雪花收来填进坛中，填满，再封好，过大年时，已成为香脆可口的"酒枣儿"。

据武西林夫人说：中路出产一种"顶红皮香瓜"，其品种的来源也是一段有趣的神话，还曾经入山西梆子之中成为一齣名戏呢！

这种香瓜的绵甜，是别处难得见的，五月麦熟，瓜正好上市。小孩子们喜欢把它的顶切去，掏掉瓤子，灌些凉水进去，稍放一会儿，里面就是一包蜜汁，用麦管吸饮，最是消夏隽品。

山西出产的葡萄，颗粒特别大，紫葡萄叫做玛瑙球，白葡萄更长达一寸多，北路人称它为"驴奶葡萄"，中路人浑源一带称它为"马奶葡萄"，撕去果皮之后，咬在嘴里"崩"的一声，香甜沁人。

中路的蜜桃，号称"六月仙"，令人相信它确实是仙品。

此外，滚圆、重达三斤的大茄子，肥而且嫩，串着曝晒的"豆角角"（四季豆），这些平素不怎样令人重视的土产，都曾令我"思我故乡兮，神魂飞扬"。

李郢写过引我共鸣的诗句："闻说故园香稻熟，片帆归去就鲈鱼。"照我们这种努力不懈的情况看来，相信"片帆归故里"的日子，确已不远了。

食在陕西

三国时代，蜀汉丞相诸葛孔明，发明了所谓的"木牛流马"，用来运送军需，节省人力而且非常迅速。只可惜这两大发明后世失传了，因而有人推测说，竹筏就是"流马"，而"独轮车"即是"木牛"。

这一说法，确有它的可取信之处。

独轮车在我国风行甚广，在四川和陕西南部一带，昔日诸葛武侯的活动范围之中，尤其是普遍。

四川同胞称之为"鸡公车"，因为它的轮轴在轮架孔中转动的时候，发出"叽叽溜溜"的声音，像是"公鸡报晓"的啼声。

四川人说"公鸡"是"鸡公"，"母鸡"是"鸡婆"。

在陕南，称独轮车叫"叫蚂蚱车"，以为车轮转动的声音像"蚱蜢"的鸣声，"叫蚂蚱"就是秋季的鸣虫"纺织娘"。

这两种车子的一双轮架，都是可以装拆自如的，如果拆去其一，车子就无法行动了，这和诸葛孔明传说中"木牛"的"牛舌"，有同样的功效。

不论是"鸡公车"也好，或者"叫蚱蜢车"也好，载重量都是很大的，一石米装载上去往往还可以搭一个人。但是如果用来装载陕西乾州（现称乾县）的"锅盔"——大饼，一辆车子，顶多只能载四个。

大锅盔·吓坏人

乾州锅盔，每个直径有三尺多，厚约四寸，恐怕是我国大饼之中的老大哥。

这种大锅盔，又干、又硬、又耐嚼、又耐饥，空口嚼着，满口清香并且还回甘，是古代理想的军粮，也是通西域必备的食物。

现在介绍陕西省，首先提出大锅盔来谈，即在强调陕西的地理位置，它是往西北边陲的起站，其食物的特征，是有着很浓重的西北风味。一般来说大致如此，但是陕南汉中、镇巴、巴山的北面，吃食重在泡菜白饭，一如四川；陕北较苦寒，食如晋北；陕西最讲究的地方，西安北方九十里的三原，其精致与奢侈，则类似江南的苏州，并不带西北味儿。

清朝平回乱的时候，回兵用牛拉着大炮轰打三原的东关，正在燃炮待发的时候，牛却拖着炮掉了个方向，反而炮打回军，救了三原。三原同胞因而也把牛当成恩人，全城禁止屠牛，不卖牛肉，这一传统直到民国以后才逐渐废弛，西安的"牛肉泡馍"，始得侵入三原。

三原派·气质秀

牛羊二者缺一，自然少了很多西北味道。加以明儒端毅王石渠（恕）先生、恭简韩苑洛（邦奇）先生等所倡发的"三原学派"，在地方上培养出文秀的气质，因而陕西同胞也把三原人当成苏州人似的来开玩笑。

三原人吃面的碗，大小一如台南担担面的碗，壮汉端起来一口一碗，十几碗下肚也不过才垫个底儿。三原人的饺子，每个大如拇指的第一节，饺子边上还捏着花纹，比在大块肉、大碗酒、大块馍的关中汉子之间，难怪特出。

民国五年，三原的前清进士孙芷沅住在北平三原会馆里，看见家乡的小伙子一顿饭吃过三碗面，就问他说："我看你不是三原人！你是哪里的？"

"我是三原东里堡的人！"

"难怪！乡下人！"

以饭量吃相来衡量人，其咄咄如此。

素鱼翅·海尔牓

三原人的确讲究吃，以于右老为例，他虽然不重视山珍海味，但是对于菜的火候、程序却精到已极。

民国十七年，于右老在南京当审计院长时，于夫人为他炒了一道家乡的辣椒笋瓜，菜刚上桌，于右老就说：这菜不对，不能用新鲜辣椒炒，一定要干辣椒泡水发开才行。于夫人真是哭笑不得。

于右老回到家乡之后，还发明了几道菜，其中之一是"搅瓜鱼翅"。三原生产的"搅瓜"，用筷子一搅拌，可以搅成透明的丝子，很像是发开的鱼翅，因而三原最清寒的人，饭桌上经常能有"素鱼翅"，俨然"鱼翅席"。

在前清，三原的厨子多来自宁夏、甘肃一带，三原"明德楼"的店东兼掌厨张荣，手艺堪称一绝，最得右老的赞赏。张荣作古之后，右老亲为题墓碑"名厨张荣之墓"。张荣的儿子对于这一头衔甚表不满，认为父亲一生当厨子，死了以后为何还挂个名儿？地方上的人士纷纷对张荣的儿子解说："你父亲能在三原称'名厨'，而且还是右老封赠的，那岂不是等于天下第一名厨。"张荣之子这才回嗔作喜。

三原人称酒席为"红案"，面食为"白案"，其他属于小吃。

"红案"中著名的如像"天福园"、"宝和园"都只包办喜庆宴会，不卖小吃。全陕闻名的大菜有"干煸鳝鱼"、"红煨鱿鱼"、"风肉"、"海尔膀"等等。

"风肉"分红白两种，"红风肉"是用酱油焖烂的，"白风肉"则不用酱油，肥而不腻，有镇江肴肉之风，夹"两张皮"——烧饼吃最好。

"海尔膀"是红烧大肘子，名称来自满人，是名厨张荣的拿手菜。

三台席·十三花

三原人的"红案"，最隆重的称为三台席，是宴请女婿时用的，通常三台席吃过一台，娇客就逊谢了，其他的两台也免抬了。

酒席先是一道凉拌，一上桌的，却是一个大空盘子，里面只有酱油、醋、香油等调料。但绝不是福建（弗见）菜。

随后上来十二个四寸碟子，四海味、四荤、四甜果。加上当中的空盘子叫做"十三花"。除了四甜果之外，一股脑儿都倒在空盘子中拌起来享客。这里面有干虾米、发菜、紫菜、海蜇皮、麒麟菜、松花皮蛋、火腿等等的，倒也别致。

上等的酒席都少不了鱼翅燕窝、海参之类的，海参多用刺参，把它放在布上面片，免得它滑溜，片出来的片子飞薄、透明。

次等的叫做"油席"，是以猪羊鸡鸭为主，取其油大，卡路里多，味道就不甚讲究了。

陈顾远教授也是三原人，我追随他学"中国法制史"和"亲属法"的时候，他老人家从天理、人情、国法讲起，把枯燥的条文和现实生活打成一片，因而整堂课兴趣盎然，如坐春风中。

每逢上午最后一节课，同学的饥肠辘辘，陈教授举的例，因而也往往指向家乡的烹饪。他常说，烹饪是一种艺术，和法律条文的运用一样，长于此道的，火候精纯，可以安排满桌佳肴，否则令人无法下箸。

上述关于"三原之食",就是陈教授特别赐予的补充教材。当然是在课堂上得来的。

色香味·声割触

陈教授分析"三原之食",单讲色、香、味,境界还不够高,必须再加上"声"、"割"、"触"、"器"四个因素。

"声"就是菜肴所应有的响声,如像鱿鱼锅粑上桌时,那"喳"的一声,干炸丸子细碎的"必剥"声,脆肚头咬在嘴里的"嘣嘣"声,油淋辣椒"哗"的一声,如果缺少了这种声音,那就和看电影时突然扬声器哑了同样的不过瘾。

"割"就是刀法。子曰:割不正不食,可见其重要。又如像涮羊肉片子切错了纹理,涮出来的和一团橡皮筋无异,虽然学问不及孔子,也宁可弃而不食。

"触"就是触觉,"油炒豆泥"要烫得令人落泪,杏仁豆腐要冷得浸牙;脆的要像咬脆麻花,软的要能入口即化。

"器"就是食具,像赵丽莲博士说的,美国市侩附庸风雅,用中国夜壶来装面糊摊饼,固然是食非其器,但其余如涮羊肉的紫铜火锅不够大,用大玻璃杯来倒酒,也都是煞风景、倒胃口的事。

以上是"红案",也就是"酒席"。三原是"西北的上海",所有经济贸易的活动,全集中在此。前清时代,西安银根的缓急,全要看三原镖银的到达与否,这些条件,使得三原的"红案",高踞全陕第一。

"白案"和一般小吃,则应把话题转向西安。

太白冰·酸梅汤

庚子八国联军入侵,慈禧太后带着光绪皇帝,换上平民衣服,坐着骡车,仓惶西奔,一路上忍饥受冻,吃了不少苦头。

有好些书上记载，皇室逃难的头几天，慈禧经常是以小米稀饭、白煮鸡蛋作为主食。一直逃到山西太原惊魂甫定，在当地的仓库之中，找到了乾隆时代所留存下的仪仗銮舆，才改换姿态，变"逃难"为"西狩"，继续到陕西的西安去"打猎"，然后折回开封，返回北平。

在西安期间，慈禧住在北苑，恢复了御膳房的规模，有所谓"荤局"、"素局"、"菜局"、"饭局"、"酪局"、"点心局"等等。

陕西同胞们说：慈禧带着"御膳房"西幸，提高了西安地方的烹饪水准。但是，慈禧吃得最开胃的，却不是御膳房的伙食，而是长安的出产冰镇酸梅汤和羊肉泡馍。

在西安期间正值溽暑，慈禧突然想吃冰镇酸梅汤，酸梅汤倒是容易做，但是冰块去向哪里找？正在为难的时候，地方官想起了长安八景之一，"太白积雪八月天"，长安西南百多里地的太白山上，有一道深涧，其中冰雪千年不化，是一座天然的冰库，于是派遣专人去取来供奉。

从此之后，到人造冰应市为止，西安市上就有了以"太白积雪"为号召的冰冻酸梅汤，据说就是慈禧西狩时所发明的。

羊肉汤·泡馍馍

慈禧激赏的另一道食品，是羊肉泡馍。西安同胞们说：慈禧太后乘着凤辇经过鼓楼十字街的时候，突然闻到了一阵羊肉熬汤的香，引得太后食指大动，于是传谕停辇，令太监买一份羊肉泡馍来，就在凤辇中细细品尝。因而西安城鼓楼"老白家"的所在地，直到今天，仍然被称作"止辇坡"。

这段轶闻被西安同胞们描述得活龙活现，一幅"止辇吃馍图"，好像已浮在眼前，背景是西安鼓楼，一大群衣着华丽的皇亲国戚、王公大臣，在仪仗如林的队伍间伫立着，街上铺着黄沙，已经警跸，一般民众躲在家里从门缝中向外张望。一位太监跪在辇前捧着漆盘，上面放着一碗热气腾腾的泡馍进献慈禧太后。这的确是很令西安同胞觉得"气粗"——神气自豪——的一幕。

对于这一则传说我有一点疑问。羊肉泡馍的碗大得来像个小型的洗脸盆，同时又特别的烫，是无法用手端着吃的，尤其是像慈禧这样养尊处优的人，即或有太监为她捧着，在辇中吃泡馍，总是不甚方便。

西安城内外，吃羊肉泡馍的地方触目皆是，其密度一如四川的茶馆。这些泡馍店，也就是牛羊肉馆，都是清一色的清真馆子，内部陈设简单，但却极为干净。其中最著名的，有西大街的天锡楼和鼓楼"止辇坡"的老白家。

老白家的煮肉，是以原汤为号召，大锅、文火炖一个对时，炖得浓郁而清香，肥肉都散成云了，瘦肉也入口就化。

羊湾口·最有味

但是老行家们吃羊肉泡馍，并不重在肉肥肉瘦，而故意要挑肉以外的杂碎，专享异味。例如像头皮、蹄筋、油肠、腱稍、肚梁、湾口、羊尾巴。

所谓的"湾口"，乃是羊肛门四周的括约肌，组织细韧，咀嚼着也最有味，但也最难遇上，因为一头羊只有一个，捷足者才能选得。既得者往往为了夸耀自己的运气好，免不了要向友人赞扬某家的湾口今天炖得特别好！以致渐形成"长安的湾口——口碑载道"的声誉。

陕西人叫馒头为馍，可是羊肉泡馍所泡的却不是"馍"，而是锅盔。锅盔有三种，中空的叫做两张皮，可以泡，也可以"单做"——要堂倌把羊肉单切为一盘，用来夹饼吃。

另两种是发面锅盔——较软；呛面锅盔——硬脆，久泡不烂。

开胃汤·葫芦头

吃泡馍，进店坐定，堂倌不待吩咐，先上半碗汤。这有双重意义：一、是为客人开胃，二、是请客人品尝，如果客人觉得不是滋味，不妨一抹嘴就走，不必给钱。

据陈顾远教授说：进门先上汤，这是古风，后来时代进步了，"古法炮制"者也就少了。

小半碗开胃汤下肚，客人们开始要来锅盔，自行很仔细地掰成小块，放进碗里，然后叫堂倌把汤和切好的肉冲入其中，这就成了。

锅盔泡汤之后，外壳的那一面依然硬脆，里面的那一面却如像海绵，吸饱了汤汁，羊肉泡馍之妙，即妙在此。

西安的同胞，嗜之若狂，因而吃猪肉者也仿效了泡馍的方式。他们把猪杂碎和鸡煮上一大锅，配下馒头锅盔当成消夜吃，称之为为"葫芦头"。

辣子油·腊汁肉

陕西同胞有句谚语："人吃辣椒，图辣；牛吃棘藜，图扎。"又说："辣子姓张，愈吃愈香。"可见陕西同胞是何等地嗜辣。

在西安城的各大街上，有一种羊血摊子，把羊血和上盐凝结成块子，切成细丝，煮在一锅滚汤之中，外加疙瘩子（饺子），盛入碗里，浇上醋、酱油、蒜泥、韭菜花，和碗面上浮着约两三分厚的辣子红油。

这是大众化在马路边上的食品，吃的时候，稀里哗啦，甚是不雅，不过，的确能治好伤风。

又如凉粉、"皮子"，也少不了辣油。

在肉食方面，陕西同胞是以羊、牛、猪、鸡为主，他们有一句俗谚："鱼龙鸭凤"。鱼的罕见一如龙，鸭子也珍贵如凤凰。

肉类的吃法中，有两个名词很容易让外地人混淆不清，即是腊牛羊肉和腊汁肉。

腊牛羊肉是把整块的肉用盐水香料煮好晾干，压制而成的，吃的时候，切下一块来就锅盔，是去西域的干粮之一。

腊汁肉就是卤肉，卤汁之中有酱油、酒、糖和香料，但绝不能掺水。夏天的时候，总把卤汁罐子吊在井里，放在地窖之中，以免遇热变质，因而有几家老号，是以百年老腊汁为号召的。

牛肉饼·柿子饼

在西安城隍庙后门，回教馆子里卖的牛羊肉饼也是当地的一绝，当着客人剁肉做馅，包赶吊烤。特制的吊炉，上下有火，肉饼"吊"在中间烤，烤得两面黄脆，往外流油。这种饼所使用面与肉的比例，略为一比二，肉多面少，应视之为肉食。

西安的甜品，花色也极多，有蜂蜜凉粽子、净糕、柿子饼、酒糟、洋芋糍粑等等。

其中净糕和酒糟总是比邻而售的，做"净糕"的人，总是半夜起来，洗好黄米和枣子，一层间一层地铺上去，用火煮熟，天亮时连锅子推上市去卖，其特点是甜、软、香、烫。用来就着酒糟蛋吃，滋味无穷。

酿酒糟的人家，总附带生产甜酒，称为梨花酒，其中带有梨花的香味，据说是浸着梨花瓣酿制成的。

另外一道甜食是秦保民先生曾经大书特书的，是西关头莲湖公园南门口的柿子饼。

秦先生说是把柿子去皮核，中间填上冰糖、花生仁、核桃肉、杏仁、芝麻等，用文火煎透而成的，红得像宝石烫得像火。也有记载说，有一种柿子饼是用临潼县出产的"火景柿子"和面粉做的皮。据说"火景柿子"个儿不大，每个只有一两多重，里面却是一包红色的浆汁，所以能够拿来和面而无须另外掺水。用这种皮子包出来的饼，真像是一颗红油油的柿子。

据秦先生说：莲湖公园外的柿子饼摊极小，只有两张桌子，坐四位客人，然而门庭若市，应接不暇。

洋点心·迷酒吧

西安一带曾经是我国周、秦、汉、隋、唐的都城所在地，前后历八百八十八年，文化盛极一时。西域诸国，天竺、波斯、高丽等邻邦，遣使入贡，竟使得长安城中接受了很多的外来文化。皇宫之中，有专做"西餐"的厨子，市街之上，也有外国的"酒吧"。我们翻阅旧籍，似乎还有余味可寻。

在白居易长庆集中，有首诗题名为《寄胡饼与杨万州》："胡麻饼样学京都，面脆油香新出炉；寄与饥馋杨大使，尝看得似辅兴无？"

可见当时的洋点心，已经从京师流传到外面了。

有人考证说，我们现在所谓的"饽饽"，原是古代长安人所谓的"毕罗"，是毕国和罗国两国的师傅在长安市上所售制的点心。

古代长安市上的外国酒吧，更是骚人墨客们经常去光顾的地方，因而诗文之中记载尤多。根据记载来推想，那时的酒吧可能有几分像今天的夜总会，有外国女艺人登台表演胡旋舞，以至天宝末年，京师之中舞风颇炽。

唐代大诗人对于这些酒吧最为迷恋。曾写过"胡姬貌如花，当垆笑春风。笑春风，舞罗衣，君今不醉将安归"（《美酒行》）及"银鞍白鼻騧，绿地障泥锦。细雨春风花落时，挥鞭直就胡姬饮"（《白鼻騧诗》）的诗词。

李白为朋友饯行，也设席酒家："何处可为别？长安青绮门。胡姬招素手，延客醉金樽。"（《送裴十八图南归嵩山》）

李白认为最写意的事情之一，骑马春游之后上酒家："五陵年少金市（长安西市）东，银鞍白马度春风；落花踏尽游何处？笑入胡姬酒肆中。"

女人手·柳林酒

在前面所引的几首诗中，李白只说上酒吧，而未描写饮什么酒，可见饮酒还在其次。

以现今西安市上的来推论，李白可能饮用的是洋法酿制的葡萄美酒，以及凤翔名产的西凤酒。

凤翔在长安西面四百华里，以柳林镇出的最佳。据说是和酿酒用的井水有直接关系，陕西谚语："凤翔三宝：东湖柳、女人手、柳林酒。"或者简称为："柳、手、酒。"其中的"酒"，就是指此而言。

凤翔的酒是用高粱酿造，酒成之日，家家搭棚摆席，斟出佳酿，彼此观摩品尝，像台湾的大拜拜流水席一样，是所谓一年一度的"品酒大会"。

这一风俗，促使凤翔酿酒工业精益求精，在国内能高踞一席。

凤翔的酒，是用柳条编糊的篓子盛装着运销各地。由于好酒多数都出口了，以致在当地买到的酒，反不如外销品好。因此也有人说：凤翔酒必须装在酒篓之中，摇摇晃晃，转运千里，味道才醇。

菌子香·笋鲜嫩

陕西北部一向是民风彪悍的地方，李自成、张献忠都出自延安左近，那儿的吃食没有啥谈的。

陕西南边近四川一带，出产和民情也一如四川，如镇巴县一带，人们说话全是川北口音，那儿的菌子、木耳、野味，一如四川。

在华县一带，就是关中风味了。那儿也产竹子，竹笋长仅寸许，鲜嫩异常，在古代，因为稀少而严格禁采，可是官府之中为了谋利，却私下养着人去盗采，监守自盗。一旦被民众发觉扭送官厅，官官之中只好公事公办，在堂上打几板示惩，然后引入厨下，肉食犒劳，以示慰问，所以当地有句俗话："官堂吃竹板，官厨吃肉饭。"竹笋之所以如此稀罕，也足征陕西南部虽极近似四川，但在地理的区域上，已经是颇有差别。这些差别使得"吃"在我国，更为多彩多姿。

食在甘肃

台湾出产的"五加皮酒"，行销海内外，颇受欢迎。在一次宴会中，外国友人曾问起何以称之为"五加皮酒"，我真是答不上来。同席的一位先生解释说，是五种不同的草药皮，用酒泡制而成的。这一解释颇有"顾名思义"之效，五种"皮"加在一起，是谓"五加皮"，当时我也信以为真。

后来我向甘肃省的王禹廷先生请教甘肃的出产，才知道"五加皮"原来只是一种皮，并非五种皮。

食五加·成神仙

柳宗元述旧言怀感时事诗："香饭春菰米，珍蔬折五加。"诗中所谓的珍蔬"五加"，即是这种植物。

本草集解别录中，把它当成药材，而非"珍蔬"。记载着："五加皮，五叶者良，生汉中及宛句（汉置县，宋时宛亭县，今山东菏泽县西南）。五月七日采茎，十月采根。"五加是一种灌木，它的根部结成球状，有很多层皮，用来泡制高粱酒，就是著名的五加皮酒。但也有记载说："以占米或黍七分，高粱三分，以五加尖酿之。"

五加可能是一种很滋补的药材，《神仙服食经》上说，用五加来和地榆（玉札）同来煮食，可以成为神仙。

吃五加是否真的能成神仙？我不知道，不过听甘肃的朋友说，这种植物在甘肃非常的普遍，人们根本没有把它当成"珍蔬"抑或是"仙药",经常让它在野地里自生自灭,与草木同腐朽。但是甘肃的五加,其品质之佳,在汉药界中很有地位。

谈"吃在甘肃",以五加来做"引子",是要说明:甘肃与陕西在地理上、人文上有许多相似之处。例如,以在陕西汉中生产为最著名的五加,在甘肃也是盛产。在其他的吃食和习惯上,亦复如此。

甘肃省的面积有三十九万多平方公里,相当于浙江、江苏、广东等三省面积的总和,或者是十一个台湾省,其间未为大家所知道的富源和出产,除了五加之外,一定还有很多。遗漏之处,尚祈读者先生们原谅。

现在先从省会兰州说起。

兰州区·果树多

兰州是我国地图上的几何中心,全国的正中央,因而也曾有人根据它这一不偏不倚的地理位置,而建议将国都设在兰州。

兰州南面背倚着皋兰山,向北面临着黄河,所谓"黄河远上白云间,一片孤城万仞山"的诗句,就是描写它的形式。在城的西面,有阿干河从龙尾山上流下来,山泉灌溉着上下沟一带的田野,田上李树汇聚如海,春季里,李花随风翻弄着雪白的花涛。城外的桃花堡、唐王川,又是桃杏争春,一片红锦。

兰州这一带的果树极多,桃、李、梨、苹果、花红、沙果、葡萄、石榴无一不美。

小蜜桃·玉葡萄

过铁桥往西的安宁堡所出的小蜜桃,真是一包香蜜。还有所谓"离核桃",一瓣两半,桃核脱颖而出。

桃花的花瓣晒干研末用来和面做点心,另有一种清香在其中。

唐王川出产的杏子,恐怕是全国最大、最香、最甜美、最多汁的，杏黄的底子上猩红的晕，映着日光，晶莹透明。每逢收获季节，把杏子晒干了，剖出核，把杏仁敲出来再放回去，一颗颗看上去像块块黄色的玉。

葡萄，藤蔓相连，绿满一地，除了紫葡萄、大如枣子的马奶葡萄之外，还有一种"玉葡萄"，或称"水晶葡萄"，色泽光润，如翠如玉，颗粒较小，无子皮薄，脆而且甜，确是一绝。

兰州的水果之中，梨是最具特色的。

五种梨·味香甜

据廖楷陶先生说：梨的品种至少有冬果、苏木、鸡腿、吊胆、软儿等五类。

冬果就是《本草纲目》中说的"鹅梨，皮薄浆多"。椭圆形，色香味都好，秋收冬藏，到了来年夏天，仍然非常新鲜。因为它耐一冬之藏，所以被称为"冬果"。

苏木原本是一种豆科常绿树的名称。它的树皮可以用来做绛色（深红色）的染料，甘肃同胞称这种梨为苏子，乃是因为那黄色果皮上有很多绛色的碎花点点。苏木大小如拳，芬芳而甜。

鸡腿，形状和大小一如鸡腿，初摘下来时，味酸涩无法入口，贮藏一段时间之后，就变得软而且甜。

长把梨，形状像大号的鸡腿，不过味甘气馥，不宜久藏。

吊胆，又叫"倒吊梨"、"面弹子"，黑皮，大如荔枝，煮熟了连梨带汤同吃，可以治伤风感冒。把生果吊在那儿过上几天，瓤子化成了一包酸甜的汁液，可以在皮上戳一个洞，啜吸着吃。

软儿，青黄色，必须藏到冬天果皮变成焦黄或灰黑色，里面全发酵变软时才能吃。兰州同胞喜欢把它放在室外冻结成冰蛋之后，拿回来放在水里化冻，一会儿果皮卷裂，里面是金黄色带着冰碴儿的梨肉，比冰淇淋高明百倍。

或者把十几个"软儿"去皮封存在瓮里，六七天之后，梨融成水，色如陈年花雕，香气四溢，因而当地同胞也称它为"香水梨"。

这种软儿香水梨，确是妙品。于右任先生曾经题诗赞美："莫道葡萄最甘美，冰天雪地软儿香。"

石田瓜·甘美大

果类之外，兰州所出产的瓜，也是令人称赞。

瓜都是种在"石田"之中，"石田"一词，最早出现于《左传》，那是用来形容无用之瘠壤。唐代大诗人杜甫所写"亭午颇和暖，石田又足收"的句子，可能即是指这种种瓜的石田，否则无从"足收"起。

"石田"，也是西北一带农业技术上的特色。在兰州四郊，随处可见。据朱介凡先生说：在土地上布上一层肥沃的腐殖土、黑色的河沙，上面再铺上一层小石块，然后才播种于石缝之间。

西北地区因为气候干燥，田里的水分蒸发得非常快，唯有在上面铺了石块，可以阻挡日光的辐射，空气的流动，使田里的水分不致蒸发得太快，而能供植物的生长所需。

这样经营的石田，一次可以用六十年。头二十年叫做"新砂"，生产尚不太好；中间二十年叫做"半刃砂"，可以说是生产的全盛时期；后二十年，由于砂石的经常翻动，砂土上浮，石子下沉，"石田"的作用消失了，称为"老砂地"，产量最差。

这样一条产量升降曲线，可以用当地的一句俗谚来说明："父苦死、子乐死、孙穷死。"或者："做死老子，富死儿子，穷死孙子。"因而"石田"也被谑称为"孝子田"。

"石田"中生产的瓜类，种类极多，而且甘美硕大，异于一般的土地，其中最突出的，当推"醉瓜"。

"醉瓜"浑圆如足球，重可二斤，皮薄，青绿或淡黄，子小而肉厚，瓜瓤带有清醇的酒气，因而称为"醉瓜"。

醉瓟瓜·回回帽

瓜的品种也很多："糟皮瓜"的皮上，有类似丝瓜的络纹；"绉绸瓜"瓜纹细绉而浅；"回回帽"瓜顶端结有小顶。不论是哪一种，室内如果摆上一个，准会满室清香。

民国二十九年，美国副总统华莱士访华，路过兰州，为"醉瓜"而心醉，带了不少种子回美国去。第二年，他又寄了一些南美洲著名瓜类的种子来华以为回报，这种瓜，皮青白而瓟脆甜，大家称它为"华莱士瓜"，也成为兰州的名产之一。

当时有人用"华莱士瓜"，对"左宗棠鸡"，对得相当有趣。左公曾经略西北，驻节兰州藩府（后改省政府）。带有姜汁大蒜的"左宗棠鸡"，虽然也对甘肃人的胃口，但说起来总算是湖南菜。如果拿"华莱士瓜"，对"马保子面"，我认为也无不可。

马保子·牛肉面

"马保子"牛肉汤面是兰州小吃中的翘楚，地点在省府广场的左斜方，一座没有招牌的小破楼之中，里面放着几张矮小的八仙桌，矮凳子，桌上放着一筒筷子，辣椒油，如此而已。

这家闻名天下的小店，据说已有百年历史。厨房让在楼下进门处，一张面案，上面放着一团团鸡蛋大小，已经和好的白面，面是天亮之前和好的，放在那儿"醒"着，好让水分渗入每一个面粉颗粒之中，拉起来才有劲道。

"马保子"所做的拉面，有六种花色，最细的叫"一窝丝"；薄而扁的叫做"韭菜扁儿"；扁而阔的叫做"大宽"……随客人的喜好而随时拉来下锅，一小团面正好拉成一碗。

据胡褒先生说，"马保子"的厨房里放着两口大锅，一是清炖牛肉汤，一是煮面用的。客人多的时候，一锅之中往往同时下十几碗，粗的、细的、圆的、扁的，形形色色，这位大师傅把这些面相继拉好下锅，然后用竹筷子逐一捞起，一捞一碗，不多不少，火候正好，而且所有的各式面条任面汤千沸百滚，但却绝不混杂，各成单元，从来没有人能在"韭菜扁儿"之中发现过一根"一窝丝"，真是神乎其技。

"马保子"的那锅牛肉汤，选的是上好腿肉，切成小方块，用文火炖上一夜，汤厚郁而不浑浊，金黄色，一清到底。他的牛肉汤，绝不加味精、芹菜、黄豆芽之类的调味品，同时每天只卖一锅，卖完打烊，汤里绝不掺水。

从天不亮开张，最迟不过上午十一点，就"发财"了。

据宋桂先生说，东大街高乐三的酱肉，也是兰州小吃中的一绝。酱肉做得毫无油腻，就着烧饼稀饭，是最理想的早点。

南大街清真馆的凉面，黄家园的浆水面，沿街叫卖的腊牛羊肉，也都构成兰州小吃的特色。

其他如羊肉泡馍、油茶、和乐、皮子、净糕等等小吃，都和陕西的相似。

全羊席·配零件

关于甘肃兰州一带的"大吃"，"全羊席"应该算得上。几十道菜，从早上九点钟吃起，一直到晚上才吃完，不可不谓"大"。

"全羊席"，是把一头羊从头吃到尾。

头皮可以烩，可以用蒜泥凉拌。然后清蒸羊脑、烩口条……直到红烧羊尾巴或是蹄筋。虽然是同一只羊，但是每一部分的做法和口味都不同，吃起来也不觉得单调乏味。

吃"全羊席"多半是在秋天羊肉正好的时候，三五知己相约作竟日之食，请来名厨，一道道慢慢地上，一面饮酒聊天。要不然就是在五月间牡丹盛开的时候，一面赏花，一面欢宴，小南门外水磨沟煦园的牡丹，尤其著名，朱一民将军曾在那儿写过"牡丹年年好，岁月何曾老？解甲早归田，花落我来扫"的句子。

据朱贯三先生说：抗战前，一席全羊约值两块多大洋，其中还有一味两吃的。例如用两种手法来做羊脑，只有一副，必须再得另配一副。因而"全羊席"往往不仅只用一只羊，还要从别的羊身上补充些"零件"。

羊羔儿·吃不厌

"全羊席"之外，还有"羊羔肉"也是兰州的名菜。甘肃俗谚："羊羔儿蘸蒜，百吃不厌。"即是指此而言。

对于"羊羔儿"的界说，我听过两种。

一是冬至春分之间，把三四个月大的小羊，重约五至七斤，用棒打死，以不出血为佳，叫做"棒羔子"。用来炒、烤、煨、炖都行，考究的，把八角、丁香、桂皮之类的香料塞入胸腹，浸透酱油，蒸熟了蘸蒜泥吃。

一是把尚在胎中的羊胎儿剥出来，重约两斤。

"羊羔儿"大概是易牙发明的食谱，不值得提倡。

在甘肃，羊是最普遍的动物蛋白质来源，每年还把大批的活绵羊，赶到陕西去卖，擅长做羊的大师傅们，也跟着一道去陕西打天下。但是一般甘肃的同胞，并不是每餐都有羊肉吃。

蔬菜多·百合肥

在陕西，一般民众每天多半吃两餐，早上九点来钟吃一顿干饭，用"糜子"（黄米），或者是小米煮成的，炒一点菜蔬，就上咸菜；下午的一餐约在三四点钟，多半进馒头、面条、饼之类较为耐饥的面食。农忙的时候，也是天天加餐，和我国其他各地的情形一样。

甘肃兰州一带同胞享有的蔬菜极多，风味也极好，大白菜据说和胶东白菜齐名；韭黄有台湾产的一倍大；珍珠萝卜，也称纽子萝卜，白色球状，大如军装上的铜纽扣，带着缨子凉拌，极为名贵；那儿的百合，又肥又厚，是煮羹汤和稀饭的妙品。

自制饼·拜月亮

甘肃同胞过中秋，多半自制月饼，大的有一尺直径，一寸来厚，里面是真材实料的枣泥或豆沙。也有人家在里面放核桃仁、杏仁、瓜子仁等等所谓"五仁"月饼，但却都是甜的。

甘肃同胞也有相互馈赠月饼的风俗，在于相互观摩品尝，没有其他副作用。

晚上明月当空，妇女们供出瓜果月饼，拜月亮，男人们则到处去聚谈赏月。

尤其在兰州，人们赏月的地方特别多，如像五泉山、白龙山、小西湖，甚至是省府后花园"节园"之中。

清代左文襄公经营节园的时候，在船厅之上留下了一副对联："万山不隔中秋月，千年后见黄河清。"足令人细细玩味。

食在东北

看面条·找馆子

初出关的朋友，看见饭馆子挂出来的市招，总会觉得十分新鲜。

东北同胞讲究卖什么就把什么挂在店前，省得用言词来解释。卖药的就挂一张大膏药，或是一个药葫芦；卖刀子剪刀的就挂一把大剪刀；租赁马或车的就挂一副马鞍子在店门口。后来有了"计程汽车"——包租汽车的，多半由马车业者兼营，不便把汽车挂出来，仍然挂着马鞍，这并不算是"挂羊头卖狗肉"，只是变通而已。

东北的饭馆子，不便把包子、饺子挂出来，只好用一个笼屉样的大圈圈横挂在店前，周围糊上两尺来长的彩色纸带，像是一条夏威夷女郎穿的草裙，迎风款摆，婀娜多姿。据王洽民先生解释，那些纸带，象征着面条儿。面条儿之下，必是饭馆子。有的饭馆子一口气挂出七八个纸圈圈，表征它的供应量多，不虞匮乏。这是象形的"饭幌子"，也有写意的——挂一把大"罩篱"，捞面的家伙，让人联想起热腾腾的水饺，也知道那里就是馆子。

沈阳有几句谣谚："上西门脸儿，下饺子馆儿，一毛钱一碗儿……"

"脸儿"似可解释成"里面"。"西门脸儿"有好几家饺子馆，门口都挂着"罩篱"、"面条"之类的市招。水饺一碗二十个，牛、羊、猪肉的都有，葱花、香油，咬开了里面还带着汁子，价廉物美。

在南门脸儿，有家坛肉馆，小小的铺面，摆着十来张桌子，卖坛子肉、酸菜粉、糖醋黄鱼等菜肴，相当有名。东北的坛子肉非常普遍，用砂罐炖猪肉，味道绝佳。刘广瑛先生说：炖坛子肉有一项秘诀，猪肉先煮个半熟、晒干，肉皮上抹些糖，炸成红红酥酥的，再切块下坛子炖。

在沈阳的结婚喜宴上，总少不了坛子肉，席开几十桌，小坛子不够用，于是在地上生炭火，把肉块放进大水瓮里面，上火去炖。这么一瓮肉，够每一桌添好几次菜。

吃坛子肉，最好就大米饭，或者是"劲饼"。"劲饼"约两分来厚，一尺直径，很有"韧劲"，最耐咀嚼。用来裹油条吃，风味也是极美的。

东门脸儿的"起发园"，以肉火烧最有名。这家的火烧入口之后，觉得肉特别多，汤汁浸淫，味道最足。原因是馅子肉，用刀切成的丁，而不是乱刀剁成的。因为是肉丁，馅子才有咬头，显得特别丰腴。

高粱肥·大豆香

抗战期间，内地同胞怀念东北所唱的《长城谣》："高粱肥，大豆香，遍地黄金少灾殃。"东北同胞们虽然吃杂粮，但是仍然以大豆高粱作为主食，在沈阳亦然。

东北的高粱有两种，一种白色，煮出来粒粒像珍珠，非常好看；一种是红色，红色而味涩的是次种，多用来喂马，红色而味甜的才是上品，煮出来的饭特别香甜可口。

高粱可以像白米似的，煮成干饭吃。只是太黏了，必须先过一次水，才能粒粒清爽。否则就像是糯米饭似的，黏成一团。

王洽民先生的经验：吃高粱米，必须要用大锅煮，煮出来香味才特别浓郁。如果用小锅煮，煮得再好也会觉得味道差点。东北同胞一般家庭中所用的锅，号称"十口人"，供十个人用的，容量足有现在"十人份电锅"的六倍大。每锅——不用笼屉，可以蒸一斤重的大馒头四个。

最好吃的高粱饭，莫过于红豆煮高粱稀饭。秘诀是先用红豆熬汤，熬得豆子裂开了口时才下高粱米，再煮上三十分钟，高粱粒粒爆翻成花，像是一锅黏乎乎的晶莹透亮的红宝石、白钻石汤。吃高粱红豆稀饭时，最理想的菜，是"小豆腐"炒腌菜缨。

"小豆腐"就是未曾滤去豆渣，用粗豆汁点成的豆腐，把萝卜的缨子切碎了，用盐腌一下，炒小豆腐，清爽脆嫩兼而有之。

烧毛豆·盐水豆

东北盛产大豆，几处大豆集散地，用围子圈起来囤大豆，堆得像一座座的山丘。大豆多得来吃不了，于是用来榨油，做成工业用的原料，甚至把豆饼用来肥田，因而东北同胞们想尽办法来吃大豆。

八月节，大豆还没有长成时叫做毛豆，豆荚上被着一层茸毛，嫩嫩的豆子，裹在厚厚的种皮之中，从这时候起就吃上了，连豆荚一同用花椒、大料、盐水煮出来，这是家家必备的零食。小孩子们在田里玩，扯上几把高粱叶子，燃个火，把毛豆连其一起放在火上烧，烧到豆子里的油往下滴，豆子外焦里嫩，并且最香。

在沈阳有一句谚语："家存万贯，也不能盐豆就饭。"意思是用"盐豆"下饭时，饭吃得特别多，特别费，因而视盐豆为奢侈之媒。

"盐豆"是油炒黄豆，把干黄豆略为用水泡一下，用油炸酥脆，拌上盐花，如此而已。但是最香、最咸、最下饭，三碗饭量的人，也会追加预算为五碗。

另外，把黄豆用盐水花椒来煮，这叫做盐水豆，也是家常小菜。

豆子发成豆芽，在东北也是餐桌上不可少的，讲究的人家，专吃"豆嘴儿"，黄豆刚刚发出一个小芽儿，像个金黄色的蝌蚪长着银白尾巴，认为是最滋养的菜。

每年冬天，大约是过了腊八，家家都在煮豆子，把豆子煮烂，用杵捣烂——不能稀烂成泥，然后打紧，切成枕头大的块子，用来一块块放在屋里梁上。

物理作用，热气上升，冷气下降。梁上既不占地方，而且又暖和，豆子于是沾着空气中的霉菌自然发酵，长了一层毛。三月春暖，把豆泥块取下来，掰开了放在坛子里闷着。多加水的变成为"稀酱"，可以提酱油；少加水的是"干酱"，都是橙红色的，这就是东北日常的调味品"大酱"。

哪家馆？那家馆！

在北平劈柴胡同，有一家"那家馆"，这家馆据说是从沈阳的"那家馆"分过来的。"那"是姓氏（读第四声），在东北较多。那家馆就是那家的人开的，读为店名的时候绝对不能读作第三声，否则你如果在哪家馆请客？别人就搞不清是哪家馆了。

那家馆的血肉血肠是名震全国。血肠分红白两种，是把猪血灌在猪小肠之中，切薄片吃的。

白血肠是在宰猪的时候，猪血中混上盐，搅上一阵，红血球渐渐下沉，把上面的血清舀出来，兑上鸡蛋清，灌入肠中煮。里面的作料有花椒面、五香粉、芫荽末、姜末。

红血肠则是用沉底的血球部分兑水灌肠煮。

煮血肠的秘诀：是煮的时候，肠内热空气自然膨胀，必须用一根小小的绣花针在上面扎些小孔，把气放掉，肠子才能圆滚滚的很瓷实、很服帖，否则小心把肠子煮爆了。

肠子上扎的排气孔，万万不能扎得太大，否则内容就会给排挤出来，把肠变得浑浊浊的走了样。

吃的时候，把肠子切成薄片，浇上热汤，另一小碟供蘸着吃的，内中有韭菜花、虾油、腐乳、蒜泥等等，味道最浓郁。

那家馆的名菜"白肉"，是把五花三层——猪腹腔两侧的肉，切成三寸多宽的大薄片，和酸菜丝，粉条共煮而成的。那家馆这道菜的讲究，第一在刀法，酸菜丝子粗细一如现在用的细橡皮筋，比火柴杆还细，而且根根均匀，而白肉片之薄，更是叹为观止。据王洽民先生透露：那家馆切肉的窍门，传自辽阳，把猪肉煮半熟，即夹在木板之中冷冻，冻硬后再用特制的刨子来刨。

这个窍门后来流传到国外，外国人用来做显微镜切片检查的切片，用液体空气喷射切片组织，冻硬之后刨下极薄的小片来，放在玻璃片上染色检查。现在在台湾，更谈不上诀窍了，卖牛羊肉的都会这一套。

洞庭春·明湖春

在沈阳城里，"金银库胡同"一带，有好几家大馆子，都是山东人开的，其中一家"洞庭春"，几道拿手菜都极名贵，"干烧鲫鱼"，也只有在沈阳才吃得到。

沈阳的鲫鱼特别肥大，一条重逾一斤，一尺来长，五六寸宽，细嫩肥厚。"干烧"出来，鲫鱼的细刺也可以嚼着下肚，不致鲠喉。

在"小河沿"一带，有湖、有荷，是一处游憩胜地，在水边有戏院、歌舞场、运动园，山东"明湖春"择地而设，挂着一副对联："明月清风，不用一钱买；湖山春色，……"可惜未能访录完全。"明湖春"占尽地利，生意极好，菜也讲究，即使是一碟小小的酱菜，也都选用东北名产，例如酱小黄瓜，黄瓜每根比小姆指还要细小，脆嫩异常。这么小的黄瓜是从哪里来的呢？据说是把黄瓜藤蔓接在豇豆藤子上配育出来的特别品种。像豇豆似的一串串长，不过长出来的不是豇豆是黄瓜。

江南风味的馆子，在沈阳有"调和馆"、"玉湖春"；"教门"馆子，则有"二酉轩"、"庆馨楼"，这两家以烩羊头、烩羊眼、爆羊肚等为名菜，另外一家"西城楼"，做的菜肴比较普通。真正东北风味的饭馆子，多半以"火锅"，"酸菜白肉粉条"为号召。"火锅"是以酸菜丝垫底，粉条、风鸡、哈什蟆、海参、鱼翅、燕窝等都可以入锅。东北天气很冷，任何热菜上桌子，一下子就凉了，所以火锅非常吃香，他们甚至把茶壶也做成火锅的形式，随时都能供应热茶，如果换到今天，电壶势必大行其道。

"酸菜白肉粉"一如四川的回锅肉，打牙祭时少不了的。在学校里面叫做"抱碗菜"，学生们一人抱着一碗，努力加餐，吃得头上冒汗。在东北，人们对于菜肴好坏的评价，着眼在一个"热"上，味道即或再好，但该热的不够热，仍然无法令人满意。

腊八粥·先供佛

腊月初八，几乎是全国各地"年景"的第一页，是春节一连串活动的起点。第一个项目，就是吃"腊八粥"。

腊月初八是释迦佛的成道日，宋朝时候，东京（汴梁）诸大寺庙，都煮"七宝五味粥"，用来遍食诸僧，以为纪念，这一习俗渐渐演变成全国风行的"腊八粥"。

《燕京岁时记》对"腊八粥"所下的界说是：由黄米、白米、江米、小米、菱角米、栗子、红豇豆、去皮枣泥等八样合煮的粥，另外加上些桃仁、杏仁、瓜子、花生、榛栗、松子、白糖、红糖等以为点染，但切忌加入莲子、扁豆、薏米、桂圆等，否则伤味。

"腊八粥"是在腊七开始烹煮的，先剥洗好材料，入夜后上炉子熬，腊八天亮时煮好，先用来祀祖供佛，然后分食或馈赠亲友，但必须在中午以前完全解决掉。

在东北，"腊八粥"的烹煮方式大致相仿佛，但却特别着重在糯米、黏米，煮得愈稠愈黏也就愈见功夫。

东北同胞们劝进"腊八粥"的词句，都是"黏一黏，好过年"。腊七腊八是一年之中最冷的两天，东北天寒地冻，经常冻掉了人们的手指脚趾，甚至因而有谚语："腊七腊八，冻掉下巴"之说，腊八这一天，大家都互相劝勉多进一碗黏乎乎的粥，好把各部分的肢体紧紧地粘在一起，以免冻得四分五裂，过不了年。

一些种植果树的人家，为了怕树干给冻坏了，甚至还要在树干上砍些口口，把"腊八粥"糊在上面，表示给树也吃上几口，"民胞物与"一番。

打年纸·办年货

"腊八"过后到了十五左右，开始要"打年纸"了。"打年纸"不仅只是买"年纸"，实际上就是办年货，几乎全家人在新的年度中穿的、用的、吃的、玩的，这一次都要办齐。

张鸿学（维汉）先生说，早年东北地方没有"百货店"一词。买卖家称为"丝坊"（或称"丝房"），就相当于百货、杂货店，举凡华洋百货、绸缎布匹、门神年画、鞭炮香烛、海味干果等等一应俱全。

"打年纸"之前，必须开列一张"年纸单子"，参照着去年的底稿，增增减减，相当于全家日用"岁出"的主要部分。采购的数量既然是如此庞大，因而必须赶着骡车带着现钱或粮食去交换——不作兴赊欠。

以沈阳城里来说，就有好些保存着古风的"丝房"，客人还没有下车，伙计们就迎了上去，接鞭的接鞭，牵骡的牵骡，把客人"众星拱月"似的拥入店中。于是拿烟的拿烟，倒茶的倒茶。如果客人带着小孩子同来的，那可更得殷勤，各种糖果吃食，也都抓来着实招待。

"打年纸"的客人把年纸单子交给掌柜之后，唯一的工作就是等，等着付账。单子长的时候，往往得等上两三个小时。在这段时候，客人们多半是和掌柜的闲聊，听听城里面发生的一切趣闻。那时候，电视根本没有，广播和报纸还不发达，因而"丝坊"之中，就成为一个"大众传播服务站"了，邻近城镇乡村的新闻，都在这儿交换。

当大人们进行"传播"的时候，小孩子们自然另有伙计带着玩，糖果、鞭炮、"嗤花"装满口袋，不亦乐乎。

年货都是用蒲草包包着的，然后装上大骡车赶回家去准备过年。

灶王爷·本姓张

二十三，过小年，是大扫除、杀年猪的日子。

大扫除重点在厨房，第一得祭灶。《礼记》云："灶者，老妇之祭也。"在东北亦然，老娘娘们在厨房里恭恭敬敬地祭祀灶王爷。嘴里还念叨着："灶王爷，本姓张，骑着马，挎着枪，上上方，见玉皇，好话多说，赖（坏）话瞒着。"念叨着，还把供着的麦芽糖掰一块下来，嚼一嚼，吐出来粘在灶王爷的嘴上，希望他到了"上方"，见到玉皇，报告他所管辖这一家人的生活德行时，每一说到赖话，嘴给粘住了，保留几分。

祭灶时，要把贴在厨房里已一年的灶王马儿（神像）揭下来，夹在粱米秸子上，供在中间，另外还用粟秸编一匹马给他骑，编一杆长矛给他挎，另外还要编一只鸡一条狗给他作伴。祭完之后一起火化。所谓"一碗清茶一缕烟，灶君皇帝上青天"。

民间传说灶王爷本姓张！

我请教过几位东北籍的老娘娘，她们都无法肯定。有人说：大概是灶王爷的画像在厨房里供上一年，脸孔被烟子熏得漆黑了，所以大家误以为他也是"张三爷（飞）"一家的。

后来我又查到许慎的《五经通义》中说，灶神姓苏，名吉利，或曰姓张，名单，字子郭；其妇（灶王奶奶）姓王，名博颊，字卿忌。这一姓氏，《酉阳杂俎》上也引用过，大致已成为全国公信的了。沈阳流行的歌谣之中，也采信了这一说法。

为何要编马、鸡、狗、枪呢？

"马"有灶马之说，是一种昆虫的名字。"状如促织稍大，脚长，好穴于灶侧。俗言，灶有马，足食之兆。"这一解释倒有几分像是蟑螂。

"灶鸡"，也是一种虫子，和灶马是一类的。至于狗和枪的说法，就不是我所能了解的了。据说，灶神马子上原本就印着一鸡一犬这两种和人类最密切的家畜。

祭灶神的时候，所供的麦芽糖，是拉成细长条的，中间一根根的空隙，外面不裹芝麻，这是东北的特色，和其他地区麦芽糖"瓜瓜"的式样不同，原料还是一样，在那天不论大小，几乎人人都陪着灶王爷吃上一点。

卜吉利·杀年猪

祭灶的当天或第二天，有一项重要的节目，就是"杀年猪"。"杀年猪"之前，先要杀一头"祭祀猪"，用以祭祀祖先和各路神灵的。

沈阳一带，祖先牌位多半供养在东屋里，先把一头活的黑猪捆在东屋之中，家长再率领着全家大小在牌位前磕头行礼，然后用一杯热酒灌进猪耳朵之中，如果猪儿"吉利！吉利！"地叫了起来，表示一切吉利，来年顺当。如果猪儿不叫，家长得再灌一杯更热的酒，直到叫了为止，这叫做"饮牲"。

猪叫之后，一家人欢欢喜喜把猪抬出去宰了，除了当天大吃一顿之外，还要用以馈赠四邻，分点吉利。

宰完"祭祀猪"之后，还要宰几头"年猪"，供春节期间食用，至少要吃到二月二龙抬头，还得剩根猪尾巴。

"年猪"宰好之后，用不着腌藏，只要切成块子放在缸中，自然就会冻得硬硬的，像现在从外国进口的冷冻牛肉一样。

东北一带，即使是最穷困的人家，二十三过小年时，也得贮备些猪肉。整只的买不起，可以买上"一脚"，四分之一只猪。只买"一脚"猪，自己院子里自然听不到"吉利"之声，颇引为遗憾。

窗户纸·糊在外

腊月二十三前后确是忙日子，祭灶、宰猪之后，还得大扫除。用了一年的窗户纸，多半趁这时换换补补，使得屋里光亮起来。

在内地，窗户纸多半糊在里面，但在东北却是糊在外面。谚语说："东北三大怪：窗户纸，糊在外；十七八的姑娘衔烟袋；养的孩子吊起来。"

东北地区，天气奇寒，一般人家的窗户都有两重，外窗叫做风窗，窗纸必须糊在窗格扇的外面，否则下雪时，雪花积在窗格子上，一旦融化了，窗纸岂不湿破。这一传统的习俗，被满清皇帝一直带入北平紫禁城中，几处寝宫如坤宁宫、寿康宫，每年也都在春节之前更换新纸，并且也是贴在外。

"十七八的姑娘衔烟袋"，说明东北同胞抽旱烟习惯很普遍，旱烟袋几乎是人手一支，连少女也不例外。

"养的孩子吊起来"，东北同胞都把摇篮悬挂在房梁上，据说除了摆动的幅度大，摇一下可以动上老半天之外，还能够防野狼来背孩子。

蒸饽饽·捏饺子

打好年纸，杀了年猪，接下来就得开始准备过年的菜饭了。

从年三十，到正月初五，讲究人家甚至到十五或二月二，是不许动刀的。因而这期间吃的、喝的，必须在过年之前弄好。

蒸的食物，在沈阳一带，如像饽饽，都是一笼一笼地蒸好，凉了之后倒在大缸里，让它在院子里冻着，要吃的时候再回笼。蒸的扣肉，也是一坨一坨地冻着。

包饺子的时候，更是全家动员，一笸一笸地冻好存在缸里，冻成冰疙瘩，现吃现煮，煮出来的就跟刚包好的没有两样。

在这期间，有一首应景的童谣，几乎随处可闻："蒸饽饽，捏饺子，你是我的好小子……"足证孩子们的兴奋之情。

庞头鱼·火锅子

在沈阳的买卖家，一到了腊月十五，有一个规矩叫做"换饭"。

东北同胞多半都是吃粟米，到了腊月十五，如果要吃米，就得改成"京米"，有点类似"再来米"的大米饭，不再吃粟米。使得伙计们抱怨伙食不好的时候，不能抱怨"一年到头都吃粟米。"

到了年三十晚上，除夕的晚餐，一定要吃两样东西，一是火锅子，一是鱼。

沈阳有一句谚语："家里的火锅子，家外的车伙子。"意思说这是两件耗费最大的"无底坑"。

"车伙子"是指承运粮食的赶车夫，运一趟粮，搬出搬进，搬上搬下，中间一转手，就少不得要揩一些油。

"火锅子"之所以耗费，因为再昂贵的材料也可以煮进去。据项润昆女士说：三十晚上的火锅，经常是全年之中最丰盛的。

酸菜切得细如发丝，白肉片得像纸，然后再加上"海米"（干金钩虾米）、银鱼、紫蟹、山鸡等，各种能够买得到的山珍海味。锅子一开，远在二门之外都能闻得见香气。

"锅子"之外，必须还有一道鱼，象征"吉庆有余（鱼）"。

有钱的人家，多半买松花江的"白鱼"，两尺来长，鱼鳞细白，鱼肉鲜嫩，切成一段一段的和猪肉块子红烧上一大锅。一般的人家，则多半用"庞头鱼"勾猪肉。

"庞头鱼"是河里出产的大鱼，头比较大，身子圆滚滚的，很结棍的样子。

晚饭罢，到了午夜，也就是初一的清晨，祭祀之后，必须再吃一顿饺子。在这一锅饺子之中，其中有一个包着一枚制钱，谁吃到了谁就会一年有财运；另一个包着枣子，已婚的吃了大概就会早生贵子，未婚的吃到也必定快有"着落"。吃过这一餐，男人们就开始去拜年，直到天亮前后才回来。

正不正？生不生？

吃过一年之中的第一顿饺子，对于自己的说话必须特别留意。

如果饺子还没有煮透，绝对不能问"熟不熟"，只能问"生不生"。如果"不熟"，答"生"，熟了时也不能说"不生"，而要说"好"。

这一顿饭也切忌说"破"字，饺子煮破了，措辞为"煮挣了"。如果小孩子粗心大意砸了饭碗，大家也绝不会骂他，反而说他"岁岁（碎碎）平安"，冲一冲不祥的气氛。

饭前接神祭祖的时间，每一家都不同，各自在"皇历"上找适当的时辰来接神。沈阳一带，多半是把一个"五升"的斗子——半斗，里面装上粟米，外面蒙上一层红纸，把财神马儿插在其中，供上八件干果糖饼，然后烧香放鞭炮，欢迎财神上门。在这同时，灶王爷上天奏事完毕，降返任所，再得把一张新的灶王马儿贴到厨房去烧香上供。

春节期间，少不了又吃又喝，个个人都是脸红红的，肚子胀鼓鼓的，一直到十五，市面才渐渐恢复。

十五是上元佳节，家家吃元宵。馅子无非是枣泥、豆沙、芝麻、桂花、青丝、红丝。东北的元宵，也是用糯米粉"滚"制的。

元宵之后，年景才渐渐过去，但有的人家一直要到二月二龙抬头，吃过了春饼，才算真正过完年。

鳞刀鱼·白米鱼

辽东半岛渔捞的黄鱼，大而鲜嫩，称为"黄花鱼"，带鱼却叫做"鳞刀鱼"。

这一带的东北同胞，特别喜欢在海里捞"光棍辫子"来吃。他们把这种怪鱼清炖或腌晒着吃，非常的鲜嫩可口。

"光棍辫子"有一个三角形扁平的身体，白肚子灰背，后面拖着一根长长圆棍似的尾巴，有点像满时清代男人们所留的发辫。因而称为"光棍辫子"，稍微文雅一点，也可以称之为"燕鱼"。

据来自辽东金县的尹子宽先生说，四月间冰封解冻时，大批的梭鱼——形状像个织布用的、两头尖的梭子——出现在海上，它们在海上浮冰之间游弋，因而称为"擦凌梭"，特别鲜嫩。

渤海湾一带，还出产一种近视眼鱼，叫做"白米鱼"。东北的渔胞们把一丈多高的网，上端用浮子，下面吊着锚，垂直地拉在海中，叫做挂网，一拉开有三里多长。那些近视眼鱼看不清楚白丝线织的网子，往里面硬闯，结果都卡在网眼里，进退维谷，一网打起，每条鱼大小都差不多。

下挂网如果碰上了"霸鱼"，那可有得瞧了。"霸鱼"一条有三五十斤重，身上长着黑点子，像海里的巨无霸，它如果左冲右突，一定会解救不少正卡着的白米鱼。

辽东半岛除渔产之外，还有很多果树林子，盛产红梢梨和苹果，尤其是苹果，比烟台的还要好。青皮的名叫"国光"苹果，脆而略酸，酸又回甘，其味无穷；红皮的叫做红玉，一斤只能称两个，苹果底部突起的五个小蕾，是"红玉"苹果的注册商标。

在这一带的山林之中，还产大个儿樱桃、山楂等等。

香水梨·眠把梨

往西北方走，辽宁和热河交界的地区，有一座著名的医巫闾山，侯天民先生的家乡北镇，就在那座山脚下，他说，那座山上，有四十多种不同的果树。单是梨儿就有七八种，大过苹果的鸭梨，粗皮、细皮的麻梨，大量出产久贮不坏的"秋子梨"，贮存熟了变得绵软如蜜的花盖梨。单是"香水梨"就是三种，黄、白、红，梨儿只比核桃大一点，熟透时瓤子化成一包香甜的汁液，去了柄，用嘴一吸，满口芬芳，因而人称为"眠把儿梨"。

东九省东部，吉林东方"山沟子"地区，是一个森林茂密的天然好猎场。老虎、熊、鹿、狍、獐、雉都是常见的。每当老虎出现，胆小的农民们处处焚香"欢送"虎大王归山，大胆的却专门追踪老虎的脚迹，要取虎皮、虎骨，红烧老虎肉吃。老虎除了皮之外，都是珍贵的药材。

在内地，好些没有见过老虎的省份，卖野药的把牛骨头里灌上"万金油"，硬说那是真虎骨，一般人们潜意识中存着虎标万金油的广告，都上了当，甚至说老虎肉也有万金油的味道。

我曾向吃过虎肉的东北老乡们打听，都说没有这回事，老虎肉粗而且腥，但绝无药材味道。

熊，东北人称为"黑瞎子"，它的一双前掌曾被孟子所称道。吉林这一带，冬天长达六个月，气温能低到零下三十多度。在这种严寒的气候中，"黑瞎子"都躲在空心的树洞中进入半冬眠状态。肚子饿时，舔舔自己的前掌，就像小孩子吮吸自己的姆指一样。

冬去春来，大熊出洞觅食时，两掌又红又嫩，无法忍受触地时的痛苦，因而多半直立着走。这种姿势，自然最容易被射击。

打到"黑瞎子"，一双前掌成为最值钱的部分。

烹饪熊掌，是一门专门的学问，否则熬得一锅腥油，连孟子也都不欲入口了。

蛤蟆油·红鹿茸

张一中先生的家乡，就在这山沟子地区的中心——敦化。他说，公鹿长到三四岁时，开始发鹿茸，春天长，盛夏时呈血红色，是最精华的时候，母鹿则在六七月间怀胎。茸是大补的药材，鹿胎是妇科良药，都是使鹿招致杀身之祸的。

鹿是成群行动的，东北同胞们说，当茸长成之时，母鹿们环绕着公鹿走，以资保护；母鹿们怀胎时，公鹿又反过来保护母的。

不论如何保护，人总是棋高一着。

鹿是喜欢舐食盐分的，猎人们在它们出没的地方，撒上一层盐，盐上盖一层土，再一层盐，一层土……堆起来。鹿群一旦发现了这一异味，就会经常逡巡，不忍离去，猎人们趴在下风的树干上，守株待鹿，而有所斩获。

除了鹿之外，獐、狍一类的都很好打。东北同胞特别喜欢狍子，因为它的皮虽然薄而且脆，但却有防水保暖的特性，野营时铺地作褥子，最理想，而且狍子的肉也细嫩可口。

在这些野味之中，最特殊的当算是"蛤蟆油"了。

冬天，蛤蟆（青蛙）潜在水底冬眠，肚子里积存着黄豆大小的几粒油脂（哈什玛），据说是它冬季一切营养的"原子能"，在冰封时就准备好了。

吉林一带的同胞们，即在冰封之前抓蛤蟆，把腹中的那一点油水提出来，留着煮汤时、清蒸菜时滴上一点，大补。滴了蛤蟆油的菜肴，身价高于燕窝鱼翅。

挖棒槌·逮傻鸡

在这些山林之中，也产木耳、蘑菇，但最珍贵的却是人参。

在东北的大户人家，多半都养着几位"挖棒槌"的汉子，平常吃闲饭，夏天来时，每人带些干粮、豆子、盐，一把红布条一团红丝线，一根齐眉短棍，上山去挖人参。

棍子是防身、拨草用的，红布条却是做路标的。在那些老山林中，如果不一路做记号，保证有去无回。

找到一株人参时，先用棍子绕着它四周划个大圈圈，圈住它，否则，人参像人一样的有灵性，会驾土遁跑掉的。

圈好之后，在茎上系一条红丝线，然后开始挖。

挖人参和拔萝卜绝对不同，必须把每一条须根都保存得很完整，不能任它折断。

在吉林，"世一堂"参号最有名，货品行销宇内。店里存下的参须，贩出来做"人参糖"，据说是糖果之中最补的。

在这一带，"挖棒槌"的行业鼎盛，同业经常聚合之处，地名为"棒槌营"，有些在地图上都找得到。

东九省东部的特殊果品，有一种"糖李子"，只有黄豆大小，但风味绝佳；另一种"杏梅"，是杏子和李子接枝而成的，一掰开核子就掉出来了，甜、酸、脆兼而有之，风靡一区。

再往北，嫩江省龙江一带，也是地肥林密，人少牲多的局面。王墨林兆民先生说，他家乡的同胞叫雉鸡为"傻鸡"，用大箩筐支成陷阱，可以一箩一箩地捕捉。

雉鸡被猎人们追急了，一头伸进树丛中，只要它看不见人，就觉得安全了，殊不知自己的尾巴还高高举在空中，像小孔雀开屏一样。

嫩江的歇后语："傻鸡——顾前不顾后。"傻鸡如此之傻，因而有做雉全席的，雉肉甚至拿来剁碎做狮子头。

月亮泡·银没腰

吴越潮先生的家乡，嫩江大赉，离产鱼的"月亮泡"湖沼最近，只有二十来里。俗话说："闸住月亮泡，银子没了腰。"那儿的淡水鱼产太多了，冬季水浅时，把流入嫩江的湖口给用土堤堵上，使湖水不涸，第二年必有大收成。鲤、鲫、"扁花"、"奥花"、"庞头"、"鲑鱼"多得出奇。冬天冰封了湖面，在冰上凿穿几个洞，洞口点上灯，鱼儿们就会集中在洞口，钓也好，叉也好，得心应手。

瑷珲籍的郭守经（德权）先生说，黑龙江上的渔夫更轻松，把灯点在那儿就可以回家睡大觉了，鱼儿会迎着光自己跳出洞口。第二天洞口四周躺满了冻鱼，用铲子就行。铲子竟是捕鱼的工具。奇谈！

河上结冰的季节，人们在冰层上赛汽车，入晚之后赛马，马的钢铁蹄上有钉子，河冰上灯光点点，和马蹄踏冰的点点火花，交相辉映，壮观极了。

守经先生说，黑龙江里产一种"达八哈鱼"，腹中的红鱼子每粒大如豌豆，和里海的黑鱼子齐名，洋人们嗜之若狂，我国同胞也把它泡在油里生吃，或蘸上酱油葱姜凉拌着吃。

瑷珲这一带真了不起，兴隆沟里如果遇上"爆头"——金矿源暴露的时候，会出现大块大块的黄金，号称为狗头金。

最奇妙的是，像嫩江、黑龙江冬天零下三十几度，门缝间都得嵌毡子的地方，夏天河边上却能种西瓜，大的有三十来斤，花皮红瓤的，或是皮白、瓤白、子白的"三白西瓜"样样都有。那儿生产的香瓜也极好，有皱皮的"虎皮脆"，和绵沙易嚼的"老太太乐"等名种。我们中国地大物博，由此也可见一斑。

食在热河

名热河·河真热

热河有一句谚语："棒打獐子，罩捞鱼，野鸡飞在饭锅里。"意思是说热河有太多的野生动物，獐鹿满地闲荡，并且不避人，用棍子打猎就成；河里鱼满为患，用捞面条的罩篱就可以捞来下锅；成群结队的野鸡，自动飞入饭锅受烹。

来自热河北部林东县的马珍吾先生说：这话在他的家乡，并不太嫌夸张，每天清晨一开门，院子里、墙头上，都落着前来觅食的雉鸡。如果厨房门没有关，落在灶头上饱啄一顿，也是很自然的现象。

在热河，土地买卖都是论"方"的。一方地相当于五顷四分（五百四十亩），也就是一方里。一次交易几百方里地，是很平常的事情。这也难怪热河全省二十个县，面积十七万九千平方公里，人口不过六百多万。早在清朝初年，清廷认为东北是满族的发祥地，禁止汉人移民垦殖，清末禁弛，但是迁入的人，在户籍上仍须冠上祖籍，甚至来自哪一乡里的都得注清楚。这也就是热河今日地广人稀的主要原因。

在那儿的同胞，以来自河北为最多，因而生活习惯和冀北无甚差异。

热河省的北部有蒙族昭乌达盟，南有卓索图盟，人数极少，而且也都汉化了。早在春秋时代，热河属于山戎，汉初属匈奴，武帝北逐匈奴之后转属乌桓，历来都和中原有密切的关系。到了清代置为"热河厅"、"热河道"，民国改为省。

"热河"原本是一条河的名字，古代称为武列水，发源于省会承德北方的察罕陀罗海，流入河北省的滦河而入海。其间汇入了清代"避暑山庄"的温泉，一段河水入冬之后热汽腾腾，终年不结冰，因而称之为"热河"。

温泉多·产大米

热河全境有不少的温泉，因而取"热河"为省名，仍然不算是"以偏概全"。在这块土地的东北面，是大片的辽河平原，南是海河平原，是农业区。西北沿大兴安岭接着蒙古高原，是畜牧区；中间山陵，属于努鲁儿虎山，是林区。

由于热河是我国纬度最高、靠海最近的内陆省；因而它的气温较高。

海河、辽河流域，甚至还出产大米。马珍吾先生说：热河同胞种稻子的方法和江南的方法不同，他们根本就不懂还有"插秧"这回事。选一块地势较低的草原，用刈刀——当地读为"删刀"，把高与人齐的野草割倒，然后围以土埂，引水浸泡。这些断草腐败之后，即是"绿肥"，并且埋在泥里的草根也跟着烂了，不再生出新芽。

泡上一段时间，埂内成了烂稀泥，农人们就把刚刚发芽的秧苗一把把地撒在田里，然后等着收成。

像这样开垦的稻田，第一年的收成最好，一亩地往往能收四担湿谷子，相当于一千二百斤；第二年收成差些；种过第三年，野草长出来了，只好轮种其他的作物，而另去开辟稻田。

热河种的稻作，类似台湾的名产蓬莱米，颗粒大、油光光的，煮出来的干饭比较硬而耐嚼。一般来说，大米饭还是酒席上的食品，日常生活中只发生点缀作用。

甘草粗·瓜子大

粗放的耕作方式，是东北农业的特色，天赋的条件太好了，甚至能不问耕耘而只求收获。在热北中药里少不得的"甘草"就是如此，农民们随便锄锄地就挖得到，而且找到一根头，就能拔出一大串来，一根根粗如拇指，长达三五尺。甘草是切成薄片论两论钱出售的中药材，但在热河却是那么贱。农人们把它堆在地头上，嫌它长在田里碍事。有骆驼的时候，驮去卖，否则就扔到火里当柴烧，甚至还嫌它的火力小。

热河的农民们最伤脑筋的事，莫过于收获。瓜熟的时候，"碧玉丛丛"，家家都觉得人手不够，想尽办法鼓励城镇里的劳力前来帮忙。

例如热河北部出产的一种瓜，墨绿色皮子、黄瓤，比西瓜略小，甜凉下火。熟时用手一拍即破开了，大家都习惯拿着啃，称之为"打瓜"。

打瓜的瓜子又黑又亮，有小拇指的一节那么大，而且颗颗丰满结实。

瓜熟时节，农人们欢迎所有的游客下田来吃瓜，帮助客人们挑最好的吃，分文不取，只要求把瓜子留下。原来卖瓜子比卖瓜还要上算。

客人们吃得太胀了，懒得细细品尝，于是只啃上一口，吮吮汁液，然后连瓤带子吐出来，对于这种分离得不甚干净的瓜子，农人们也有对策。在瓜田窝铺附近挖下大坑，把这些瓤和子统统倒进去，瓤子败坏之后，自然剩下瓜子，晒干装袋出售。

热河平泉籍的王致云（荫周）先生说：热河的瓜子远销东北九省和平津各地，也是热河同胞待客必备的。他们炒瓜子的技术也极高，甘草、玫瑰、五香、酱油，几乎全国的花色都会。

在别的地方，"瓜田不纳履"是避嫌保身的嘉言；在热河，"瓜田不纳履"反而有不帮助农业发展之嫌。

一般的瓜田，也是三年之后又得轮种高粱、小米、玉米、大豆之类的作物。热河同胞是以杂粮为主食的。

王荫周先生说：在他的家乡平泉，出产白色的莜面，用来煮河捞、包饺子，风味最特出。

塔葱丝·味道甜

关于蔬菜，热河的出产也很完备，举凡韭芹芥苋、黄瓜萝卜、豌豆长豆、葱蒜辣椒等都长得极好。尤其是葱蒜辣椒最受欢迎。

朝阳刘仲平先生说：热河老乡们觉得吃肉、吃饺子而不能蘸醋和蒜泥，就好像菜里头没有放盐一样，食之无味，怪糟蹋的。

至于葱，更是不可一日无此君。春天羊角葱、夏天小葱、秋天葱叶葱干，冬天也得有几根干葱。

小孩子们早上上学，小米干饭拌猪油和酱，也得撒上一把葱花。

在刘仲平先生的家乡朝阳，有一种"塔葱"，出产在"三座塔"一带——三座塔是唐代大将李靖征东时在朝阳所修的阵亡将士亡魂塔。农民们在地上挖土壕沟，把葱种在其中，上面培上细土和碎草。仲平先生说：这种葱只比台湾的甘蔗略细一点、短一点。一经刀切，立刻爆裂成葱丝。"塔葱"的味道甜而不辣，是闻名华北的佳品。

由于热河有"热河"，冬季温泉附近的河水冒着热汽，河边的地温颇高，因而就便筑起暖房来，生火炕，地下通热空气，引温泉来浇灌，依然可以在冬腊月间种植新鲜蔬菜，只是产量有限。

多数的地方，必须储藏一些菜蔬来过冬，最常用的方法是存在地窖里，或者腌渍成酸菜、酱菜。

酸菜汤·酱狗腿

做酸菜是把整棵的白菜用开水烫一下，再用冷水一过，排列在缸中，压上大石头，让它自然发酵。

酸菜是热河以及东北同胞们每天必备的菜肴，用它来垫火锅底、包饺子，鲜香而驱寒。最冷的天气，一碗酸菜疙瘩汤能让你头上冒汗。据说酸菜汤的功效和酒一样。

至于酱和酱菜，更是十分普遍。酱是酱油的代用品，凉拌或者蘸着大葱吃生菜时都少不了它。

酱菜的种类也很多，最特出的是"酱肉"。把猪腿弄干净之后浸入豆酱缸中，酱上一年半载，肉成了琥珀色，而且还是半透明的，才取出来蒸熟切片。

讲究的人家，酱肉缸中必须放上一条狗腿，据说可保不致变质。酱好的狗腿比猪腿更珍贵，限大人们下酒享用。如果小孩子缠着要吃，大人们多半会说："不行！吃了小心上不了西天！"表现出"我不入地狱谁入地狱"的大无畏气概。

"三纲五常"是维系我国社会的一大特色；"三缸五常"，却是热河同胞们不可须臾而离的。

三缸者：酱缸、醋缸、酸菜缸。

五常者：白菜、萝卜、葱、韭、蒜。

野味鲜·果品丰

热河各地林中，多的是野猪、雉、獐、狍、鹿、兔，秋后农闲，农人们都带着枪械，布着陷阱，四处去围猎。饿时，生起火来烤鹿肉，外面的一层烤熟了，啃掉，啃到肉生出血的部分，再抹点盐去火上烤。吃得满嘴是带着黑焦皮的油沫，豪放已极。

业余的猎人们也多能顺着各种野兽的习性，用最巧妙的方法去捕捉。

例如：雉鸡很肥笨，宁愿在地上跑而懒得往空中飞。因而他们在小径之上，用马尾结成一个个的活套，雉爪踏上就被套牢了。

冬天大雪，他们在温泉的尽头，选定河水只有一半结冰的地方埋伏起来，等獐子前来喝水时，鼓噪而出，把它们赶到冰上去。獐子用很高的速度踏上冰面，一个个滑跌得爬不起来，于是全被活捉。

因而在热河的饭馆之中，能吃到新鲜活杀的雉鸡火锅，烤獐子肉、鹿肉。

据马珍吾先生说：热河出产的猞猁狲皮，是全世界最好的。尤其春季杏花开时，毛端泛起白色，像是白色的针尖，色泽光润，确是毛皮中的极品。

猞猁狲比鹿子还大，两张皮够做一件大皮袄，肉也是极鲜美而细腻的。

森林之中，产木耳、菌子。草原之上也产蘑菇，有一种"大油蘑"，肥厚得像一块油脂做的馒头。

至于果品，最珍贵的当推"罐梨"。前清时是著名的贡品。

罐梨皮褐色，大小如鸭蛋，熟透时，果皮里面化成一包琼浆玉液，扯下梨柄来对着吮饮，芬芳凉甜，美到极点。

抗战胜利后，空军总司令王叔铭将军飞到热河访问，赵自齐先生特以罐梨一篓相赠。返回南京途中，飞机上搭客众多，有人把毛毯铺在水果篓子上做了个临时座位，结果弄得一路上梨香扑鼻，浆汁横流，剩下一篓梨儿带了回去。

还有一种"绵酸梨"，也是热河很普遍的名产，色褐黑，大小如台湾的椪柑。冬天，家家都把它放在院子里露天冻着，冻成个冰弹儿，比石头还硬，刀都砍不动，更不要说是动嘴啃了。

吃这种梨，得先在冷水中浸二十分钟，梨里的冷度被冷水吸收，果皮外面结了一层冰壳，敲开冰壳，梨皮应手而脱，露出白色软如绵的梨肉，酸酸甜甜的，非常好吃。

在热河，三尺童子都懂得这一吃"绵酸梨"的解冻方法。

其他的水果如葡萄、杏、李、桃、沙果、花红、苹果、山楂、槟子等种类极多，产量也极多。多得无法消受，就榨成果汁，封存起来。

果汁往往会发酵，如果发酵有醋味的，就在其中加醋引子，有酒味的即加曲子，干脆做成果子醋或果子酒。

也有人喜欢把果汁熬成膏状，甚至晒成果汁干，像豆腐干似的供人细嚼。

干果类的种类更多，如像核桃、杏仁、百果、栗子等等，而以榛子、榧子最著名。

榛子香甜，百吃不厌。榧子有点薄荷的凉味和花椒的麻味，据说是神仙的食品。一般人家却用它来作相女婿的试题。如果女婿用钳子、锤子来破它的硬壳，则表示他出自有教养的好家庭。动牙齿来硬咬的，多半要相不上。

食糟牛·肥细嫩

关于热河的畜牧业，大致和察哈尔差不多。不过热省酒坊很多，有许多食肉牛都是用酒糟养大的，牛肉特别细嫩鲜美——但并不带酒味。

热河南部的羊只，还能供应平津一带。每年端午过后，哪些小绵羊准备南运的，牧人们心里已经有数，过了八月节，秋收之后，开始赶着上路，一群百余只，只要三两位牧人就能完全照顾。前面一头高大的公羊是羊群的龙头，只要它跟定牧人，其余的一只也不会离群。

每到一处刚收割过的田里，队伍就暂时休息下来，任群羊检食田里落下的粮食，当地的农民决不会表示异议。到了晚上，找一处避风的河沿儿，下面是河水，上面是岸，羊儿挤在一起安眠，牧人们睡在两头防狼。

像这样一天只能走二十几里路，落雪之前进了古北口，到达北平北面一百四十多里的密云县石匣镇。石匣镇上有很多的店——栈房。"羊店"是专门接待口外牧客的地方，设有羊圈。羊捎客们来到这里收购。据赵自齐先生说：他们往往只出一张羊皮的价来买一头羊，牧人们也竟满足了，口内口外的价格差别的确很大。

窨虾酱·满汉席

热河同胞们也很喜欢吃鱼。王荫周先生说：夏季里，每一次山洪暴涨，平泉一带河沟之中突然间会出现一大群的小鱼，真是用罩篱一捞即得。沿河的居民们，把五寸来长的，用面粉一裹干炸着吃；三寸来长的，晒干了留得冬天吃火锅时作为配料。最小的，加上些小虾、小蟹，窨在缸里做酱。

热河也有百十斤的大鱼，只是没人敢吃。那是皇帝放生养在避暑山庄池中的。

关于餐点，热河地方也有很多讲究。

筵席起码是八碟八碗，十二碟十二碗、十六碟十六碗的称为"广席"，二十四碟二十四碗为"小番桌"，三十二碟三十二碗为"大番桌"，六十四碟六十四碗的为"满汉全席"。

开席时，一上来的果碟，就暗示出今天主人家席面的规模，客人就要按自己的胃纳分配每一道菜能吃几筷子，否则到后来，菜仍然在上，自己却胀得无法动筷子了，那不但失礼而且还失面子；因为这表明自己见识不够，吃不开。

据刘仲平先生说：头一批上的是四碟茶点，这叫"四郎探母"，表示这是"小番桌"；如果四碟之外又加一大盘水果，则是"带子上殿"的开场，是"大番桌"；四碟茶点四碟水果，则是"八仙庆寿"，也是"大番桌"。一开头就是十碟茶点水果，那可就得准备，这是"全福全寿"，是"满汉全席"的引子，你得立即拟定从上午十一点钟吃到晚上十点钟的长期作战计划。

大概是"番桌"和"全席"的流风所致，热河省同胞家常便饭，桌面上也不许碗底朝天，主人家得随吃随添，肚量大的客人，主人家觉得他是最看得起主人的。饭量小的，主人家会疑心你嫌他家的菜不好。因而奉劝正在减肥节食的朋友，千万别到热河人家去吃饭，小心主人家和你翻脸。

马蹄包·炖猪脑

热河有几道名菜是别处不常见的，如像"糖醋甲鱼"、"猴头猪脑"、"榛蘑白菜"、"苏子黄丸"、"盐爆鸡"、"糠烧鸡"……

甲鱼在台北是名贵菜，每份身价三五百元，傲视翅子和海参，但在热河，甲鱼却上不得酒席，因为太贱了，如果请客吃鳖，小心碰钉子"吃鳖"。但是自己小酌，一道糖醋甲鱼，蒜汁姜末，酸酸辣辣甜甜的，肥腴可口。

"猴头"是一种球形的菌子，大概就是四川的"马蹄包"。用来炖猪脑，浓汁间裹着一颗颗白色的半球，味道特别鲜。

"榛蘑"是长在榛树下的小菌子，柄子长，上面顶着一朵小伞。据刘仲平先生说：那是蘑菇中最香的，用来炖白菜，小小的一两颗放下锅，香味就能满溢厨房。

"苏子"是一种状如芝麻的植物，炒成椒盐，蘸黄米糕炸的丸子吃，味道特别香。热河同胞很以"苏子"自豪，出过"登东坡采苏子"的上联，征求下联，直到现在还没有人能对得上。

糠烧鸡·摊黄菜

朝阳著名的"高家馆"、"桂兰斋"，擅长做鸡。把鸡杀好，腹腔里填上作料，放在炒热的粗盐中继续加热约两小时，就是名菜"盐爆鸡"。有点像广东的"盐焗鸡"。他们把鸡杀好不去毛，用糠皮裹着放进火里去烧，烧一小时，把焦糠连鸡毛一并除去，称为"糠烧鸡"，又香又嫩。

热河饭馆子里聘请掌厨，必须考试"实作"两道，一是"改刀"，一是"摊黄菜"。

"改刀"就是酸菜丝炒肉丝的别名。刀法必须细而且匀，火候尤其要拿捏得准。下锅时，火苗顺着锅里飞溅着的油沫喷起两三尺高的焰子，两三下就得起锅。"摊黄菜"就是炒蛋黄，讲究不老不嫩，蛋分五层，最上层拥起朵朵灵芝叶的才是高手。

热河的火锅、大锅熬菜的机会最多，因而粉条的消耗量最大，粉条做得也最好。粉坊之中，干干净净，粉条粗细圆扁，形形色色，并且都久煮不烂。

"酸菜"，也是热河的代表菜肴，好多热河老乡来了台湾之后都试着腌酸菜。哪一家腌成功了，争相传告，一时口碑载道。

据说隆化张子贞先生家里发明了用台湾酸菜心包饺子的秘方。特别抄来公布以飨读者：

先把肥瘦猪腿肉剁好，用麻油、酱油、盐拌起了，"喂"上一段时间，待要包饺子时，再拌上虾干（米）末子、葱花、酸菜心末子，好好搅拌，然后再包。

酸菜心如果不太酸时，千万别挤去其中的水分。若要加一点砂糖，效果也很好。

二锅头·醉罗汉

热河同胞们的酒量大多很好，子弟们在外喝醉了，酒后出洋相，被认为是全家最大的羞辱。

他们酿造的高粱、"二锅头"，号称含酒精百分之百。过年在祖先牌位前上供，斟满五盅酒，用火点燃，必须全部燃完。杯底如果有一颗水珠，也要被认为是愧对祖先。

王荫周先生说：他的家乡平泉，几乎每条街都有几座酒坊，他常去沽酒的那一家，墙上挂着一副青铜的对联："铁罗汉三杯醉倒；铜头陀半盏摇头。"以征其醇。

热河的高粱酒远销天津。窖存几年之后，用大车或骡子驮运着，一路摇晃到天津。这种"幌酒"用来泡制五加皮，使得"天津五加皮酒"因而闻名于世。

除了"高粱"之外，他们也出一种类似"绍兴"的"元酒"。"黄黏米"称为"元米"，用来酿成的酒即是"元酒"，也是愈陈愈香。当然"果子酒"也很普遍，只是喝起来很顺溜，喝完了却令人吃不消。热河之所以出好酒，主要是因为那儿的水好。

如今，寄寓他乡的热河同乡们，当年饮酒的豪情，似乎都已经没有了。都一心盼着早日回到大陆，重温"小雨儿淋淋，烧酒儿半斤"的恬静乡情。

食在察哈尔

幅员大·人口稀

察哈尔是我国各行省中的小老弟之一，民国十七年，得了河北省（直隶省）口北道的十个县之后，总共有了十六个县，才与绥远、热河同时分家建省。如果没有口北道的钱粮人口，它还够不上省的资格呢。

虽然是小老弟，但却天生大块头，面积二十七万八千多平方公里，在三十五位昆仲之间数第七，不过人口才两百五十万，比台北市多一点，而且都集中在南面内外长城之间。北面蒙古族同胞十二旗群，大约只有三万多人口。

郭乐康（堉恺）先生任沽源县长时，冬腊月间晋省述职，在路上走了一整天，说一个人都没遇见是夸大，毕竟还是遇见了一个，是位邮差。由此可见察省的地广人稀。

察省中央偏南，有一条阴山的余脉，叫做马尼图山，山北是大片的高原，和蒙古相接。高原是由石质沙漠、草原和湖泊组成的，它的出产，多半集中在张家口销售。声名远播的口外皮货、口蘑、大青盐以及很多种药材，都是来自这块高原。

察哈尔南方，内外长城之间，是丘陵隔成的好些盆地，农业畜牧都发达，是全省的精华所在。在这个区域中，又可以分成两部分，东部和冀北原是一家，生活习惯，甚至说的话，都是河北味儿。西部却又是山西味儿。

我曾经要求一位察省同胞说两句家乡话来听听，他一开口，竟是我的家乡话——山西话。我忙说："我是请您说两句察哈尔话来听听。"这位先生生气地说："我说的不就是吗？你以为我在说什么话！"

不过，由于和蒙古族同胞接近，察省同胞们用的词汇中，偶尔还夹杂着一些蒙古话。例如"蘑菇"一词，就很可能是蒙古语，蒙古语的发音是"蘑格"。

关于吃在察省，就从"口蘑"谈起罢。

张家口·产蘑菇

口蘑是一种菌类，也就是南方人说的"香菇"，北方人多半说"蘑菇"，产在张家口外的草原上，而集中在张家口整理、销售，因而称之为"口蘑"。对于口外草原风光的描写，"天苍苍，野茫茫，风吹草低见牛羊"的句子最能传神。

风吹草低才能见到牛羊，可见草长得很高，几乎和牛羊相齐。

又说："离离原上草，一岁一枯荣。"枯了的草，冬天被积雪压倒在地，成为厚厚的草垫子。积雪融化的水分，滋润了这一层草垫，也帮助它早日变成黑色肥沃的腐殖土。等到新草"荣"了起来，就在这层草垫上搭起了天棚，为泥土遮蔽了日光，保存着湿度和温度。

六七月间，"连阴雨"来了，颇像是江南的梅雨季节。地上湿漉漉的，腐殖土腐化的速度增加，腐化作用也增高了地热，再加上气温的升高，这种种因素，构成了蘑菇繁殖的条件。菌子一个个地从黑色的泥土中长出了头。

白蘑菇·娇嫩香

乔彭寿（星山）先生的夫人说：最好的菌子，是正挣扎着正要出头的那种，色白、娇嫩而香，称为"白菇"。一旦长出了地面，菌面上龟裂了，颜色也变成暗棕，张家口一带的同胞认为它是下品，称为"黑菇"。因此采撷的时间是非常重要的。

乔夫人指出，察北的同胞对于"蘑菇"有很多的传说：草长的纹脉，如果在地上呈圆形的，圆形中而有一棱一棱的纹路，草色又特别绿，才是精品的出产地。因为那是明朝开国皇帝朱洪武所留下的遗迹。

据说，朱洪武小的时候，曾在口外放过牛，他用一根木头的牛橛子插在地上，上面拴着牛，因而牛的活动范围是以木橛子为圆心，绳子为半径所画的圆。牛溲、牛粪，为圆圈中加了异肥。

至于地上一棱一棱的，就是朱洪武用鞭子抽打牛的时候，所留下的印痕，也是菌子的温床。

口蘑之所以特别鲜美芬芳的另一个原因，据说是蒙胞们宰杀牛羊，血流于地，内脏弃于地，这些有机肥料，也是"口蘑"的特种养分。这是一种流传得很广的说法，但缺乏证据。

来自察省北部锡林郭勒盟的札奇斯钦教授，和他的夫人伍云格尔勒女士，认为这种说法，很有趣，但却靠不住。

札奇斯钦教授说：生菌子的地方，确实是草很绿，而且长成环状的纹路。最著名的产地，是在北部阿巴嘎的锡屯锡尔高原，蒙语意为"寒冷的高原"。

白蘑钉·最珍贵

口蘑最大的，蘑帽直径七寸，厚一寸，柄径一寸半，新鲜的每个重达一斤。用这样尺寸的大菌子，炖上一斤羊肉，其鲜美是无可言喻的。干爆后的成品称为"云片"。最小的伞帽比小指的指甲还小，味道最鲜，成品叫做"白蘑钉"，最珍贵。大小之间的，还可以分为"大自生"、"中自生"等品级。

蘑菇采撷之后，用线穿着柄部，一串串地挂着晒干，然后运到张家口去销给店里。店里再精制一番，刮去泥渍，剔除残缺不良的，分成各种品级，大小划一，整整齐齐，就像是同一个模子里做出来的一样。

张国柱（砥亭）先生说：蘑菇是以小而白的为上上品，小的宜烩，中的宜炒，大的多用来包馅子或煮汤。

口蘑的特点是鲜美而清香，它的香味特殊，只要少量一点点，就香闻处处，居庸关过关虽然能"大偷骆驼小偷羊"，但却无法偷带口蘑。因为香气四溢，无法隐藏。据说愈是运往南方，香味也愈大。

"口蘑"好到绝顶，但也贵得可观。砥亭先生说：抗战前，精品约值二十五块银元一斤，中等货色也不下十元。口外来内地的访客，几乎无人不以"口蘑"为贽礼。

"口蘑"身价如此，因而全国各地的香菇几乎都打着"口蘑"的旗号，几乎无蘑不"口"。记得在成都，就有所谓"口蘑包子"、"口蘑豆腐"、"口蘑酱油"，也不知道是哪一口的蘑。有店家，竟把招牌写白了，写成"口茉"，幸好还没有写成"口沫"。

莜麦面·营养高

谚语说：张家口三件宝，口蘑、莜面、大皮袄。

莜面是和口蘑受到同样高的评价，因为它是民间一般的主食。

每年暮春播种的时候，农人们先要把莜麦种子拌上高粱酒。张季春先生说，察省气候寒冷，先让种子喝点酒，暖和暖和，然后才萌发得出来。给种子喝酒，也可能有杀菌的作用。因为种子埋在冷土之中，萌发期较长，如果不把它所带的细菌杀死，入土之后，细菌蠢动，种子就要受伤了。

莜麦也就是燕麦，播种之后，几乎可以不再劳神，自然会在黑色的沃土中长得好好的，而且一亩地里一季可以收一担两斗之多。

察省的莜麦生产量的确是高，收成一季吃不完、卖不完，于是就在地上挖一个大坑，把莜麦都窖了起来。据郭乐康先生说，沽源大场陈家，曾经接待一个骑兵团驻了半年，人马的粮草全由陈家售给，无须取之于外，可见其存货之丰。

莜麦不但多，而且营养价值极高、油油的，因而也常被人写成"油麦"。莜麦的麦秸子烧成灰之后，还可以当炭来用。把草灰放在大锅之中，中间戳上一个洞，燃着，洞口竟能冒出高高的火苗。

人们说"死灰复燃"，以为是件稀罕事情，其实莜麦秸子的灰，就具有这种特性。

这种富有蛋白质、脂肪，营养价值极高的莜麦，在入口之前，必须三次经过"热处理"。

第一次，先得用小火炒干，火候要掌握好，不能焦，也不能欠火，炒得粒粒莜麦油晃晃的，胀鼓鼓的，这才能磨得开。

第二次，和面的时候，必须用开水来和，也就是所谓的烫面。

第三次加热，才是真正的烹饪，或煮，或蒸。

莜面的做法，大致和晋北、冀北的情形差不多。吃莜面所用的调料，以"羊肉炖冬瓜"最为名贵。张北的谚语说："七八月羊肉赛人参。"可见其肥美滋补。

山药蛋·是主食

察省三宝的谚语，也有一说是"山药、莜面、大皮袄"。口蘑虽然是一宝，毕竟不是人人赖以为生的宝，山药却是仅次于莜面的重要主食。

山西人所谓的"山药蛋"，也就是"马铃薯"——"洋芋"。

马铃薯的种植极普遍，从地里挖出来之后，每个的重量在一斤以下的，多半拿去喂猪。一斤以上的，才有处理的价值。

察省同胞往往把马铃薯顿饱吃，白煮着蘸盐；炖肉、熬菜也都少不了它。把它切成丝用花椒炒着吃，也是别具风味。

北方人炒洋芋丝，炒得爽脆可口，不会炒得黏搭搭的、软绵绵的。要诀是：一、洗，洋芋丝切好之后先用清水洗过，洗去游离的淀粉。二、拌醋，用食醋淋在生丝子上拌匀。三、花椒油，油烧辣之后，抓一把花椒粒扔下去炼，再把炸焦了的花椒粒捞出来。四、大火快炒，就像是广东人炒"滑蛋牛肉"一样，见洋芋丝子一变色，立刻就盛出来，保证好吃。

察省同胞，也喜欢把洋芋煮熟，去皮、捣成芋泥，和莜面，拌成大大小小的"疙瘩"炒着吃，名为"块垒"（栲栳），正好描写出耐饥的效用。

黄米糕·很粗糙

像北方其他地区一样，察省也出产黄米。西面在山西边界上的阳原县，出产一种很特殊的黄米软糕。把黄米连同粗皮来磨面蒸糕。由于糕里面有皮渣子，入嘴之后特别粗糙刺激，像是嚼了一嘴的黄米和羊毛，因而称之为"毛糕"。

把"毛糕"用筷子夹成小块，蘸着大炒肉片汤吃，其味无穷。而且维生素乙的补充也就在其中。

缺乏维生素乙的文明病，现在世界各国都很流行，据医生们说，这是面不厌其白，米不厌其精的结果，因为含维生素乙最多的，莫过于米麦的皮层、糠皮；精制的米面，等于是弃精华而食糟粕。而且愈是"糟粕"反而愈来得个贵。

阳原同胞也吃"无毛"的黄米糕，如像栗子糕。

最奇的是，察省桑干河（当地同胞读作桑甘河）流域还出产稻米，以黄帝战蚩尤的古战场涿鹿为最著名，米粒特别结实，色微黄，煮好饭之后，再回锅打热时，味道比头锅烧的还要好，这也是其他地方米饭所没有的现象。

在蔬菜方面，察省的生产也是又大又好，诸如萝卜、白菜、冬瓜、应有尽有。其中最特出的是"蔓菁"，俗名"撇辣"，恕我不知道该怎么写。

李秀芬（季郁）在宣化时，见这种球茎直径大如篮球，大而脆嫩香甜，里面没有"柴"——渣滓。用来做腌菜，三五个就能装一坛子。

葡萄树·惊人大

察省的水果，以宣化葡萄最著名。

紫葡萄直径盈寸，浑圆晶亮，称为"老虎眼"；白葡萄，大如姆指，子小皮薄，讲究切开之后还不淌汁，可见其紧密。

这两种名产，和白葡萄干，都远销平津上海。

宣化葡萄树的规模也大得惊人，一亩地只够种两架葡萄。冬天把藤干取下来埋在土里，以免受冻，春天再请出来盘上架子。一架能产一千斤，一般小户人家，拥有两架葡萄，就够全家生活了。

宣化葡萄以第五师范学校的十几架品种最佳，培育得也最好。郭乐康先生曾主其事，把种植葡萄当成嗜好。来台后，他曾在"监察院"里面搭起架子，兴办葡萄园艺，很多委员们都对他的成果大为称赞。

杏子甜·瓜瓢沙

我读古人的游记，有许多人都赞美八达岭之北，延庆县东山的杏花和杏子。东山杏熟的时候，杏林主人欢迎各机关学校派人前去帮忙吃杏子。唯一的条件，是把杏核留下来，因为其中的杏仁也是主要的收成。

杏子又红又大，香甜多汁，每年去东山赏杏花吃杏子，成为当地同胞最兴奋的节目。此外如槟子——类似苹果的红皮果实、苹果、桃、李，在察省都有出产。

在瓜类之中，张家口一带的"铺沙西瓜"，红沙瓤，据说能存放一年。香瓜更是触目皆是，只是吃香瓜的习惯却不敢恭维，大多数都是把瓜一拍两半，一甩，甩去瓜瓤瓜子，讲究吃完了手上不沾带瓜汁，可是地上却看不得。

沙城酒·怀鱼鲜

察省的同胞，也擅长用黄豆做酱，高粱酿酒做醋，"沙城煮酒"，据说还在巴拿马赛会上得过奖。所谓"煮酒、怀鱼、狼山糕，西八里姑娘不用挑"。

"煮酒"出自察省南方怀来县的沙城镇，以"玉成明"的最佳。用大铜锅蒸馏高粱酒，加上冰糖、桂圆肉和秘方的药材，煮成浑浊甜郁的酒。加梅子的叫做"青梅煮酒"，酒呈绿色，也有加葡萄的，呈红色，都远销国内外。

所谓"怀鱼"，是指怀来县永定河上游中所产的白鱼，细嫩鲜美。"狼山"世属怀来，出的黄米糕最好。县西八里一带，女子个个绝色，所以用不着挑选。

察省的畜牧业极为发达，北平市一带每年吃的牛羊肉，都是从这儿去的。大绵羊，一头七八十斤，肉鲜嫩而不膻气。

煮全羊·陈米饭

札奇斯钦教授说：在察省北方，最受欢迎的吃法，莫过于煮全羊。把肥大的绵羊去皮毛内脏之后，还剩四十来斤，用大锅煮到八成熟，供十个人食用。

这就是所谓的手抓羊肉，想吃哪一块就割下来用手把着吃，作料只用盐。

吃完羊肉，最讲究的，再来一碗陈米饭。陈米饭在前清时最多，都是存了三四十年的，米是琥珀红色，但是绝不长虫。这种陈米的售价要比新鲜米贵上一倍。

除了大锅煮全羊之外，那儿的同胞们也喜欢吃烤肉，把大块的牛羊肉用柳条穿着，放在火上烤。

每年只有在四月繁殖期间不吃羊肉，其他时间，羊就是主食。

马奶子·如啤酒

至于乳类的吃法那更是花样繁多。把马奶发酵之后，做成像酒类的饮料。札奇斯钦教授说，这种饮料称为"马奶子"，突厥话是 Kumis，蒙语为 Airaq，它的味道一如啤酒，也带着啤酒的苦味儿，甚至含酒精的程度也如啤酒。

每年秋后，乡人们集会，唱歌跳舞，每完一曲，即干一大觥。豪者一夕饮罢，能尽三十多碗。

马奶发酵后，仍然是浑白的，不起沉淀，因而马奶无法做奶酪。牛羊奶的酪制品花样很多，制酪时上面浮着的一层油皮，叫做奶皮子，像是饼干一样的酥脆，下层的奶酪称为奶豆腐，可以混在砖茶中喝；干酪称为奶渣子，有的带酸味，小孩子们揣在口袋里当成水果糖吃。

察北同胞饮茶的习惯，一如西藏地方，砖茶熬酽，中间加上奶酪，放盐饮用。妇女们喜欢把糜子米炒得黄酥，冲奶茶放糖吃，香甜可口。

熏猪肉·是贡品

长城之外的特色是养牛羊，内外长城之间的特色是兼养猪。养猪的方法，很像是养牛羊一样，猪圈极大，听任猪儿自由活动，因而猪肉膘少而瘦肉多，格外好吃。

怀安县柴沟堡的熏猪肉，据说是前清时代的贡品。

柴沟堡靠近山西和绥远的边界，在铁路线上，几家做熏肉的，都以百年老卤汁为号召。每一滴卤汁中，都有上千头猪肉的精华，味道自是不同。肉卤到半熟，还要捞出来用松枝锯末来熏过，香味更加一等。

与怀安相邻的宣化，也产卤猪肉，有人挑着担子在大街小巷中叫卖"烧肠烂肉"，烧肠是卤下水，"烂肉"其实烧得并不太烂，只是刀法好，切得极薄，因而一夹入烧饼，就散得像是一团肉松，"烂肉"的名称由此而来。

食在绥远

我猜想"烧卖"这种点心，八成是舶来品，至低限度也不会是汉族同胞发明的，因为它的名称，无法作"顾名思义"的解释，我疑心它是"译音"。

"烧卖"，如果照字面讲，"烧熟了卖"，那么，所有的熟食品无不适合这一解释。

也有人写成"烧麦"，那更像是炒麦仁的别号。

再说，"烧卖"是用蒸笼蒸的，和火之间隔着锅子、水和笼，距离"烧"还有一大截。

可见得"烧麦"和"萨其马"一样，同是"外来语"。究竟来自何处，尚祈读者诸君指教。

烧卖好·称第一

在我国，哪里的烧卖最好？

据说是绥远归绥"古丰轩"和"麦香村"的，堪称世界第一。

在江南，烧卖里面包的是糯米、虾仁；广东人包火腿；归绥的烧卖却是牛羊肉馅，加上口蘑、大葱、姜末。

刘馥斋夫人透露了一个诀窍：拌馅的时候，里面还得掺上一点点太白粉，馅子才嫩滑可口，而汁也才浓稠。

包"烧卖"的皮子，是用温水和最上等的面粉，擀得极薄。蒸熟之后，像是透明的，映着馅子的淡褐色，顶着一圈白色的折子。

据托克托的刘馥斋先生说：在家乡，大家都把烧卖就砖茶当成早点，觉得好吃而已。一旦跑遍全国各地，才领悟出家乡的烧卖，竟是全国最好的。

绥远同胞们最怀念家乡的烧卖。我问过好几位旅台人士，他们都这么说。前几天，有位绥远乡长为儿子娶媳妇，喜宴末了，每桌端上一盘特制的烧卖。绥远人一见了烧卖都高声赞美，虽然肚子已经吃饱，但都仍然再进一只。这种热烈场面，的确为下一代的新人留下了极深刻的印象。

纸包鸡·抓羊肉

同是在笼里蒸出来的绥远名菜，还有一道纸包鸡，把极肥嫩的童子鸡切成块子，浸上调料，花椒、胡椒、酱油、酒之类的，然后包卷在油纸里上笼去蒸。

油纸就是桐油浸制的防水纸。虽是桐油制的，但却毫无桐油的臭气。蒸好之后，透明的油纸里还看得见晶莹的鸡肉，浸在半包汤汁之中。

一般的吃法，都是把纸卷两头拆开，用嘴去吸，就像是用麦管吸汽水一样，吸过汤，才吃肉，只是吃相不雅。如果要顾到吃相，就得倒在调匙里然后入口。只是这么一折腾，汤汁凉了，香味也就略逊一筹。

绥远的同胞多半是来自山西省北部的移民，因而很多食物形式，都介在西北与晋陕之间，他们吃手抓羊肉，也吃山西北部流行的"莜面推窝窝"。

把莜面和好之后，掰下一小块，然后在一块油光光的石头上用拇指掌腹一推，推成两寸来高的卷子，蒸熟之后泡羊肉汤吃。

绥远同胞颇为他们的推窝窝而觉自豪，夸称"薄如刨花"，可见其功力。

泡羊肚·清花冻

绥远同胞们也很会做饼，抗战期间，遇有政府要员视察时，当地的大师傅就要露上一手，烙二十六种不同的饼来招待嘉宾。席上是"凤林阁"的烤鸭，直追北平"全聚德"的风味。

最具当地风味的吃食，是"下水"，把羊脑、脊髓、羊头、羊肚煮着蘸酱油辣椒吃。其中一样称作"爆肚"的，是把羊肚洗得雪白，在滚热的汤中一烫即好。

据齐觉民（继先）先生说：别处也有人这样吃的，但是火候总没有绥远人掌握得好。

有很多南方人看到绥远同胞们把大块的石头抱着清洗，总觉得很不平常。这些石头称作"压菜石"，做冻肉的时候，用来压在上面，使得肉冻特别紧，咬起来有劲道。

肉冻是将熬肉汤冷冻成块，切片下酒。"清冻"晶莹透明，像是一块玻璃。"花冻"里面有蹄膀块子，带点酱油的颜色。二者一清一腴，风味不同。

卓资山·熏鸡嫩

绥远的食品而闻名于平津者，当以熏鸡为代表。

在集宁县西面的卓资山，平绥铁路线上，每逢火车进站，附近的民众一拥而上，上百只熏鸡一下子全部卖掉。待火车走后，又赶着熏第二批。其作业时间，完全配合火车的行车时间表。保证火车到达前三分钟，正好熏鸡出炉，油淋淋，香喷喷，热乎乎的熏鸡立刻能送到旅客们的手上。

熏鸡肥嫩，是用松柏枝熏的，又能趁热吃，所以平绥线上的旅客，总是把"打尖"的时间排在卓资山站。

卓资山站的熏鸡制作，从孵蛋到做好，有一贯的作业程序，像是近代化工业生产的装配线，每一步骤衔接准确迅速，令人叹为观止。

从孵育的时间和数量算起，然后宰杀、烫毛、清理、调味、上炉、销售，每家熏鸡店都全体动员，分工合作，每天都有小鸡孵出来，每天都有成品出炉，其所以名满天下，全是终年不懈，长时间挣来的。

食在新疆

汉武帝元封六年，为了安抚从甘肃西部迁到天山北路的乌孙，特别把江都王刘建的女儿细君，封为公主，下嫁乌孙王昆莫，以为通婚结好。昆莫年老，和汉公主语言又不通，加以饮食起居都不习惯，因而细君作了一首《黄鹄歌》，表明思归故乡：

吾家嫁我兮天一方，
远适异国兮乌孙王，
穹庐为室兮毡为墙，
以肉为食兮酪为浆，
居常思土兮心内伤，
愿为黄鹄兮归故乡。

这是汉朝时候，一位养在深闺的贵族女子对于新疆北路的印象。

这位公主到了西域之后，建起了汉人的宫室，取代"穹庐为室兮毡为墙"。武帝为了安慰她，特别派遣了使者带着帷帐锦绣等物去探望她。公主死后，汉朝再以楚王刘戊的女儿为解忧公主赏乌孙王。

后来班超通西域，平天山南路三十六国，置都护；唐朝在天山北路设"北庭大都护府"，南路设"安西大都护府"。直到清朝光绪十年，正式成为中国的行省。

尤其清朝一代，对新疆的经营确实了不起，林则徐、左宗棠等名臣，把新疆整理成一片农牧的大花园。

新疆多维吾尔人，其他的不少是来自陕、甘、豫、晋一带的汉人，也有不少湖南的"湘军"，随左宗棠来到新疆之后落籍的。单是乾德一县，就有湖南老乡四五万人，全境之内约有六七万人。

这些来自内地的汉人，都保存着家乡口味，因而在迪化、伊犁等大都市，有着各式内地馆子，这些特色，暂不在本文中描述。

肉为食·酪为浆

新疆维吾尔族同胞，确实是以牛羊肉和乳类为主食。细君《黄鹄歌》："以肉为食兮酪为浆。"也是实情，但这并不是说它不是美味的食品，只是内地来的大小姐不甚习惯而已。

我们先说肉食。

正式的请客，讲究全羊席，单是羊头就能取出七种原料，脆嫩的羊眼，豆腐似的羊脑，耐嚼的口条，带有脆筋的羊耳……每一种原料又有好几种烧法。但是大家最欣赏的，还是烤肉。

新疆伊吾的艾拜都拉（姓艾杜克）说：每逢夏天，气候最温暖的时候，大家都放下一切工作，成群结队，到野外风景最好的地方，搭起帐篷，作一两个月的露营活动。他们白天在草原上赛马，晚上生起营火"偎郎"——歌唱跳舞。渴了喝"马奶子"，饥了吃烤肉。

"马奶子"是一种饮料，把马奶发酵后制成啤酒似的，它含有适量的酒精，可以让血管轻微扩张。新疆同胞认为是降低血压、减少心脏病的灵药，不分男女老幼都把它当甘露似的牛饮。

"烤肉"有两种，一是烤整羊，最好是选不足周岁的羊羔子，把皮剥了，涂上香料和盐，放在炭火上，边烤边翻转。

另一是把牛羊肉切成块子，浸过香料，用铁签子穿起来烤着吃。

新疆同胞最喜欢的香料，是番茄、洋葱的汁、小茴香、大料、胡椒、花椒或辣椒。

除了烤肉，就是白水煮就的"手抓羊肉"。我们以前曾经介绍过。

至于内脏的吃法，比较别致的是羊肺糕。把羊肺洗干净了，里面灌上和了面粉的牛奶，胀鼓鼓的，煮透之后，里面结成乳白的糕，切成片吃，鲜美爽口。

手抓饭·马熏肠

新疆的"马熏肠"，用马的小肠，里面填上香料渍过的马肉，吊在棚子里用烟熏，有湖南腊肉的风味。

他们也做类似台湾同胞吃的"糯米肠子"，在羊肠之中，塞上米、肝块、肉丁、洋葱、花椒、胡椒，煮熟了切片吃。

当然，新疆最著名的，莫过于"手抓饭"。

据新疆伊犁的阿布都拉先生（字满悌、姓艾默吾陆）说，手抓饭是把红萝卜、洋葱，用植物油——新疆盛产胡麻油、芝麻油和棉籽油，油炸脱水之后，加上羊肉丁、盐、水、胡椒、辣椒之类的香料，放在锅里焖熟了吃的。

由于油多，饭粒都像是浸饱了油，像是台湾的"油饭"。有些人喜欢在焖饭的时候，上面撒上些葡萄干、杏干，冬天则放上一两个"佛手"。

在内地，"佛手"都是不能吃，用来闻香清玩的供果。但新疆的"佛手"却是"菜"，生的时候略酸，蒸熟了却很甜，一人掰一点用来下饭。

何以"油焖饭"在新疆叫做手抓饭呢？大概是因为办红白喜事时都少不了这一道，数百宾客，餐具不够，大家都围锅而坐，用手抓着吃。在一般家庭之中，仍然用饭匙、用碗。

真正用手抓时，主人家必须在饭前饭后都预备洗手水。

新疆"手抓饭"所用的大米，也都是就地取材的。

清季"鸦片战争"战败之后，奉令禁烟的钦差大臣林则徐被谪戍到新疆，他把天山的融雪，引入地下水道，以免蒸发，贮在"坎儿井"之中，使得大片的荒漠化为沃田。因而新疆奇迹似的居然能种水稻。

在阿克苏，所产的大米，每一粒据说有台湾蓬莱米的四倍大，号称全国第一。用来煮"手抓饭"，粒粒晶莹，像珍珠一样。

据陈纪滢先生说：新疆同胞吃"手抓饭"，先把米饭和肉丁团成一个丸子，然后送入口中，手法利落，饭粒不会粘撒得到处都是。

在面食方面，他们的拉面，用盐水和成，再用油来搓，做出来的劲韧逾常，用肉丝炒白菜来调和。

他们蒸的馒头，是奶油和的面，蒸出来之后，一层层的，有几分像台中的太阳饼。

裹糇粮·帕馍达

在面食之中，他们喜欢烤各式各样的饼，烤炉比台湾常见的烧饼炉子大十倍，饼当然也大。

有一种硬面饼，叫做馕，据说《诗经》里的"乃裹糇粮，于橐于囊"即是指此而言。

有馅子的饼，像烤包子一样，有饭碗那么大，里面是多汁的洋葱，牛肉馅，叫做"戈希吉达"（Goshgirda）；略微小的，是羊肉馅的叫"山沙"（Samsa）。还有一种"帕馍达"（Parmoda），最小，外面有一层其薄如纸的皮，一烤就和羊肉馅溶结在一起，像是一颗没有皮的肉丸子。

由于烤饼炉特别大，因而也经常把三十来斤剥了皮的整羊用香料、盐渍好，放在炉子里烤，用来夹烧饼吃。

芳草芳·瓜果香

新疆同胞喜欢接近自然，爱在树林里和草原上消闲，主要是因为那儿的大自然中，充满了浓郁的香气。烈日底下，在草原上行走时，野草散发出让人们沉醉的香气，每一种草的气味都不同。野花、家花也格外芬芳，桃、杏、李、瓜、葡萄，各有各的气息，似乎比别的省份的气味都大。

曾有艺术家想把各种大自然的香气都装在各别的罐子里，上面装上琴键，凭着自己的灵感和想象来弹奏，谱出用嗅觉欣赏的乐章。如果你曾在新疆，尤其是在南疆和回族同胞们度过夏，你自然不会认为这只是玄想。因为那儿嗅觉上的享受，是格外的明丽丰富。

何以会如此？

据艾拜都拉分析：新疆泥土中含有很浓重的硝分，一旦泼上水，泥土上就会结一层白色的粉状结晶。或许是因为这些特殊的土质，使得地上的植物，质都特别厚，含有挥发性的物质特别浓，糖分特别多。这就是新疆瓜特别香甜的由来。

也有一说是：新疆空气干燥，瓜果中的水分蒸发得快，因而果糖特别浓。

又有一说是：新疆全年少雨，日光充足，植物"光合作用"易行，糖分当然多。

火焰山·坐水缸

这些说法似乎都有道理，就以产水果最著名的吐鲁番盆地来说，那儿的地势低洼，四面是沙漠和高山，盆地内的热气无法宣泄，盛夏下午的两三点钟，气温经常高过摄氏四十度，民国三十年七月四日，曾经创下了摄氏四十七八度的纪录。相传唐僧取经路过的火焰山，就是吐鲁番附近的胜金口。

我曾在一篇报道中谈到：吐鲁番在最热的时候，每家人都躲到河边丛林中去避暑，警察局长有任务在身，走不开，只好在办公厅里放一只大冷水缸，自己坐在水缸中办公。

也有人说，最热的时候，把面饼贴在墙上就能烘熟。

据艾拜都拉说：这些说法都夸张了点，但是家家有地窖，躲在地窖中避暑倒是事实。夏天的下午，大家多半在地窖中午睡，或者做点小手工，太阳下山之后才开门做生意。

在吐鲁番这样的气候下，葡萄出产却是全国最好的。无子白葡萄，更像是脆崩崩的蜜弹儿。

新疆境内，春天是杏子和桑葚的季节。杏子又大又甜，吃不了的，掰成两半，放在棚子下面风成杏干，还把杏仁敲了出来夹在当中。

夏天的桃李，桃子也能风成干。

秋天是梨和苹果，品质都很高。

过瓜田·碧玉丛

瓜类之中，迪化的"白瓜"，又名"糖瓜"；西瓜、甜瓜更是随处可见。

新疆瓜类堪称一绝的，当推"哈密瓜"，哈密瓜不仅生在哈密，天山南北路都有，大概是因为哈密距口内最近，因而得名。我建议应该改名为"喝蜜瓜"，但即或如此，仍无法形容出它的香甜味。

哈密瓜品种极多，可以分成三十多种。澎湖试种的，已经很甜美，可是在哈蜜瓜之中，是较不吃香的"夏瓜"。

关于新疆种植哈密瓜的方法，是在春天下种之前，先得挖一个三四尺直径的浅坑，把晒干了的"布牙草"埋在底下，作为肥料，然后在坑周围培土作坎，在上面播种，坑里则贮水。

据说，哈密瓜之所以香甜冠于众瓜，实得力于"布牙草"肥料。"布牙草"有点像"苜蓿"，本身就有一种香味。

新疆地区经政府在抗战期间的刻意经营，面貌已非汉时细君《黄鹄歌》中的样子。罗家伦先生形容得好：

左公柳拂玉门晓，
塞上春光好。
天山溶雪灌田畴，
大漠飞沙旋落照，
沙中水草堆，
好似仙人岛，
过瓜田碧玉丛丛，
望马群白浪滔滔……